5

$K3$ 曲面

金銅 誠之 著

新井 仁之・小林 俊行・斎藤 毅・吉田 朋広 編

共立講座 数学の輝き

共立出版

刊行にあたって

　数学の歴史は人類の知性の歴史とともにはじまり，その蓄積には膨大なものがあります．その一方で，数学は現在もとどまることなく発展し続け，その適用範囲を広げながら，内容を深化させています．「数学探検」，「数学の魅力」，「数学の輝き」の3部からなる本講座で，興味や準備に応じて，数学の現時点での諸相をぜひじっくりと味わってください．

　数学には果てしない広がりがあり，一つ一つのテーマも奥深いものです．本講座では，多彩な話題をカバーし，それでいて体系的にもしっかりとしたものを，豪華な執筆陣に書いていただきます．十分な時間をかけてそれをゆったりと満喫し，現在の数学の姿，世界をお楽しみください．

「数学の輝き」

　数学の最前線ではどのような研究が行われているのでしょうか？　大学院にはいっても，すぐに最先端の研究をはじめられるわけではありません．この第3部では，第2部の「数学の魅力」で身につけた数学力で，それぞれの専門分野の基礎概念を学んでください．一歩一歩読み進めていけばいつのまにか視界が開け，数学の世界の広がりと奥深さに目を奪われることでしょう．現在活発に研究が進みまだ定番となる教科書がないような分野も多数とりあげ，初学者が無理なく理解できるように基本的な概念や方法を紹介し，最先端の研究へと導きます．

編集委員

まえがき

　本書の主題は $K3$ 曲面のトレリ型定理 (Torelli type theorem) である．$K3$ 曲面とは 2 次元の連結コンパクトな複素多様体の一つであり，単連結で標準束が自明なものである．定義からは $K3$ 曲面の名前は連想できないが，その名付け親はアンドレ・ベイユ (A. Weil) であり，クンマー (E. Kummer)，ケーラー (E. Kähler)，小平邦彦 (K. Kodaira) の頭文字の三つの K，および当時は未踏峰で神秘的であったであろうカラコルム山脈に位置する世界第二の高峰 $K2$ (8611m) に由来する．19 世紀に発見されたクンマー曲面がその最も有名な例である．楕円曲線すなわち 1 次元コンパクト複素トーラスの場合には，その周期と呼ばれる概念で元の楕円曲線が回復できた．$K3$ 曲面に対しても周期の概念が定義でき，周期によって $K3$ 曲面の同型類が決まることを主張するのがトレリ型定理である．1970 年代に $K3$ 曲面のトレリ型定理が証明され，その後，多くの研究がこの定理をもとになされてきた．1990 年頃からは数理物理でも関心を持たれるようになってきた．数年前には物理学者によって発見された $K3$ 曲面の楕円種数と散在型有限単純群の一つであるマシュー群との関係に関するマシュー・ムーンシャイン (Mathieu Moonshine) が話題になるなどいまだにミステリアスな研究対象である．$K3$ 曲面のトレリ型定理には格子理論や鏡映群の基本領域の話が欠かせない．本書ではこれらの解説から始めて，$K3$ 曲面のトレリ型定理の証明を与え，それがどう応用されるかを述べる．本書により様々な数学が交錯するおもしろさが提供できればと考える．特に若い方々の研究の一助になれば幸いである．

　最後に本書を書くにあたって，大橋久範氏（東京理科大学），査読者および大谷早紀氏（共立出版）に多くの助言や筆者のいたらない点を指摘して頂いた．この場を借りて深く感謝申し上げる．

目　次

第 0 章　はじめに 1

第 1 章　格子理論 10
　1.1　格子の基本概念　*10*
　1.2　不定値ユニモジュラー格子の分類　*18*
　1.3　格子の埋め込み　*23*

第 2 章　鏡映群とその基本領域 32
　2.1　鏡映群と基本領域　*32*
　2.2　格子に付随した鏡映群　*38*

第 3 章　複素解析曲面 41
　3.1　複素解析曲面の基礎　*41*
　3.2　複素解析曲面の分類　*49*
　3.3　楕円曲面とその特異ファイバー　*52*

第 4 章　K3 曲面とその例 65
　4.1　K3 曲面の定義と性質　*65*
　4.2　非特異有理曲線に付随した鏡映群とケーラー錐　*71*
　4.3　クンマー曲面　*73*
　4.4　種数 2 の曲線に付随したクンマー曲面　*76*
　4.5　2 次元複素トーラスのトレリ型定理　*80*

第 5 章　IV 型有界対称領域と複素構造の変形 88
　5.1　IV 型有界対称領域　*88*
　5.2　複素構造の変形と小平・スペンサー写像　*94*

第6章 K3 曲面のトレリ型定理 ... 102

- 6.1 K3 曲面の周期とトレリ型定理　*102*
- 6.2 周期写像の局所同型性（局所トレリ定理）　*107*
- 6.3 クンマー曲面のトレリ型定理　*111*
- 6.4 クンマー曲面の周期の稠密性　*122*
- 6.5 変形のもとでのケーラー錐の振る舞い　*128*
- 6.6 K3 曲面のトレリ型定理の証明　*132*

第7章 K3 曲面の周期写像の全射性 ... 139

- 7.1 印付きケーラー K3 曲面の周期写像　*139*
- 7.2 K3 曲面の周期写像の全射性　*140*
- 7.3 射影的 K3 曲面の周期写像の全射性の証明の概略　*143*

第8章 トレリ型定理の自己同型への応用 ... 147

- 8.1 射影的 K3 曲面の自己同型群　*147*
- 8.2 自己同型群の超越格子への作用　*148*
- 8.3 有限群が自己同型として実現されるための条件　*154*
- 8.4 K3 曲面の位数 2 の自己同型　*156*

第9章 エンリケス曲面 ... 158

- 9.1 エンリケス曲面の周期理論　*158*
- 9.2 エンリケス曲面上の非特異有理曲線と楕円曲線　*169*
- 9.3 エンリケス曲面の自己同型群　*176*
- 9.4 エンリケス曲面の例　*179*

第10章 平面 4 次曲線のモジュライ空間への応用 ... 199

- 10.1 平面 4 次曲線と次数 2 のデル・ペッツォ曲面　*199*
- 10.2 平面 4 次曲線に付随した K3 曲面　*209*
- 10.3 平面 4 次曲線のモジュライ空間と複素球　*215*

参考文献 ... 221

索　引..*227*

第0章 ◇ はじめに

以下で本書の概略を述べる．コンパクト連結1次元複素多様体を簡単に曲線と呼ぶ．曲線はその種数で分類でき，種数 0 が射影直線 $\mathbb{P}^1$，種数 1 の場合が楕円曲線である．種数 g の曲線上には g 個の独立な正則 1 形式が存在する．その周期積分によりヤコビ多様体と呼ばれる g 次元のアーベル多様体（射影的な g 次元コンパクト複素トーラス）が定まるが，ヤコビ多様体が同型ならばもとの曲線が同型であることを主張するのが曲線のトレリの定理である．楕円曲線上には正則 1 形式が定数倍を除き一意的に存在するが，$K3$ 曲面上には正則 2 形式が定数倍を除き一意的に存在し，この意味で楕円曲線の 2 次元版と考えられる．楕円曲線はワイエルシュトラス (K. Weierstrass) のペー関数を用いて射影平面 $\mathbb{P}^2$ 内の 3 次曲線として実現できる．一方，$\mathbb{P}^3$ 内の非特異 4 次曲面は $K3$ 曲面の一例である．19 世紀にクンマー (E. Kummer) は $\mathbb{P}^3$ 内の直線の幾何学からクンマー 4 次曲面と呼ばれる $K3$ 曲面を発見した．クンマー 4 次曲面は種数 2 の曲線のヤコビ多様体の商曲面として実現され，16 個の A_1 型有理二重点を持つ．クンマー 4 次曲面は $\mathbb{P}^3$ 内の直線の幾何学と関連した美しい小宇宙をなしているが，$K3$ 曲面のトレリ型定理の証明においても鍵となる．現在では，2 次元コンパクト複素トーラスの -1 倍写像での商曲面の極小非特異モデルをクンマー曲面と呼ぶ．クンマー曲面の同型類全体は 4 次元のパラメータを持つが，その中でクンマー 4 次曲面の同型類全体は 3 次元のパラメータしか持たない．曲線の場合との違いとして射影的でない曲面が現れる．例えば 4 次曲面として実現できない $K3$ 曲面の存在は次のようにして分かる．4 変数 4 次の斉次多項式のなす複素ベクトル空間を V とする．単項式を数えることで V は 35 次元であることが分かる．射影空間 $\mathbb{P}(V)$ の点が 4 次曲面を定めるが，射影変換で写り合うものを同一視すると，4 次曲面の同型類全体は $34 - \dim \mathrm{PGL}(4, \mathbb{C}) = 19$ 次元のパラメータを持つ．ところが $K3$ 曲面の同型類全体は 20 次元のパラメータを持つことが複素構造の変形理

論より従う.大雑把な言い方をすると,$K3$ 曲面の同型類全体は 20 次元の連結な複素多様体をなしている.その中に偏極次数と呼ばれる正の偶数で番号付けられた 19 次元の部分多様体が可算無限個あり,各々が射影的な $K3$ 曲面の同型類に対応している.例えば 4 次曲面の偏極次数は 4 である.複素トーラスは複素ベクトル空間の離散部分群による商として具体的に構成できるが,射影的な場合でさえ一般の $K3$ 曲面を具体的に構成することはできない.この状況が $K3$ 曲面を統一的に扱う難しさの一因である.

さて,$K3$ 曲面のトレリ型定理の全体像をつかむため,楕円曲線の場合を簡単に復習しておく.複素数 z に対し,その虚部を $\mathrm{Im}(z)$ で表す.上半平面 $H^+ = \{\tau \in \mathbb{C} : \mathrm{Im}(\tau) > 0\}$ の点 τ に対し,$\{1, \tau\}$ で生成される加法群 $\mathbb{C}$ の部分群 $\mathbb{Z} + \mathbb{Z}\tau$ による剰余群 $E = \mathbb{C}/(\mathbb{Z} + \mathbb{Z}\tau)$ には自然にコンパクト 1 次元複素多様体の構造が入り,これを楕円曲線 (elliptic curve) と呼んだ.$\mathbb{C}$ 上の正則 1 形式 dz は平行移動で不変だから,E 上の至るところ消えない正則 1 形式 ω_E を引き起こす.ここで ω_E は定数倍を除き一意的に定まることを注意しておく.一方,E は位相空間としては 2 次元トーラス $S^1 \times S^1$ であるから,$H_1(E, \mathbb{Z}) \cong \mathbb{Z} \oplus \mathbb{Z}$ である.いま,$H_1(E, \mathbb{Z})$ の基底 $\{\gamma_1, \gamma_2\}$ を一組選ぶ.すると積分

$$\int_{\gamma_1} \omega_E, \quad \int_{\gamma_2} \omega_E$$

は $\mathbb{R}$ 上一次独立であり,したがって,必要があれば γ_1 と γ_2 を入れ替えることで,

$$\mathrm{Im}\left(\int_{\gamma_1} \omega_E \Big/ \int_{\gamma_2} \omega_E\right) > 0$$

とできる.よって,

$$\tau_E = \left(\int_{\gamma_1} \omega_E\right) \Big/ \left(\int_{\gamma_2} \omega_E\right)$$

とおくことで,H^+ の点 τ_E が定まる.ここで比を考えているので τ_E は ω_E の取り方,すなわち定数倍の違いには依存しない.一方,τ_E は基底 $\{\gamma_1, \gamma_2\}$ の取り方には依存している.実際,別の基底 $\{\gamma_1', \gamma_2'\}$ に対し,

$$\tau'_E = \left(\int_{\gamma'_1} \omega_E\right) \Big/ \left(\int_{\gamma'_2} \omega_E\right) \in H^+$$

とし，基底の変換を

$$\gamma'_1 = a\gamma_1 + b\gamma_2, \quad \gamma'_2 = c\gamma_1 + d\gamma_2 \quad (a, b, c, d \in \mathbb{Z})$$

とすると，

$$\tau'_E = \frac{a\tau_E + b}{c\tau_E + d}$$

がなりたつ．基底の変換行列は $\mathrm{GL}(2, \mathbb{Z})$ の元であるが，$\mathrm{Im}(\tau_E) > 0$ かつ $\mathrm{Im}(\tau'_E) > 0$ であることに注意すると，$\begin{pmatrix} a & b \\ c & d \end{pmatrix} \in \mathrm{SL}(2, \mathbb{Z})$ が従う．このように基底の取り方の違いは $\mathrm{SL}(2, \mathbb{Z})$ の上半平面 H^+ への一次分数変換による作用に対応している．結局 τ_E は，商空間 $H^+/\mathrm{SL}(2, \mathbb{Z})$ の点と考えると，正則 1 形式やホモロジー群の基底の取り方によらず E の同型類にのみ依存することが分かる．τ_E を楕円曲線 E の周期 (period)，上半平面を周期領域 (period domain) と呼ぶ．周期を対応させることで，楕円曲線の同型類全体（楕円曲線のモジュライ空間と呼ばれる）と $H^+/\mathrm{SL}(2, \mathbb{Z})$ が 1 対 1 に対応する．以上が楕円曲線の周期理論の概略である．

K3 曲面の場合に話をもどす．X を K3 曲面とすると，X 上至るところ 0 とならない正則 2 形式 ω_X が定数倍の違いを除いて一意的に存在する．2 次ホモロジー群 $H_2(X, \mathbb{Z})$ 上の積分

$$\omega_X : H_2(X, \mathbb{Z}) \to \mathbb{C}, \quad \gamma \to \int_\gamma \omega_X$$

により ω_X は $H^2(X, \mathbb{C})$ の元と考えることができるが，これが K3 曲面の周期である．2 次コホモロジー群 $H^2(X, \mathbb{Z})$ は階数 22 の自由アーベル群であり，コホモロジー群のカップ積

$$\langle\ ,\ \rangle : H^2(X, \mathbb{Z}) \times H^2(X, \mathbb{Z}) \to H^4(X, \mathbb{Z}) \cong \mathbb{Z}$$

を考えることで，$H^2(X,\mathbb{Z})$ には格子の構造が入る．本書では階数有限の自由アーベル群とその上の整数値を取る非退化な対称双線形形式の組を格子と呼ぶ．

$$\langle \omega_X, \omega_X \rangle = \int_X \omega_X \wedge \omega_X = 0, \quad \langle \omega_X, \bar{\omega}_X \rangle = \int_X \omega_X \wedge \bar{\omega}_X > 0$$

が周期の満たすリーマン条件と呼ばれるものである．K3 曲面の位相構造は K3 曲面の取り方にはよらない．特に格子 $H^2(X,\mathbb{Z})$ の同型類は X に依存しないので L と表す．そこで

$$\Omega = \{\omega \in \mathbb{P}(L \otimes \mathbb{C}) : \langle \omega, \omega \rangle = 0, \ \langle \omega, \bar{\omega} \rangle > 0\}$$

とすると，Ω が K3 曲面の周期領域と呼ばれるもので，楕円曲線の場合の上半平面に相当する（ここでは簡単のため同じ記号 ω で $L \otimes \mathbb{C}$ の点および $\mathbb{P}(L \otimes \mathbb{C})$ の点を表している）．L の階数が 22 であることから Ω は 20 次元の複素多様体となる．格子の同型写像

$$\alpha_X : H^2(X,\mathbb{Z}) \to L$$

を X の印と，組 (X, α_X) を印付き K3 曲面と呼ぶ．印付き K3 曲面に対して $\alpha_X(\omega_X) \in \Omega$ が定まる．これは射影化をしているので正則 2 形式の取り方にはよらない．楕円曲線の場合のように α_X の取り方に依存しない周期を得るためには，L の自己同型群 $O(L)$ による Ω の商を取る必要が生じるが，実はこの場合には商空間 $\Omega/O(L)$ には複素解析空間の構造が入らない．したがって，K3 曲面の周期は印付き K3 曲面に対して定義する．また K3 曲面 X の複素構造の変形として得られる複素解析族 $\pi : \mathcal{X} \to B$ に対しても周期が考えられる．ここで $\mathcal{X}, B$ は複素多様体で π の各ファイバーは K3 曲面であり，基点 $t_0 \in B$ 上のファイバーが与えられた X とする．B は t_0 の近傍あるいは芽と考えて差し支えない．さらに B は可縮としておく．すると X に印 α_X を付けておけば，各ファイバーは一斉に印付き K3 曲面とでき，その周期を対応させることで正則写像

$$\lambda : B \to \Omega$$

が得られる．λ を族 π の周期写像と呼ぶ．また印付き $K3$ 曲面の同型類全体の集合から Ω への周期を対応させる写像も周期写像という．周期写像の局所同型性を問題にする場合は前者の，全射性を問題にする場合は後者の意味である．

さて二組の印付き $K3$ 曲面 $(X, \alpha_X), (X', \alpha_{X'})$ の周期が一致しているとする．このとき正則 2 形式を保つ格子の同型写像

$$(\alpha_{X'})^{-1} \circ \alpha_X : H^2(X, \mathbb{Z}) \to H^2(X', \mathbb{Z}) \tag{1}$$

が得られるが，X と X' は複素多様体としていつ同型であるかに答えるのが $K3$ 曲面のトレリ型定理である．もし格子の同型写像が複素多様体の同型写像から引き起こされていれば，それはケーラー類を保っている必要がある．この逆がなりたつこと，すなわち「正則 2 形式を保つ格子の同型写像が，複素多様体の同型写像から引き起こされるための必要十分条件は，それがケーラー類を保つことである」ことを主張するのが $K3$ 曲面のトレリ型定理である．ただし $K3$ 曲面はケーラー多様体であることを本書では認めている．ケーラー類全体はケーラー錐と呼ばれる $H^2(X, \mathbb{R})$ の部分集合をなすが，これはある鏡映群の正錐と呼ばれる錐への作用に関する基本領域となっていることを注意しておく．ケーラー類を保つことはケーラー錐を保つことに他ならない．

ここで射影的な $K3$ 曲面の周期についても述べておく．射影的 $K3$ 曲面 X とその上の原始的なアンプル因子 H で $H^2 = 2d$ であるものの組 (X, H) を次数 $2d$ の偏極 $K3$ 曲面という．ここで H が原始的であるとは商加群 $H^2(X, \mathbb{Z})/\mathbb{Z}H$ が捩れ元を含まないときをいう．長さ $2d$ の原始的な L の元は $O(L)$ を法として一意的であることが格子理論から従う．そこで $h \in L$ で $\langle h, h \rangle = 2d$ となる原始的な元を定めておくと，格子の同型写像 $\alpha_X : H^2(X, \mathbb{Z}) \to L$ で $\alpha_X(H) = h$ を満たすものが取れる．一方，ω_X は代数曲線で代表される $H^2(X, \mathbb{Z})$ の元とは直交する．特に $\langle \omega_X, H \rangle = 0$ がなりたつ．このことに注意し

$$L_{2d} = \{x \in L : \langle x, h \rangle = 0\},$$

$$\Omega_{2d} = \{\omega \in \mathbb{P}(L_{2d} \otimes \mathbb{C}) : \langle \omega, \omega \rangle = 0, \langle \omega, \bar{\omega} \rangle > 0\}$$

とおくと，組 (X, H, α_X) に対し $\alpha_X(\omega_X) \in \Omega_{2d}$ が定まる．L_{2d} の階数が 21 なので Ω_{2d} は 19 次元の複素多様体となる．格子 L の自己同型写像で h を固定するもの全体のなす群 Γ_{2d} は Ω_{2d} に真性不連続に作用しており，商 Ω_{2d}/Γ_{2d} には 19 次元の複素解析空間の構造が入る．これは格子 L_{2d} の符号が $(2, 19)$ であり Ω_{2d} が有界対称領域（正確には二つの有界対称領域の非交和）と呼ばれる良い構造を持つことによる．上半平面 H^+ は有界対称領域の最も簡単な場合であることを注意しておく．まとめると次数 $2d$ の偏極 $K3$ 曲面の同型類の集合から Ω_{2d}/Γ_{2d} への写像が定まるが，これを偏極 $K3$ 曲面の周期写像と呼び，この写像の単射性を主張するのが偏極 $K3$ 曲面の場合のトレリ型定理である．この場合には，周期写像による像が一致していれば周期とアンプル類を保つ格子の同型写像 (1) が得られ，特にケーラー類も保つので，証明は一般の場合のトレリ型定理に帰着する．

$K3$ 曲面のトレリ型定理の証明は独特の論法からなる．まず周期写像の局所同型性が複素構造の変形理論を用いて示される．一方，クンマー曲面は複素トーラスの商として構成されており，その周期から複素トーラスを再構成できる．そこで複素トーラスのトレリ型定理を用いることで，クンマー曲面のトレリ型定理が証明できる．さらにクンマー曲面の周期からなる集合は周期領域 Ω において稠密であることが示される．稠密な点でトレリ型定理がなりたつことから一般の場合のトレリ型定理を導くのが大雑把な流れである．

一方，周期写像の全射性に関してはカラビ予想に関する結果が用いられる．射影的な場合に限れば，代数曲面の退化を用いた方法もある．本書では全射性の証明は概略にとどめる．

後の注意 0.1 で歴史的なことを詳しく述べるが，まず射影的 $K3$ 曲面，続いてケーラー $K3$ 曲面に対してトレリ型定理が証明され，次に周期写像の全射性が，そして最後に全ての $K3$ 曲面がケーラーであることが証明された．本書ではケーラーであることを認め，議論を進める．

以上が本書の主題であるが，射影的でない $K3$ 曲面を扱うため，クンマー曲面以外の具体例に欠ける恐れがある．そこで最後の 2 章でエンリケス曲面と平面 4 次曲線を取り上げる．エンリケス曲面は幾何種数と不正則数が共に消える非有理的な代数曲面であり，イタリア学派の一人であるエンリケス (F.

Enriques) によって発見された. エンリケス曲面は全て代数的である. そのピカール数は 10 でたくさんの曲線を含んでおり, 様々な射影幾何的な構成が知られている. エンリケス曲面の普遍被覆（被覆次数は 2）として $K3$ 曲面が現れる. したがってエンリケス曲面は $K3$ 曲面のその固定点を持たない位数 2 の自己同型による商曲面と定義してもよい. 偏極 $K3$ 曲面は $H^2(X, \mathbb{Z})$ の階数 1 の部分格子 $\mathbb{Z}H$ を固定して考えるが, エンリケス曲面の場合は階数 10 の部分格子を固定して考え, いわゆる格子を偏極として持つ $K3$ 曲面の典型例と考えられる. 本書では $K3$ 曲面のトレリ型定理の応用としてエンリケス曲面のトレリ型定理がなりたつこと, およびエンリケス曲面の自己同型群とエンリケス曲面の具体的構成方法をいくつか述べる. ここでは 19 世紀後半から 20 世紀初頭に研究された直線の幾何学に関連した Reye congruence[1] も取り上げる.

最終章では非特異な平面 4 次曲線（$\mathbb{P}^2$ 内の 4 次曲線）への応用を述べる. 平面 4 次曲線は種数 3 の超楕円的でない代数曲線であり, そのヤコビアンは 3 次元主偏極アーベル多様体である. 楕円曲線の周期理論に現れた商空間 $H^+/SL(2, \mathbb{Z})$ の高次元版である 3 次ジーゲル上半空間 $\mathfrak{H}_3$ のシンプレクティック群 $\mathrm{Sp}_6(\mathbb{Z})$ による商空間 $\mathfrak{H}_3/\mathrm{Sp}_6(\mathbb{Z})$ が 3 次元主偏極アーベル多様体の同型類全体の集合（モジュライ空間と呼ばれる）である. 曲線のトレリの定理は, 平面 4 次曲線に対しヤコビアンを対応させる写像の単射性を意味するが, 平面 4 次曲線のモジュライ空間および $\mathfrak{H}_3/\mathrm{Sp}_6(\mathbb{Z})$ の次元は共に 6 次元であり, 平面 4 次曲線のモジュライ空間と $\mathfrak{H}_3/\mathrm{Sp}_6(\mathbb{Z})$ は双有理的となる. 本書では平面 4 次曲線に対してヤコビアンの代わりに $K3$ 曲面を対応させる. 平面 4 次曲線を与える斉次 4 次式を $f(x, y, z)$ とするとき変数 t を加えて $t^4 = f(x, y, z)$ で与えられる $\mathbb{P}^3$ 内の 4 次曲面が対応する $K3$ 曲面である. $K3$ 曲面の周期理論を用いることで平面 4 次曲線のモジュライ空間が 6 次元複素球の離散群による商空間に双有理的であることを示すことが最終節の主題である. この他に平面 4 次曲線と関係の深い次数 2 のデル・ペッツォ曲面 (del Pezzo surface) と E_7 型ルート系についても紹介する.

$K3$ 曲面のトレリ型定理には格子の理論が欠かせない. まず格子理論からの

---

[1] 適当な訳が見当たらないので訳さずそのままにした.

準備を第 1 章で行う.第 2 章で鏡映群とその基本領域について述べる.第 3 章で複素解析曲面の分類を紹介し,楕円曲面の特異ファイバーの分類についても述べておく.第 4 章で $K3$ 曲面の基本的性質やクンマー曲面など具体例を述べる.またクンマー曲面のトレリ型定理に必要となる 2 次元複素トーラスのトレリ型定理もここで述べておく.第 5 章では上半平面の一般化の一つである IV 型有界対称領域を紹介し,次にコンパクト複素多様体の変形理論を述べる.これはのちに $K3$ 曲面の周期写像の局所同型性を述べる際に必要となる.第 6 章で $K3$ 曲面のトレリ型定理の定式化とその証明を与え,第 7 章で周期写像の全射性について解説する.第 8 章でトレリ型定理の応用として $K3$ 曲面の自己同型に関する結果をいくつか紹介する.第 9 章でエンリケス曲面の周期理論,自己同型群および具体例を述べる.第 10 章で平面 4 次曲線や関係が深いデル・ペッツォ曲面を紹介し,平面 4 曲線のモジュライ空間の複素球による記述を与える.

$K3$ 曲面のトレリ型定理に関しては,ピアテツキ・シャピロ (I. Piatetski-Shapiro),シャファレヴィッチ (I.R. Shafarevich) [PS] およびバーンズ (D. Burns),ラポポルト (M. Rapoport) [BR] による原論文の他に,フランス語ではあるがボーヴィル (A. Beauville) によるセミナーノート [Be3],バルト (W. Barth),フーレック (K. Hulek),ペータース (C. Peters),ヴァンドベン (A. Van de Ven) による英文教科書 [BHPV] があるが,本書でもこの 2 冊を最も参考にした.代数曲面・複素解析曲面に関してはシャファレヴィッチ [Sh],小平 [Kod1], [Kod2],モロウ (J. Morrow),小平 [MK],ボービィル [Be1] を,エンリケス曲面のトレリ型定理の証明には浪川 [Na2] を参考にした.

参考文献は必要最小限にとどめたため完全ではないことをお断りしておく.もちろん本書は $K3$ 曲面の研究を網羅するものでもない.例えば取り上げていない話題として,$K3$ 曲面上のベクトル束のモジュライ空間とフーリエ・向井変換,$K3$ 曲面の高次元版であるケーラー・シンプレクティック多様体や正標数の場合,複素力学系への応用などがある.

注意 0.1 $K3$ 曲面のトレリ型定理にまつわる歴史的な事柄をまとめておく.$K3$ 曲面の名付け親はアンドレ・ベイユ (A. Weil [We]) である.先にあげたクンマーの他,ケーラー (E. Kähler) と小平邦彦の頭文字の三つの K,および当時は未踏峰であった

カラコルム山脈に位置する世界第二の高峰 $K2$ (8611m) に由来する (Weil の原文は "ainsi nommées en l'honneur de Kummer, Kähler, Kodaira et de la belle montagne K2 au Cashemire" である). ベイユはアンドレオッチ (A. Andreotti) と共に $K3$ 曲面の周期 (period) を提唱した. 小平邦彦は 1960 年頃にイタリア学派による代数曲面の分類を 2 次元コンパクト複素多様体の分類にまで拡張し, $K3$ 曲面の局所トレリ定理を確立した (小平はその証明を与えた論文 [Kod2] の中で, 局所トレリ定理はアンドレオッチとベイユによるものであると述べているが). さらに小平は楕円曲面構造を持つ $K3$ 曲面の周期が周期領域において稠密であることを示し, その応用として $K3$ 曲面が互いに変形で移り合うこと, 特に全ての $K3$ 曲面は微分位相同型であることを示した.

このような状況の中で, ピアテツキ・シャピロとシャファレヴィッチ [PS] が射影的な $K3$ 曲面の場合にトレリ型定理の証明に成功した. それが 1970 年頃である. すぐ後でバーンズとラポポルト [BR] が射影的とは限らないケーラーである $K3$ 曲面の場合にトレリ型定理を拡張した. しかしながら, $K3$ 曲面がケーラー多様体であるかどうかは未解決のままであった. 一方, 周期写像の全射性も残された大きな問題であった. 1970 年代中頃, 堀川穎二 [Ho1] とシャー (J. Shah [Sha]) が独立に次数が 2 の $K3$ 曲面の周期写像の全射性を幾何学的不変式論を用いて示した. そのすぐ後でシャファレヴィッチ門下のクリコフ (V. Kulikov [Ku1], [Ku2]) が射影的 $K3$ 曲面の場合の周期写像の全射性を $K3$ 曲面の退化の分類を行うことで証明した (すぐ後で, パーソン (U. Persson [PP]) とピンカム (H. Pinkham) がクリコフの論法を整頓した). 一方, この頃, 堀川 [Ho2] がエンリケス曲面のトレリ型定理の証明を与えた. 射影的とは限らない $K3$ 曲面の場合の周期写像の全射性は, 1980 年頃にトドロフ (A.N. Todorov [To]) が証明を与えた. 最後に残されたのが $K3$ 曲面のケーラー性であったが, これも 1980 年代前半にシュー (Y.T. Siu [Si]) が解決した.

第1章 ◇ 格子理論

本章に K3 曲面の理論に必要な格子理論をまとめておく．まず格子の定義から始めてその例としてルート格子を取り上げ，次に格子の不変量である判別二次形式や拡大格子の構成方法を紹介する．そのあとで不定値ユニモジュラー格子の分類，格子のユニモジュラー格子への原始的埋め込みなど，後に必要となる結果を述べる．

1.1 格子の基本概念

1.1.1 格子の定義と例

階数 r の自由アーベル群 L $(\cong \mathbb{Z}^r)$ を考える．その上の整数値の**対称双線形形式** (symmetric bilinear form)

$$\langle\ ,\ \rangle : L \times L \to \mathbb{Z},$$

すなわち任意の $x, y, z \in L$, $m, n \in \mathbb{Z}$ に対して

$$\langle x, y\rangle = \langle y, x\rangle, \quad \langle mx+ny, z\rangle = m\langle x,z\rangle + n\langle y,z\rangle$$

を満たす写像が与えられているとする．対称双線形形式が**非退化** (non-degenerate) であるとは，任意の $y \in L$ に対し $\langle x, y\rangle = 0$ がなりたつのは $x = 0$ に限るときをいう．L の双対 $\mathrm{Hom}(L, \mathbb{Z})$ を L^* で表す．L の元 x に対し $f_x(y) = \langle x, y\rangle$ とおくことで L^* の元 f_x が定まるが，L が非退化であることは自然な写像

$$L \to L^*, \quad x \to f_x \tag{1.1}$$

が単射であることに他ならない．L と非退化対称双線形形式との組 $(L, \langle\ ,\ \rangle)$ を階数 r の**格子** (lattice) と呼ぶ．混乱がない限り，簡単に L を格子と呼ぶ．格子 L_1 と L_2 が**同型** (isomorphic) であるとは，自由アーベル群としての L_1

から L_2 への同型写像で双線形形式を保つものが存在するときをいう．格子 L から L 自身への同型写像を L の**自己同型** (automorphism) と呼ぶ．L の自己同型写像全体のなす群を $O(L)$ と表し，L の**直交群** (orthogonal group) と呼ぶ．

格子 L の自由アーベル群としての基底 $\{e_i\}_{i=1}^r$ を一組取る．L の元 x を $x = \sum_i x_i e_i,\ x_i \in \mathbb{Z}$ と表し，$a_{ij} = \langle e_i, e_j \rangle \in \mathbb{Z}$ とすると，$f(x) = \langle x, x \rangle = \sum_{i,j} a_{ij} x_i x_j$ は2次形式である．f を $\mathbb{R}$ 上の2次形式と考えると，シルベスターの慣性法則より，$\mathbb{R}$ 上の変数 $t_1, \ldots, t_{p+q}$ を用いて

$$f(x) = t_1^2 + \cdots + t_p^2 - t_{p+1}^2 - \cdots - t_{p+q}^2, \quad p + q = r \tag{1.2}$$

とできる．ここに現れる (p,q) を格子 L の**符号** (signature) と呼ぶ．また差 $p - q$ を $\mathrm{sign}(L)$ で表し，これを L の符号と呼ぶこともある．行列 $A = (a_{ij})$ の行列式の絶対値を $d(L)$ と表す．L の元 x に対し $\langle x, x \rangle$ を x^2 と表し，x の**長さ**と呼ぶ．

問 1.1　$d(L)$ は基底の取り方によらないことを示せ．

格子 L が**正定値** (positive definite)，あるいは**負定値** (negative definite) であるとは，式 (1.2) においてそれぞれ $p = r$，あるいは $q = r$ がなりたつときをいう．正定値，負定値を合わせて**定値** (definite) と呼ぶ．$p > 0$ かつ $q > 0$ のとき，L を**不定値** (indefinite) と呼ぶ．また $d(L) = 1$ のとき，L を**ユニモジュラー** (unimodular) と呼ぶ．

問 1.2　格子 L がユニモジュラーであることは，自然な写像 (1.1) が同型であることと同値であることを示せ．

格子 L が**偶格子** (even lattice) であるとは，行列 A の対角成分が全て偶数であるとき，すなわち任意の $x \in L$ に対し $\langle x, x \rangle$ が偶数であるときをいう．偶格子でない場合を**奇格子** (odd lattice) と呼ぶ．

格子 L, M に対し，それらの直交直和として得られる格子を $L \oplus M$ で表し，m 個の L の直交直和として得られる格子を $L^{\oplus m}$ と表す．格子 $(L, \langle\, ,\, \rangle)$ と整数 $m \neq 0$ に対し，アーベル群 L 上の対称双線形形式が $m\langle\, ,\, \rangle$ で与えられる格子を $L(m)$ と表す．

格子 L の部分群 S に双線形形式を制限したものが格子であるとき，S を L の**部分格子** (sublattice) と呼ぶ．格子 L の部分格子 S に対し

$$S^\perp = \{x \in L \ : \ \langle x, y \rangle = 0, \ \forall y \in S\}$$

とおき，S の**直交補空間** (orthogonal complement) と呼ぶ．S は非退化より，$S \cap S^\perp = \{0\}$ であり $S \oplus S^\perp$ は L の指数有限の部分格子である．

- **例 1.3** 階数 1 で 2 次形式が $f(x) = \pm x^2$ で与えられる格子を $I_\pm$ と表す．$I_+^{\oplus p} \oplus I_-^{\oplus q}$ は符号 (p, q) のユニモジュラーな奇格子である．また長さ m の元で生成される格子を $\langle m \rangle$ と表す．$\langle \pm 1 \rangle = I_\pm$ である．

- **例 1.4** 行列 $\begin{pmatrix} 0 & 1 \\ 1 & 0 \end{pmatrix}$ で定まる階数 2 の格子を U で表す．これは偶格子でユニモジュラー，符号が $(1, 1)$ である．また $U(m)$ は行列 $\begin{pmatrix} 0 & m \\ m & 0 \end{pmatrix}$ で定まる階数 2 の格子である．

長さが -2 の元で生成される負定値の偶格子を**ルート格子** (root lattice) と呼ぶ．通常は正定値のものをルート格子と呼ぶが，代数幾何学への応用に合わせて，本書ではルート格子は負定値のものと定める．

- **例 1.5** $\mathbb{Z}^{m+1}$ を例 1.3 で述べた負定値の格子 $I_-^{\oplus (m+1)}$ と考え，その部分格子 A_m を

$$A_m = \left\{ (x_1, \ldots, x_{m+1}) \in \mathbb{Z}^{m+1} \ : \ \sum_{i=1}^{m+1} x_i = 0 \right\}$$

で定める．$\mathbb{Z}^{m+1}$ の基底

$$\{e_1 = (1, 0, \ldots, 0), \ e_2 = (0, 1, 0 \ldots, 0), \ldots, \ e_{m+1} = (0, \ldots, 0, 1)\}$$

を考える．A_m は階数 m で $r_i = e_i - e_{i+1}$ $(i = 1, \ldots, m)$ がその基底になっていることは容易に確かめられる．$r_i^2 = -2$ であるから A_m はルート格子である．

ルート格子の記述には**ディンキン図形** (Dynkin diagram) と呼ばれるものを用いるのが便利である．例 1.5 で与えた各 r_i に対し頂点 ○ を対応させる．r_i と r_j が対応する二つの頂点を $\langle r_i, r_j \rangle$-本の線分で結ぶ．これによって次の図 1.1 が得られる：

$$r_1 \quad r_2 \qquad\qquad r_{m-1} \; r_m$$
○—○———⋯———○—○

図 1.1 A_m 型ディンキン図形

これをルート格子 A_m のディンキン図形と呼ぶ．一般のルート格子 L に対しても同様にしてディンキン図形が定義される．L の基底 $r_1, \ldots, r_n$ で

$$r_i^2 = -2, \quad \langle r_i, r_j \rangle \geq 0, \; i \neq j$$

を満たすものが存在することが知られている．$\{r_1, \ldots, r_n\}$ は L の**単純ルート**と呼ばれる．上で与えたルート格子 A_m の基底は単純ルートに他ならない．単純ルートに対してディンキン図形を定義する方法は A_m の場合と同じである．単純ルートは次章で述べる鏡映群の基本領域の概念を用いて述べることができる（注意 2.17 参照）．ルート格子 L の長さ -2 の元全体の集合を Δ とする．L が定値であるから Δ は有限集合である．$r \in \Delta$ に対し $r^\perp$ で r に直交する $L \otimes \mathbb{R}$ の超平面を表す．このとき

$$L \otimes \mathbb{R} \setminus \bigcup_{r \in \Delta} r^\perp$$

の各連結成分は有限個の超平面（の一部）を境界に持つ多面体である．$r^\perp$ を境界として隣り合う連結成分は**鏡映**と呼ばれる L の自己同型

$$s_r : x \to x + \langle x, r \rangle r$$

で写り合う．結局，どの連結成分も鏡映 $\{s_r : r \in \Delta\}$ で生成される群 $W(\Delta)$ の元で写り合い，特に多面体として同型である．各連結成分は群 $W(\Delta)$ の $L \otimes \mathbb{R}$ への作用に関する**基本領域**と呼ばれる．各基本領域の境界を定める長さ -2 の元が単純ルートである．

問 1.6 Δ は有限集合であることを示せ．

ディンキン図形が連結のとき，ルート格子は**既約** (irreducible) であるという．任意のルート格子は既約なルート格子の直交直和になり，さらに既約なルート格子のディンキン図形は上に挙げた A_m に対応するもの，および次の図 1.2 の D_n 型 $(n \geq 4)$，E_k 型 $(k = 6, 7, 8)$ のいずれかである（命題 1.12）．

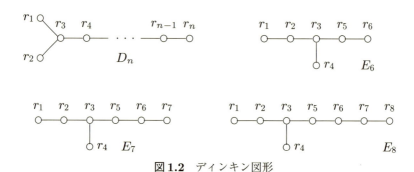

図 1.2 ディンキン図形

直接の計算により

$$d(A_m) = m+1, \quad d(D_n) = 4, \quad d(E_6) = 3, \quad d(E_7) = 2, \quad d(E_8) = 1$$

が確かめられる．特に E_8 はユニモジュラーである．

問 1.7 $\mathbb{Z}^n$ を格子 $I_-^{\oplus n}$ と考える．このとき

$$D_n \cong \{(x_1, \ldots, x_n) \in \mathbb{Z}^n : x_1 + \cdots + x_n \equiv 0 \pmod{2}\}$$

を示せ．

以下，連結なディンキン図形 D は上のものに限ることを示す．ディンキン図形 D の頂点をなす単純ルートを $r_1, \ldots, r_n$ とする．

補題 1.8 $\langle r_i, r_j \rangle \geq 2$ は起こらない．

証明 $\langle r_i, r_j \rangle \geq 2$ とする．ルート格子は負定値であり $r_i + r_j \neq 0$ より，$(r_i + r_j)^2 < 0$ がなりたつ．一方で $r_i^2 = -2$ より

$$(r_i + r_j)^2 = -4 + 2\langle r_i, r_j \rangle \geq 0$$

となり，矛盾を得る．□

同じ議論で次を得る．

補題 1.9 次の図形は D の部分図形として現れない $(k \geq 3)$.

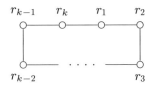

問 1.10 補題 1.9 の証明を与えよ．

補題 1.11 次の図形は D の部分図形として現れない $(k \geq 4)$.

証明 現れたと仮定し，ルート格子の長さ 0 の元

$$r_1 + r_2 + r_k + r_{k+1} + 2(r_3 + \cdots + r_{k-1})$$

を考えることで，補題 1.8 と同じように矛盾を得る．□

補題 1.8, 1.9, 1.11 より連結なディンキン図形 D は次の形である．

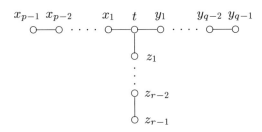

ここで

$$w = t + \frac{1}{p}\sum_{i=1}^{p-1}(p-i)x_i + \frac{1}{q}\sum_{i=1}^{q-1}(q-i)y_i + \frac{1}{r}\sum_{i=1}^{r-1}(r-i)z_i$$

とおくと,$\langle w, x_i \rangle = \langle w, y_j \rangle = \langle w, z_k \rangle = 0$ より

$$w^2 = \langle w, t \rangle = -2 + \frac{p-1}{p} + \frac{q-1}{q} + \frac{r-1}{r} = 1 - \frac{1}{p} - \frac{1}{q} - \frac{1}{r}$$

を得る.ルート格子は負定値であり,$w \neq 0$ に注意すると

$$\frac{1}{p} + \frac{1}{q} + \frac{1}{r} > 1 \tag{1.3}$$

がなりたつ.ここで $p \leq q \leq r$ と仮定しても一般性を失わない.$(p,q,r) = (1,q,r)$ ならば A_{q+r-1} 型となる.$(p,q,r) = (2,2,r)$ ならば D_{r+2} 型を得る.最後に,$(p,q,r) = (2,3,r)$ とすると不等式 (1.3) より $r = 3, 4, 5$ が従い,$(p,q,r) = (2,3,3), (2,3,4), (2,3,5)$ の場合,それぞれ E_6, E_7, E_8 型を得る.不等式 (1.3) より,(p,q,r) の取り得る値はこれ以外にはないことが従う.以上から次の命題を得る.

命題 1.12 連結なディンキン図形は A_m, D_n $(n \geq 4), E_k$ $(k = 6, 7, 8)$ のいずれかである.

注意 1.13 命題 1.12 の証明は Ebeling [E] を参考にした.

1.1.2 判別二次形式

定義 1.14 L を偶格子とする.単射 (1.1) により格子 L をその双対 L^* の部分群と考え,商 L^*/L を A_L で表す.写像

$$q_L : A_L \to \mathbb{Q}/2\mathbb{Z}, \quad q_L(x + L) = \langle x, x \rangle \mod 2\mathbb{Z} \tag{1.4}$$

を L の**判別二次形式** (discriminant quadratic form) と呼ぶ.ここで $\langle\ ,\ \rangle$ は $L \otimes \mathbb{Q}$ に拡張した双線形形式である.さらに

$$b_L : A_L \times A_L \to \mathbb{Q}/\mathbb{Z}, \quad b_L(x+L, y+L) = \langle x, y \rangle \mod \mathbb{Z} \tag{1.5}$$

と定めると,$q_L(x+y) - q_L(x) - q_L(y) \equiv 2b_L(x,y) \mod 2\mathbb{Z}$ がなりたつ.

ここで b_L は q_L から定まることを注意しておく．L がユニモジュラーのときは $A_L = 0$ であり q_L は何の情報も持たないが，一般の偶格子の場合，符号と並んで最も重要な格子の不変量である．

- **例 1.15** $L = A_m$ の場合を考える．例 1.5 の記号を用いると，
$$\delta = \frac{1}{m+1} \sum_{k=1}^{m} k r_k$$
は L^* の元であり，$d(A_m) = m+1$ であるから $\delta \bmod L$ は A_L の生成元である．よって $A_L \cong \mathbb{Z}/(m+1)\mathbb{Z}$, $q_L(\delta) = -\frac{m}{m+1}$ を得る．

定義 1.16 格子 L の自己同型全体のなす群を $\mathrm{O}(L)$ と表し L の直交群と呼んだが，有限アーベル群 A_L の自己同型で q_L を保つもの全体のなす群を $\mathrm{O}(q_L)$ と表す．$\mathrm{O}(L)$ の元は L^* の自己同型を，したがって q_L を保つ A_L の自己同型を引き起こす．言い換えれば群の準同型 $\mathrm{O}(L) \to \mathrm{O}(q_L)$ が得られる．この準同型写像の核を $\widetilde{\mathrm{O}}(L)$ と表す．

- **例 1.17** 例 1.5 の記号を用いる．$I_-^{\oplus(m+1)}$ の長さ -1 の元は $\pm e_i$, $i = 1, \ldots, m+1$ である．同型写像は長さを保つから，$\mathrm{O}(I_-^{\oplus(m+1)}) \cong (\mathbb{Z}/2\mathbb{Z})^{m+1} \cdot \mathfrak{S}_{m+1}$ であることが分かる．ここで $m+1$ 次対称群 $\mathfrak{S}_{m+1}$ は座標の置換，$(\mathbb{Z}/2\mathbb{Z})^{m+1}$ は各座標を -1 倍する写像で生成される群である．

問 1.18 A_m を保つ $\mathrm{O}(I_-^{\oplus(m+1)})$ の部分群 G を求めよ．また写像 $\mathrm{O}(A_m) \to \mathrm{O}(q_{A_m})$ による G の像を求めよ．

1.1.3 拡大格子

与えられた偶格子から**拡大格子** (overlattice) と呼ばれる偶格子を構成する方法を述べる．L を偶格子とする．A_L の部分群 H で q_L の H への制限が恒等的に 0 となるものを**等方的部分群** (isotropic subspace) と呼ぶ．等方的部分群 H に対し，
$$L_H = \{x \in L^* \ : \ x \bmod L \in H\}$$

と定めると,H が等方的であることから $(L_H, \langle\, ,\, \rangle)$ は偶格子となる.構成方法より
$$L \subset L_H \subset L_H^* \subset L^*, \quad d(L) = d(L_H) \cdot [L_H : L]^2$$
がなりたつ.さらに L_H^* は L_H の元との $\langle\, ,\, \rangle$ に関する値が整数値であることから,$A_{L_H} \cong H^\perp / H$ で $q_{L_H} = q_L \mid H^\perp / H$ がなりたつ.一般に L を指数有限の部分格子として含む偶格子を L の**拡大格子** (overlattice) という.L_H は L の拡大格子である.逆に L の拡大格子 L' に対し,L'/L は A_L の等方的部分群である.以上をまとめることで次を得る.

定理 1.19　L の拡大格子全体は A_L の等方的部分群全体と一対一に対応する.

●**例 1.20**　$L = U(2)$ の基底 e, f で $\langle e, e \rangle = \langle f, f \rangle = 0$, $\langle e, f \rangle = 2$ を満たすものを選んでおく.$A_{U(2)} \cong (\mathbb{Z}/2\mathbb{Z})^2$ の生成元として $e/2, f/2$ が取れる.$\langle e/2 \rangle$ および $\langle f/2 \rangle$ が等方的部分群であり,対応する拡大格子はどちらも U に同型である.また $U(2)$ に長さ 1 の元 $(e+f)/2$ を付け加えて得られる格子は,奇格子 $I_+ \oplus I_-$ に同型である.

問 1.21　ルート格子 D_8 の拡大格子としてルート格子 E_8 が得られることを示せ.

1.2　不定値ユニモジュラー格子の分類

この節では不定値ユニモジュラー格子の分類を与える.最初に奇ユニモジュラー格子の場合(定理 1.22)を,次に符号に関する定理 1.25 を,最後に偶格子の場合の分類(定理 1.27)を述べる.

1.2.1　不定値ユニモジュラー奇格子の分類

定理 1.22　L を符号 (p, q) の不定値ユニモジュラー奇格子とする.このとき
$$L \cong I_+^{\oplus p} \oplus I_-^{\oplus q}$$

である．特に同型類はその符号で決まる．

証明 格子 L の元 x は $x^2 = 0$ であるとき**等方的** (isotropic) であるという．定理の証明は，次の命題を仮定して進める．

命題 1.23 L を不定値ユニモジュラー格子とする．このとき L には 0 でない等方的な元が存在する．

定理の証明には必要ないが，類似の結果を一つ紹介しておく．これら二つの命題の証明は Serre [Se] を参照のこと．

命題 1.24（**Meyer**） L を不定値で階数が 5 以上の格子とする（ユニモジュラーの仮定は必要ない）．このとき L には 0 でない等方的な元が存在する．

まず命題 1.23 より L の 0 でない等方的な元 x が存在する．さらに，必要ならば x の代わりに x/m $(m \in \mathbb{Z})$ を考えることで，x は原始的としてよい．ここで 0 でない L の元 x が**原始的** (primitive) であるとは，$x/m \in L$ $(m \in \mathbb{Z})$ ならば $m = \pm 1$ がなりたつときをいう．

ステップ (1)：L の元 y で $\langle x, y \rangle = 1$ を満たすものが存在する．

なぜならば L は非退化より準同型写像 $f_x : L \to \mathbb{Z}$ の像は $m\mathbb{Z}$ $(m > 0)$ であるが，もし $m > 1$ ならば $x/m \in L^* = L$ となり，x が原始的であることに反する．よって $m = 1$ で，この準同型写像は全射となり y の存在が従う．

ステップ (2)：$\langle y, y \rangle$ は奇数としてよい．

$\langle y, y \rangle$ が偶数とする．L が奇格子より，L の元 t で $\langle t, t \rangle$ が奇数であるものが存在する．$y' = t + (1 - \langle x, t \rangle)y$ とすると，$\langle x, y' \rangle = 1$ かつ $\langle y', y' \rangle$ は奇数である．

ステップ (2) より $\langle y, y \rangle = 2m + 1$ としてよい．いま，

$$e_1 = y - mx, \quad e_2 = y - (m+1)x$$

と定義すると，$\langle e_1, e_1 \rangle = 1, \langle e_2, e_2 \rangle = -1, \langle e_1, e_2 \rangle = 0$ である．よって e_1, e_2 で生成される L の部分格子を L_1 とすると次がなりたつ．

ステップ (3): $L_1 \cong I_+ \oplus I_-$ である.

ステップ (4): $L_2 = L_1^\perp$ とすると, $L \cong L_1 \oplus L_2$ である.

まず L_1 は非退化より $L_1 \cap L_2 = \{0\}$ である. L の任意の元 x に対し, f_x を L_1 上の関数と考えると, L_1 がユニモジュラーより $L_1^* \cong L_1$ の元 x_1 が存在して

$$f_x(y) = \langle x_1, y \rangle$$

が L_1 の任意の元 y に対してなりたつ. よって $x - x_1$ は L_2 の元となり, L の元 x は L_1 と L_2 の元の和 $x = x_1 + (x - x_1)$ として書けることが分かる.

以上より, $L = I_+ \oplus I_- \oplus L_2$ と分解できることが分かった. もし $L_2 = 0$ なら証明が終わる. $L_2 \neq 0$ ならば, $L_2 \oplus I_+$ か $L_2 \oplus I_-$ のいずれかは不定値のユニモジュラー奇格子であり, 階数に関する帰納法で定理の証明が完了する. □

1.2.2 ユニモジュラー格子の符号

次にユニモジュラー格子の符号に関する結果を紹介する. ここでは格子が不定値であることを仮定しない. L を階数 r のユニモジュラー格子とする. すると $\bar{L} = L/2L$ は有限体 $\mathbb{F}_2$ 上の r 次元ベクトル空間となる. L の元 x に対応する $\bar{L}$ の元を $\bar{x}$ で表す. 写像

$$\langle\ ,\ \rangle : \bar{L} \times \bar{L} \to \mathbb{F}_2, \quad \langle \bar{x}, \bar{y} \rangle = \langle x, y \rangle \bmod 2$$

は $\mathbb{F}_2$ 上の非退化な 2 次形式となる. 写像 $f : \bar{L} \to \mathbb{F}_2$ を

$$f(\bar{x}) = \langle x, x \rangle \bmod 2$$

で定義すると $f(\bar{x}+\bar{y}) = f(\bar{x})+f(\bar{y})$ がなりたつ. すなわち f は $\mathrm{Hom}(\bar{L}, \mathbb{F}_2) \cong \bar{L}$ の元となる. したがって $\bar{L}$ の任意の元 $\bar{x}$ に対して

$$\langle \bar{u}, \bar{x} \rangle = f(\bar{x})$$

を満たす $\bar{L}$ の元 $\bar{u}$ が存在する. いま, $u \bmod 2L = \bar{u}$ を満たす L の元 u を一つ取る. このとき $\langle u, u \rangle \bmod 8$ は u の取り方には依存しない. 実際,

$u' = u + 2x$, $x \in L$ とすると，$\langle \bar{u}, \bar{x} \rangle = f(\bar{x})$ より $\langle u, x \rangle + \langle x, x \rangle$ は偶数であり，

$$\langle u', u' \rangle = \langle u + 2x, u + 2x \rangle = \langle u, u \rangle + 4(\langle u, x \rangle + \langle x, x \rangle) \equiv \langle u, u \rangle \pmod{8}$$

が従う．u を L の**特性元**と呼ぶ．

定理 1.25 L を符号 (p, q) のユニモジュラー格子，u をその特性元とする．このとき

$$\langle u, u \rangle \equiv \mathrm{sign}(L) = p - q \pmod{8} \tag{1.6}$$

がなりたつ．

証明 二つのユニモジュラー格子 L_1, L_2 の特性元がそれぞれ u_1, u_2 で与えられるとき，直和 $L_1 \oplus L_2$ のそれは $u = u_1 + u_2$ で与えられることに注意する．階数 1 のユニモジュラー格子 $I_\pm$ の場合，その特性元 u に対して

$$\langle u, u \rangle \equiv \pm 1 \pmod{8}$$

は明らかである．L が不定値ユニモジュラー奇格子の場合，定理 1.22 より $L \cong I_+^{\oplus p} \oplus I_-^{\oplus q}$ であり，したがって上に注意したことより (1.6) がなりたつ．一般の L の場合には，$L \oplus I_+ \oplus I_-$ は不定値ユニモジュラー奇格子であり，付け加えた $I_+ \oplus I_-$ の符号 $\mathrm{sign}(I_+ \oplus I_-)$ および特性元 u の (1.6) への寄与は共に 0 であることに注意すれば定理がなりたつことが分かる．□

系 1.26 L を符号 (p, q) のユニモジュラーな偶格子とする．このとき $p - q$ は 8 の倍数である．

証明 L が偶格子の場合，$f = 0$ より特性元として 0 が取れることに注意すれば，定理 1.25 より $p - q$ は 8 の倍数である．□

1.2.3 不定値ユニモジュラー偶格子の分類

定理 1.27 L を符号 (p, q) の不定値ユニモジュラー偶格子とする．このとき

(1) $p \leq q$ の場合, $L \cong U^{\oplus p} \oplus E_8^{\oplus (q-p)/8}$ がなりたつ.
(2) $p \geq q$ の場合, $L \cong U^{\oplus q} \oplus E_8(-1)^{\oplus (p-q)/8}$ がなりたつ.

特に L の同型類はその符号で定まる.

証明 この場合,定理 1.22 の証明のステップ (1) 〜 (4) と同様の議論ができる.ただし $L_1 = I_+ \oplus I_-$ の代わりに $L_1 = U$ を考える.実際,ステップ (1) の y は L が偶格子だから $\langle y, y \rangle = 2m$ となり,$e_1 = x, e_2 = y - mx$ と定めると,e_1, e_2 が生成する格子は U に同型である.このようにして直和分解 $L = U \oplus L_2$ が得られる.この場合,L_2 が定値だと同様の帰納法は適用できない.その代わりに次がなりたつ.

ステップ (5):F_1, F_2 をユニモジュラー偶格子で $F_1 \oplus I_+ \oplus I_- \cong F_2 \oplus I_+ \oplus I_-$ とする.このとき $U \oplus F_1 \cong U \oplus F_2$ がなりたつ.

同型写像 $f: F_1 \oplus I_+ \oplus I_- \to F_2 \oplus I_+ \oplus I_-$ を一つ考える.いま,
$$E_i = \{x \in F_i \oplus I_+ \oplus I_- \ : \ \langle x, x \rangle \equiv 0 \pmod{2}\}$$
とすると,E_i は $F_i \oplus I_+ \oplus I_-$ の指数 2 の部分偶格子である.f は長さを保つから E_1 から E_2 への同型写像を引き起こす.一方,例 1.20 より $E_i \cong F_i \oplus U(2)$ で,$E_i^*/E_i \cong (\mathbb{Z}/2\mathbb{Z})^2$ が分かる.E_i^*/E_i は三つの位数 2 の部分群を持つが,一つは q_{E_i} に関して等方的でなく,残りの二つは等方的である.E_i に等方的でない元を付け加えて得られる格子が $F_i \oplus I_+ \oplus I_-$ であり,等方的な部分群に対する拡大格子は $F_i \oplus U$ に同型になる.同型写像 $f: E_1 \to E_2$ は同型写像 $f: E_1^* \to E_2^*$ を引き起こすが,これは E_1^*/E_1 の等方的部分群を E_2^*/E_2 のそれに写す.よって上に注意したことにより,同型写像 $f: F_1 \oplus U \to F_2 \oplus U$ が引き起こされる(ステップ (5) の証明終わり).

$L = U \oplus L_2$ の符号が (p, q) とすると,L_2 の符号は $(p-1, q-1)$ である.不定値ユニモジュラー奇格子はその符号で同型類が決まるから(定理 1.22),ステップ (5) より,符号が (p, q) の不定値ユニモジュラー偶格子の同型類も一意的であることが従う.一方,系 1.26 より $p - q$ は 8 の倍数で,$U^{\oplus p} \oplus E_8^{\oplus (q-p)/8}$

($q \geq p$) および $U^{\oplus q} \oplus E_8(-1)^{\oplus (p-q)/8}$ ($p \geq q$) は符号 (p,q) のユニモジュラー偶格子である．よって L は p, q の大小により，$U^{\oplus p} \oplus E_8^{\oplus (q-p)/8}$ か $U^{\oplus q} \oplus E_8(-1)^{\oplus (p-q)/8}$ のいずれかに同型になる．□

注意 1.28 ユニモジュラー偶格子でも定値の場合には，同型類は符号（今の場合は階数）では定まらない．階数 8 の場合，同型類は E_8 ただ一つであるが，階数が 16 の場合の同型類は $E_8 \oplus E_8$ とルート格子 D_{16} の拡大格子として構成されるものの二つからなり，階数が 24 の場合は 24 個の同型類からなる．階数 32 以上の場合には分類は知られていない．本節のユニモジュラー格子の分類の証明は Serre [Se] に従うものである．

1.3 格子の埋め込み

格子の埋め込みに関する一般的な概念を述べ，次に後の章で用いる結果について述べる．

1.3.1 偶格子のユニモジュラー偶格子への原始的な埋め込み

定義 1.29 L, S を格子とする．S から L への双線形形式を保つ写像を格子の**埋め込み** (embedding) という．このとき S とその像を同一視することで S は L の部分格子と考えることができる．商 L/S が捻れ元を含まないとき，格子の埋め込み $S \subset L$ は**原始的** (primitive) であるという．

以下，偶格子に限って話を進める．L をユニモジュラー偶格子，S をその原始的な部分格子とする．S の直交補空間 $T = S^\perp$ も L の原始的な部分格子である．$H = L/(S \oplus T)$ は有限アーベル群であるが，包含関係 $S \oplus T \subset L \subset S^* \oplus T^*$ に注意すると，$H \subset A_S \oplus A_T$ である．

問 1.30 $|H|^2 = d(L) \cdot |H|^2 = d(S) \cdot d(T)$ を示せ．

射影
$$p_S : A_S \oplus A_T \to A_S, \quad p_T : A_S \oplus A_T \to A_T$$
の H への制限 $p_S|H, p_T|H$ に関して次がなりたつ．

補題 1.31 $p_S|H : H \to A_S$, $p_T|H : H \to A_T$ は全単射である.

証明 $(x \bmod S, y \bmod T) \in H$, $x \in S^*$, $y \in T^*$ が $p_S|H$ の核に含まれているとする. このとき $x \in S$ である. $x + y \in L$ より $y \in L \cap T^*$ が従うが, T が原始的であることから, $y \in T$ となる. よって $(x \bmod S, y \bmod T) = 0$ となり $p_S|H$ の単射性が従う. 同様にして $p_T|T$ の単射性が従う. あとは $|A_S| \cdot |A_T| = |H|^2$ に注意すれば良い. □

写像
$$\gamma_{ST} = p_T \circ (p_S|H)^{-1} : A_S \to A_T \tag{1.7}$$
はアーベル群の同型である. $(x \bmod S, y \bmod T) \in H$ に対し, $x+y$ は L の元であるから $x^2 + y^2 \in 2\mathbb{Z}$ であり, したがって $q_S(x \bmod S) + q_T(y \bmod T) = 0$ を得る. よって次の定理がなりたつ.

定理 1.32 L をユニモジュラー偶格子, S をその原始的な部分格子, $T = S^\perp$ とする. このとき次がなりたつ:
$$A_S \cong A_T, \quad q_S(\alpha) = -q_T(\gamma_{ST}(\alpha)) \quad (\forall \alpha \in A_S).$$

系 1.33 $S_1, S_2 \subset L$ を原始的な部分格子とし, $T_i = S_i^\perp$, $i = 1, 2$ とする. また同型写像 $\varphi : S_1 \to S_2$ が与えられているとする. このとき次は同値である.

(1) φ は L の自己同型に拡張できる. すなわち同型写像 $\tilde{\varphi} : L \to L$ で $\tilde{\varphi} | S_1 = \varphi$ を満たすものが存在する.
(2) 同型写像 $\psi : T_1 \to T_2$ で
$$\bar{\psi} \circ \gamma_{S_1, T_1} = \gamma_{S_2, T_2} \circ \bar{\varphi}$$
を満たすものが存在する. ここで $\bar{\psi} : A_{T_1} \to A_{T_2}$, $\bar{\varphi} : A_{S_1} \to A_{S_2}$ はそれぞれ ψ, φ が引き起こす同型写像である.

証明 (1) がなりたつとする. このとき $\psi = \tilde{\varphi} | T_1$ と定めれば (2) がなりた

つ. 逆に (2) がなりたつとする. $\tilde{\varphi} = (\varphi, \psi) : S_1 \oplus T_1 \to S_2 \oplus T_2$ と定めると, $\tilde{\varphi}$ は写像 $S_1^* \oplus T_1^* \to S_2^* \oplus T_2^*$ を引き起こすが, これも同じ記号 $\tilde{\varphi}$ で表す. このとき条件より $\tilde{\varphi}(L/(S_1 \oplus T_1)) = L/(S_2 \oplus T_2)$ がなりたち, $\tilde{\varphi}(L) = L$ が従う. □

次に偶格子がユニモジュラー偶格子に埋め込めるための条件を考える. 偶格子 S, T と同型 $\gamma : A_S \to A_T$ で $q_S(\alpha) = -q_T(\gamma(\alpha))$ $(\alpha \in A_S)$ を満たすものが与えられているとする. このとき

$$H = \{(\alpha, \gamma(\alpha)) : \alpha \in A_S\}$$

は $A_{S \oplus T}$ の $q_{S \oplus T}$ に関する等方的部分群であり, 定理 1.19 により対応する拡大偶格子 L は $S \oplus T$ を指数 $|H|$ の部分格子として含んでいる. $d(L) \cdot |H|^2 = d(S) \cdot d(T)$ より $d(L) = 1$ が従い, L はユニモジュラーである. 構成方法より $p_S|H$ は同型であり, したがって S および T は L の原始的な部分格子である. 以上をまとめることで次を得る.

定理 1.34 偶格子 S, T と同型 $\gamma : A_S \to A_T$ で $q_S = -q_T \circ \gamma$ を満たすものが与えられているとする. このときユニモジュラー偶格子 L が存在し, S は L に原始的に埋め込むことができ, T は S の L の中での直交補空間とできる.

● **例 1.35** ルート格子 E_7 は, その直交補空間がルート格子 A_1 と同型となるように, ルート格子 E_8 に原始的に埋め込むことができる. このことを見るために, S として E_7, T として A_1 を取る. $d(E_7) = d(A_1) = 2$ より, $A_S \cong A_T \cong \mathbb{Z}/2\mathbb{Z}$ である. A_1 の基底を t とし, 図 1.2 で与えた E_7 のディンキン図形に対応した基底 $r_1, \ldots, r_7$ を用いると, A_S および A_T の生成元としてそれぞれ

$$\alpha = \frac{r_4 + r_5 + r_7}{2} \bmod S, \quad \beta = \frac{t}{2} \bmod T$$

が取れる. これから $q_S(\alpha) = -3/2$, $q_T(\beta) = -1/2$ が従い, 定理 1.34 の仮定を満たしている. したがって S は階数 8 のユニモジュラー偶格子 L に原始的

に埋め込み，その直交補空間が $T = A_1$ となる．最後に

$$r_8 = -\frac{1}{2}(2r_1 + 4r_2 + 6r_3 + 3r_4 + 5r_5 + 4r_6 + 3r_7 + t)$$

とすると，$r_8^2 = -2$, $\langle r_8, r_i \rangle = 0$ $(i = 1, \ldots, 6)$, $\langle r_8, r_7 \rangle = 1$ がなりたつ．よって E_7 の基底 $r_1, \ldots, r_7$ に r_8 を加えたものが E_8 のディンキン図形を与える基底となり，$L \cong E_8$ が従う．

問 1.36 ルート格子 E_6 は，その直交補空間がルート格子 A_2 と同型となるように，E_8 に原始的に埋め込めることを示せ．

与えられた偶格子 S がユニモジュラー偶格子 L に原始的に埋め込めるかどうか，さらに原始的に埋め込める場合にその埋め込みが $\mathrm{O}(L)$ を法として一意的であるかどうかの問題は大切である．例えば定理 1.34 を使おうとすると，階数が $\mathrm{rank}(L) - \mathrm{rank}(S)$ で判別二次形式が $-q_S$ に一致する偶格子 T の存在が問題となり，一般には易しい問題ではない．ここでは証明を与えることはできないが次の二つの命題を紹介しておく．これらの命題は後の章（補題 9.11，補題 9.14，9.3 節，補題 10.12）で用いる．これらの命題は Nikulin [Ni2] によるものである．

命題 1.37 T を不定値の偶格子で符号 (t_+, t_-), $q = q_T$ とする．さらに

$$\mathrm{rank}(T) \geq l(A_T) + 2$$

がなりたつとする．ここで $l(A_T)$ は有限アーベル群 A_T の極小生成元の個数とする．このとき符号 (t_+, t_-) で q を判別二次形式に持つ偶格子は同型を除いて一意的，すなわち T に同型である．さらに自然な写像 $\mathrm{O}(T) \to \mathrm{O}(q_T)$ は全射である．

格子 L は A_L が 2-初等アーベル群，すなわち $A_L \cong (\mathbb{Z}/2\mathbb{Z})^l$ であるとき，**2-初等** (2-elementary) と呼ぶ．その判別二次形式 $q_L : A_L \to \mathbb{Q}/2\mathbb{Z}$ の像が $\mathbb{Z}/2\mathbb{Z}$ であるとき $\delta = 0$, それ以外の場合 $\delta = 1$ と定義する．

問 1.38 ルート格子 A_1, D_4, E_7 は 2-初等格子であることを示し，さらにこれらの格子の l および δ を求めよ．また D_5 は 2-初等かどうか答えよ．

命題 1.39　不定値の 2-初等偶格子は存在すれば，符号 (t_+, t_-), l および δ でその同型類が一意的に定まる．また自然な写像 $\mathrm{O}(L) \to \mathrm{O}(q_L)$ は全射である．

本書では格子の埋め込みに関する一般論はこれ以上は述べないが，初等的に示すことができる十分条件を次節で与える．この節は Nikulin [Ni2] を参考にした．

1.3.2　初等変換と格子の埋め込み

定義 1.40　L を偶格子とする．f, ξ を L の元で $f^2 = \langle f, \xi \rangle = 0$ を満たすものとする．L の元 x に対し

$$\phi_{f,\xi}(x) = x + \langle x, \xi \rangle f - \frac{1}{2}\xi^2 \langle x, f \rangle f - \langle x, f \rangle \xi \tag{1.8}$$

と定めると $\phi_{f,\xi}$ は格子 L の自己同型となる．$\phi_{f,\xi}$ を f, ξ で定まる**初等変換** (elementary transformation) と呼ぶ．

問 1.41　$\phi_{f,\xi}$ は L の双線形形式を保つこと，および $\phi_{f,\xi}(f) = f$ を確かめよ．また $\phi_{f,\xi} \in \widetilde{\mathrm{O}}(L)$ であることを示せ．

以下，$\{e, f\}$ を U の基底で $e^2 = f^2 = 0, \langle e, f \rangle = 1$ を満たすものとする．

補題 1.42　$L = U \oplus K$ の元 $me + f + x$, $m \in \mathbb{Z}$, $x \in K$ は L の自己同型により $ne + f$, $n \in \mathbb{Z}$ の形の元に写すことができる．

証明　初等変換 $\phi_{e,x}$ を施せば良い．□

問 1.43　補題 1.42 の記号の下で，写像 $K \to \mathrm{O}(L)$, $x \to \phi_{e,x}$ は単射準同型であることを示せ．

補題 1.44　格子 $U \oplus U$ の任意の元 $x \neq 0$ は $me + nf$, $m, n \in \mathbb{Z}$, m は n の約数の形の元に自己同型で写すことができる．ここで e, f は $U \oplus U$ の第一の直和成分の基底とする．

証明　$U \oplus U$ の第二の直和成分の基底を e', f' とし，

$$x = a_1 e + a_2 f + a_3 e' + a_4 f', \ a_i \in \mathbb{Z}$$

と表す．整数を成分とする 2 次正方行列のなすアーベル群を $M_2(\mathbb{Z})$ と表す．$M_2(\mathbb{Z})$ の元 $A = \begin{pmatrix} a_1 & -a_3 \\ a_4 & a_2 \end{pmatrix}, B = \begin{pmatrix} b_1 & -b_3 \\ b_4 & b_2 \end{pmatrix}$ に対し，

$$\langle A, B \rangle = a_1 b_2 + a_2 b_1 + a_3 b_4 + a_4 b_3$$

と定めることで，$M_2(\mathbb{Z})$ は偶格子の構造が入る．付随した 2 次形式は $2 \cdot \det$ に他ならない．対応

$$(a_1, a_2, a_3, a_4) \to \begin{pmatrix} a_1 & -a_3 \\ a_4 & a_2 \end{pmatrix}$$

により $U \oplus U$ は $M_2(\mathbb{Z})$ と格子として同型である．単因子論より，$\mathrm{GL}(2, \mathbb{Z})$ の元 C, D が存在して

$$C \cdot \begin{pmatrix} a_1 & -a_3 \\ a_4 & a_2 \end{pmatrix} \cdot D = \begin{pmatrix} m' & 0 \\ 0 & n' \end{pmatrix} \tag{1.9}$$

とできる．ここで m', n' は非負の整数で m' は n' の約数である．変換 (1.9) は ± 1 倍を除き 2 次形式を保つから $U \oplus U$ の自己同型で x を $me + nf$ に写すものの存在が従う．□

補題 1.45 L をユニモジュラー偶格子で $L = U^{\oplus 2} \oplus K$ と直和分解されているものとする．このとき L の長さが同じ原始的な元は $\mathrm{O}(L)$ の元で写り合う．

証明 $U \oplus U$ の第一成分を U_1，第二成分を U_2 と表し，それぞれの基底を $e_i, f_i, \langle e_i, e_i \rangle = \langle f_i, f_i \rangle = 0, \langle e_i, f_i \rangle = 1 \ (i = 1, 2)$ と選んでおく．L の長さ $2m$ の原始的な元 y は L の自己同型で $e_1 + m f_1$ に写せることを示す．まず $y = y' + y'', \ y' \in U_1 \oplus U_2, \ y'' \in K$ と分解したとき，L の自己同型を施すことで y' が原始的とできることを示す．もし $y' = 0$ ならば $\langle y, \xi \rangle \neq 0$ を満たす元 $\xi \in K$ を取り，初等変換 $\phi_{f_1, \xi}$ を y に施すことで $\langle y, e_1 \rangle \neq 0$ と

1.3 格子の埋め込み

できる．さらに補題 1.44 より $\langle e_1, y\rangle | \langle f_1, y\rangle$ と仮定してよい．定理 1.22 の証明のステップ 1 より，L の元 u で $\langle y, u\rangle = 1$ を満たすものが存在する．$\xi = u - \langle u, e_1\rangle f_1$ とすると $\langle e_1, \xi\rangle = 0$ であるから初等変換 $\phi_{e_1, \xi}$ を考えることができる．$y_0 = \phi_{e_1, \xi}(y)$ とおくと $\phi_{e_1, \xi}(e_1) = e_1$ より $\langle y_0, e_1\rangle = \langle y, e_1\rangle$ であり，$\langle e_1, y\rangle | \langle f_1, y\rangle$ に注意すると，

$$\langle y_0, f_1\rangle = \langle y, f_1\rangle + \langle y, \xi\rangle \langle e_1, f_1\rangle - \frac{1}{2}\langle \xi, \xi\rangle \langle y, e_1\rangle \langle e_1, f_1\rangle - \langle y, e_1\rangle \langle \xi, f_1\rangle$$

$$\equiv \langle y, \xi\rangle \bmod \langle y, e_1\rangle \equiv \langle y, u\rangle \bmod \langle y, e_1\rangle \equiv 1 \bmod \langle y_0, e_1\rangle$$

がなりたつ．したがって y の代わりに y_0 を考えることで，最初から y' は原始的であるとしてよい．ふたたび補題 1.44 より y は L の同型で $e_1 + nf_1 + v$, $v \in K$ に写せる．最後に補題 1.42 より証明が終わる．□

帰納法を用いて補題 1.45 は次のように一般化できる．

命題 1.46 L をユニモジュラー偶格子で $L = U^{\oplus k} \oplus K$ と直和分解されているものとする．このとき階数が k 以下の偶格子は L に原始的に埋め込める．さらに階数が $k-1$ 以下の偶格子の L への原始的な埋め込みは $O(L)$ を法として一意的である．ここでは偶格子は非退化であることを仮定しない．

証明 まず原始的な埋め込みの存在を示す．$U^{\oplus k}$ の基底を直和成分ごとに $e_i^2 = f_i^2 = 0, \langle e_i, f_j\rangle = \delta_{ij}$ $(i, j = 1, \ldots, k)$ と選んでおく．F を階数 $l \leq k$ の偶格子とし，$y_1, \ldots, y_l$ をその基底とする．ここで

$$y_i \to x_i = e_i + \frac{1}{2}\langle y_i, y_i\rangle f_i + \sum_{j=1}^{i-1} \langle y_i, y_j\rangle f_j, \quad i = 1, \ldots, l \quad (1.10)$$

と定めることで F から $U^{\oplus k}$ への格子の埋め込みが得られる．$\langle x_i, f_j\rangle = \delta_{ij}$ よりこの埋め込みは原始的である．

次に後半の一意性を示す．F を階数 $k-1$ の L の原始的な部分格子とし，その基底を $y_1, \ldots, y_{k-1}$ とする．$O(L)$ の元により，y_i を (1.10) で与えた x_i $(1 \leq i \leq k-1)$ に写せることを，階数に関する帰納法で示す．

階数が 1 の場合は補題 1.45 に他ならない．帰納法の仮定から $y_i = x_i$ ($1 \le i \le k-2$) としてよい．このとき x_i ($1 \le i \le k-2$) を固定して y_{k-1} を x_{k-1} に写す L の自己同型写像を構成する．E を $e_{k-1}, f_{k-1}, e_k, f_k$ で生成される部分格子とすると，E は L の直和因子である．補題 1.45 の証明と同様に，$x_1, \ldots, x_{k-2}$ に直交する元 ξ と f_{k-1} に関する初等変換を施すことで $\langle y_{k-1}, e_{k-1}\rangle \ne 0, \langle y_{k-1}, e_{k-1}\rangle | \langle y_{k-1}, f_{k-1}\rangle$ としてよい．さらに F は原始的であるから，その基底 $x_1, \ldots, x_{k-2}, y_{k-1}$ を L の基底に拡張できる．したがって L の双対 L^* の元 f で

$$f(x_i) = 0, \quad 1 \le i \le k-2, \quad f(y_{k-1}) = 1$$

を満たすものが存在する．L はユニモジュラーより，$f(x) = \langle u, x\rangle$ ($x \in L$) を満たす元 $u \in L$ が存在する．$\xi = u - \langle u, e_{k-1}\rangle f_{k-1}$ とすると $\langle e_{k-1}, \xi\rangle = 0$ であるから初等変換 $\phi_{e_{k-1},\xi}$ を考えることができる．e_{k-1}, ξ は共に $x_1, \ldots, x_{k-2}$ に直交するから，$\phi_{e_{k-1},\xi}(x_i) = x_i$ ($1 \le i \le k-2$) がなりたつ．ふたたび補題 1.45 の証明で行った y' に関する議論を用いることで，y_{k-1} の E への射影は原始的としてよい．

M を $e_1, f_1, \ldots, e_{k-2}, f_{k-2}$ で生成された部分格子とすると，

$$L = M \oplus M^\perp, \quad M^\perp = E \oplus K$$

である．$y_{k-1} = y'_{k-1} + y''_{k-1}, y'_{k-1} \in M, y''_{k-1} \in M^\perp$ とすると，上に述べたことより y''_{k-1} は原始的である．ふたたび補題 1.44 と同じ議論より，

$$y_{k-1} = y'_{k-1} + e_{k-1} + m f_{k-1}$$

としてよい．x_i の定義より，$x_1, \ldots, x_{k-2}, f_1, \ldots, f_{k-2}$ は M の基底である．したがって

$$\langle w, x_i\rangle = 0, \quad \langle w, f_i\rangle = \langle y_{k-1}, f_i\rangle, \quad 1 \le i \le k-2$$

を満たす $w \in M^* = M$ が存在する．初等変換 $\phi_{f_{k-1},w}$ は $x_1, \ldots, x_{k-2}$ を全て固定する．$y = \phi_{f_{k-1},w}(y_{k-1})$ とすると，

$$\langle y, f_i\rangle = \langle y_{k-1}, f_i\rangle - \langle y_{k-1}, f_{k-1}\rangle\langle w, f_i\rangle = 0, \quad i = 1, \ldots, k-2,$$

1.3 格子の埋め込み

$$\langle y, x_i \rangle = \langle y_{k-1}, x_i \rangle, \quad i = 1, \ldots, k-2$$

がなりたつ．一方，x_i の定義より

$$\langle x_{k-1}, f_i \rangle = 0, \quad \langle x_{k-1}, x_i \rangle = \langle y_{k-1}, x_i \rangle, \quad i = 1, \ldots, k-2$$

がなりたつ．$x_1, \ldots, x_{k-2}, f_1, \ldots, f_{k-2}$ は M の基底であるから，x_{k-1} と y の M への射影は一致する．さらに x_{k-1} と y の長さは同じであり，また $M^\perp$ への射影は共に $e_{k-1} + nf_{k-1}$ の形であるから，$x_{k-1} = y$ がなりたつ．□

注意 1.47 本節は Piatetski-Shapiro, Shafarevich [PS] および Looijenga, Peters [LP] を参考にした．

第2章 ◇ 鏡映群とその基本領域

符号が $(1, r)$ の 2 次形式付き空間の鏡映群の基本領域について述べる．K3 曲面の理論においては，ケーラー錐と呼ばれる概念がある鏡映群の正錐と呼ばれる錐への作用に関する基本領域として現れる．

2.1 鏡映群と基本領域

本節では n 次元実ベクトル空間 V とその上の符号が $(1, n-1)$ の 2 次形式を考える．この場合が K3 曲面への応用として重要となる．

定義 2.1 V を n 次元実ベクトル空間とし，符号が $(1, n-1)$ の対称双線形形式

$$\langle \, , \, \rangle : V \times V \to \mathbb{R}$$

が与えられているとする．ベクトル空間 V の自己同型で対称双線形形式を保つもの全体を $O(V)$ と表し，V の直交群と呼ぶ．V の元 δ が $\delta^2 = \langle \delta, \delta \rangle = -2$ を満たすとき，δ を V のルート (root) と呼ぶ．V のルート δ に対し，写像 $s_\delta : V \to V$ を

$$s_\delta(x) = x + \langle x, \delta \rangle \delta$$

で定める．簡単な計算により s_δ は双線形形式を保ち，$s_\delta^2 = 1$ であることが確かめられる．また定義から s_δ は δ に直交する超平面

$$H_\delta = \{x \in V \, : \, \langle x, \delta \rangle = 0\}$$

上で恒等写像である．この $O(V)$ の元 s_δ を H_δ に関する**鏡映** (reflection) と呼ぶ．V のあるルートからなる部分集合 Δ_0 が与えられているとする．Δ_0 は無限集合でもかまわない．Δ_0 に含まれるルートに対応する鏡映全体で生成さ

2.1 鏡映群と基本領域

れる $O(V)$ の部分群を W と表し, Δ_0 に付随した**鏡映群** (reflection group) と呼ぶ. さらに
$$\Delta = W(\Delta_0), \quad \mathfrak{H} = \{H_\delta \,:\, \delta \in \Delta\}$$
と定める. $H \in \mathfrak{H}$, $w \in W$ に対し $w(H) \in \mathfrak{H}$ がなりたつ.

問 2.2 s_δ は双線形形式を保ち, $s_\delta^2 = 1$ であることを確かめよ.

次に鏡映群 W の作用する空間を用意する. まず集合
$$P(V) = \{x \in V \,:\, x^2 > 0\}$$
を考える. 2次形式は V の適当な基底を選ぶことで
$$x^2 = x_1^2 - x_2^2 - \cdots - x_n^2$$
と表せるので, $P(V)$ は x_1 が正か負かで定まる二つの連結成分を持つことが分かる. その一つを $P^+(V)$ と表し, **正錐** (positive cone) と呼ぶ (図 2.1).

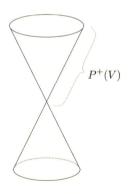

図 2.1 正錐

ルート $\delta \in \Delta$ に対し, 部分空間 H_δ は符号が $(1, n-2)$ であることに注意する. このことから H_δ は $P^+(V)$ と空でない交わりを持つ. 鏡映 s_δ は H_δ の各点を固定するので, 結局 s_δ は $P^+(V)$ を保ち, 鏡映群 W は $P^+(V)$ に作用する. また $P^+(V)$ の $V - \{0\}$ での閉包を $\overline{P^+(V)}$ とする.

補題 2.3　$x \in P^+(V)$, $y \in \overline{P^+(V)}$ とする．このとき，$\langle x, y \rangle > 0$ がなりたつ．

証明　x, y に関する仮定より

$$x_1^2 > \sum_{i=2}^n x_i^2, \quad y_1^2 \geq \sum_{i=2}^n y_i^2$$

がなりたつ．これとコーシー・シュワルツの不等式から結論が従う．□

定義 2.4　位相群 G が位相空間 M へ連続的に作用しているとする．すなわち群 G の集合 M への作用を与える写像

$$G \times M \to M, \quad (g, x) \to g \cdot x$$

が連続とする．また G, M はともにハウスドルフ，M は局所コンパクトと仮定する．G の M への作用が**固有** (proper) であるとは，写像

$$G \times M \to M \times M, \quad (g, x) \to (g \cdot x, x) \tag{2.1}$$

が固有写像，すなわちコンパクト集合の逆像がコンパクトであるときをいう．また G の M への作用が**真性不連続** (properly discontinuous) であるとは，任意のコンパクト集合 $K \subset M$ に対して $g(K) \cap K \neq \emptyset$ を満たす $g \in G$ が有限個であるときをいう．G の M への作用が真性不連続ならば，G の任意の軌道は M の離散集合であり，G の固定部分群は有限群である．G の M への作用が固有であるとき，Γ が G の離散部分群であることと，Γ の M への作用が真性不連続であることは同値である．実際，$K \subset M$ をコンパクト集合とし，写像 (2.1) による $K \times K$ の逆像を $K_1 \times K$ とすると，$K_1 \times K$ はコンパクトである．$g(K) \cap K \neq \emptyset$ とすると $g \in K_1$ がなりたつ．$K_1 \subset G$ はコンパクトで Γ は離散集合であるから $g(K) \cap K \neq \emptyset$ を満たす $g \in \Gamma$ は有限個である．逆に Γ が G で離散的でないとすると Γ 内の収束列 $\{\gamma_n\}$ が存在するが，作用の連続性より $\{\gamma_n(x)\}$ ($x \in M$) は M 内の点に収束する．これは Γ の軌道が離散的であることに反する．

2.1 鏡映群と基本領域

鏡映群に話をもどす．鏡映群 W は位相群 $O(V)$ の部分群である．

仮定： W の $P^+(V)$ への作用は真性不連続であると仮定する．

任意の点 $x \in P^+(V)$ に対し x の $P^+(V)$ での近傍 U が存在し，$H \cap U \neq \emptyset$ である $H \in \mathfrak{H}$ は有限個であるとき，$\mathfrak{H}$ は**局所有限** (locally finite) であるという．

補題 2.5　$\mathfrak{H}$ は局所有限である．

証明　仮定より，W の $P^+(V)$ への作用は真性不連続である．したがって，$P^+(V)$ の各点に対してその近傍 U が存在して $w(U) \cap U \neq \emptyset$ となる $w \in W$ は有限個である．特に $s_\delta(U) \cap U \neq \emptyset$ を満たす $\delta \in \Delta$ も有限個である．これから U と交わる $H \in \mathfrak{H}$ も有限個である．□

系 2.6　和集合 $\bigcup_{H \in \mathfrak{H}} H$ は $P^+(V)$ の閉集合である．

証明　$P^+(V) \setminus \bigcup_{H \in \mathfrak{H}} H$ の任意の点 x を一つ取る．このとき任意の $\delta \in \Delta$ に対し，s_δ は x を固定しない．補題 2.5 より x の近傍 U が存在し，$s_\delta(U) \cap U = \emptyset$ ($\forall \delta \in \Delta$) がなりたつ．特に $U \subset P^+(V) \setminus \bigcup_{H \in \mathfrak{H}} H$ が従い，主張を得る．□

定義 2.7　$P^+(V)$ から $\mathfrak{H}$ に含まれる超平面を除いた集合

$$P^+(V) \setminus \bigcup_{H \in \mathfrak{H}} H$$

の連結成分を**部屋** (chamber) と呼ぶ．C を部屋とし，その $P^+(V)$ での閉包を $\bar{C}$ と表す．超平面 $H \in \mathfrak{H}$ が C の**面** (face) であるとは，$H \cap \bar{C}$ が H の開集合を含むときをいう．C の面を定めるルートを C に関する**単純ルート** (simple root) と呼ぶ．C の内点 x_0 に対し

$$\Delta^+ = \{\delta \in \Delta : \langle \delta, x_0 \rangle > 0\}, \quad \Delta^- = \{-\delta : \delta \in \Delta^+\}$$

とおくことで，分解

$$\Delta = \Delta^+ \cup \Delta^- \tag{2.2}$$

が定まる．この分解は C の内点 x_0 の選び方にはよらず，C にのみ依存する．

補題 2.8 δ, δ' が共に部屋 C に関する相異なる単純ルートとする．このとき
$$\langle \delta, \delta' \rangle \geq 0$$
がなりたつ．

証明 $x_0 \in C$ とすると $\langle x_0, \delta \rangle > 0, \langle x_0, \delta' \rangle > 0$ がなりたつ．ルート $s_\delta(\delta') = \delta' + \langle \delta, \delta' \rangle \delta$ に x_0 が直交することは
$$\langle x_0, \delta' \rangle + \langle \delta, \delta' \rangle \langle x_0, \delta \rangle = 0$$
がなりたつことである．もし $\langle \delta, \delta' \rangle < 0$ とすると，x_0 を C 内で連続的に動かすことで，面 $H_{s_\delta(\delta')}$ 上に移動できる．このことは面 $H_{s_\delta(\delta')}$ が C の内点と交わることを意味し，C が部屋であることに反する．□

定理 2.9 C を部屋とする．このとき C は W の $P^+(V)$ への作用に関する**基本領域** (fundamental domain) である．すなわち次の二条件を満たす：

(i) $P^+(V) = \bigcup_{w \in W} w(\bar{C})$；
(ii) $w \in W$ が $w(C) \cap C \neq \emptyset$ を満たすならば $w = 1$ である．

証明 C に関する単純ルート全体の集合を S とし，鏡映 s_δ ($\delta \in S$) で生成される部分群を W_S とする．このとき次の (1)～(3) を証明すれば十分である．

(1) C' を部屋とする．このとき $w(C') = C$ を満たす $w \in W_S$ が存在する．
(2) $W_S = W$ がなりたつ．
(3) $\delta \in \Delta$ に対し，C と $w(C)$ が H_δ に関して同じ半空間に属する $w \in W$ の全体からなる集合を P_δ とする．このとき次がなりたつ．
$$\bigcap_{\delta \in S} P_\delta = \{1\}.$$

以下，(1), (2), (3) を順番に証明していく．

(1) の証明：まず $x \in C'$，$a \in C$ を固定する．x の W_S による軌道 $W_S \cdot x$ を考える．補題 2.3 から任意の $y \in W_S \cdot x$ に対し $\langle y, a \rangle > 0$ がなりたつ．も

2.1 鏡映群と基本領域

は局所有限 (補題 2.5) より

$$\langle y_0, a \rangle \leq \langle y, a \rangle \quad (\forall y \in W_S \cdot x)$$

を満たす $y_0 \in W_S \cdot x$ が存在する. このとき任意の $\delta \in S$ に対し

$$\langle a, y_0 \rangle \leq \langle a, s_\delta(y_0) \rangle = \langle a, y_0 \rangle + \langle a, \delta \rangle \langle \delta, y_0 \rangle$$

で, $\langle a, \delta \rangle > 0$ に注意すると, $\langle \delta, y_0 \rangle \geq 0$ がなりたつ. $y_0 \notin H_\delta$ より $\langle \delta, y_0 \rangle > 0$ がなりたち, したがって $y_0 \in C$ である. よって $y_0 = w(x)$, $w \in W_S$ とすると, $w(C') = C$ がなりたつ.

(2) の証明:ルート $\delta \in \Delta$ が定める超平面 H_δ を面に持つ部屋 C' が存在する. (1) より, $w(C') = C$ を満たす $w \in W_S$ が存在する. このとき超平面 $w(H_\delta)$ は C の面であり, この面を定めるルートを $\delta' \in S$ とすると, $s_\delta = w^{-1} s_{\delta'} w \in W_S$ がなりたつ. したがって $W = W_S$ を得る.

(3) の証明:まず二つの補題を準備する.

補題 2.10 $\delta, \delta' \in S$ と $w \in P_\delta$ に対して, $ws_{\delta'} \notin P_\delta$ ならば, $ws_{\delta'} = s_\delta w$ がなりたつ.

証明 仮定より, 超平面 H_δ に関して C と $w(C)$ は同じ側であり, C と $w(s_{\delta'}(C))$ は別の側であるから, $w(C)$ と $w(s_{\delta'}(C))$ は別の側にある. したがって, C と $s_{\delta'}(C)$ は $w^{-1}(H_\delta)$ に関して別の側にある. C と $s_{\delta'}(C)$ は超平面 $H_{\delta'}$ で接しているから, $(\delta')^\perp = w^{-1}(H_\delta)$ となり, $s_{\delta'} = w^{-1} s_\delta w$ が従う. □

補題 2.11 $w \in W = W(S)$ に対し, w を鏡映の積 $w = s_{\delta_1} \cdots s_{\delta_l}$ ($\delta_1, \ldots, \delta_l \in S$) と表したときの最小の l を $l(w)$ とする. このとき

$$P_\delta = \{w \in W : l(s_\delta w) > l(w)\}$$

がなりたつ.

証明 二つの場合に分けて証明する.

(a) $w \notin P_\delta$ の場合：簡単のため $q = l(w)$ とおき，$w = s_{\delta_1} \cdots s_{\delta_q}$ ($\delta_1, \ldots, \delta_q \in S$) とする．各 $1 \leq j \leq q$ に対し，$w_j = s_{\delta_1} \cdots s_{\delta_j}$ とおき，$w_0 = 1$ と約束する．仮定から $w_0 = 1 \in P_\delta$, $w \notin P_\delta$ より，ある番号 j が存在して，$w_{j-1} \in P_\delta$, $w_j \notin P_\delta$ となる．補題 2.10 より $w_{j-1} s_{\delta_j} = s_\delta w_{j-1}$, すなわち $s_{\delta_1} \cdots s_{\delta_{j-1}} s_{\delta_j} = s_\delta s_{\delta_1} \cdots s_{\delta_{j-1}}$ が従う．よって

$$s_\delta w = s_\delta s_{\delta_1} \cdots s_{\delta_{j-1}} s_{\delta_j} \cdots s_{\delta_q} = s_{\delta_1} \cdots s_{\delta_{j-1}} s_{\delta_{j+1}} \cdots s_{\delta_q}$$

となり，$l(s_\delta w) < l(w)$ がなりたつ．

(b) $w \in P_\delta$ の場合：$w' = s_\delta w$ とすると $w' \notin P_\delta$ となる．上の (a) より $l(s_\delta w) = l(w') > l(s_\delta w') = l(w)$ で補題 2.11 が証明された．□

$w \in W$, $w \neq 1$ を考える．このとき $q = l(w) \geq 1$ である．いま，$w = s_{\delta_1} \cdots s_{\delta_q}$ ($\delta_1, \ldots, \delta_q \in S$) とする．すると $s_{\delta_1} w = s_{\delta_2} \cdots s_{\delta_q}$ だから $l(s_{\delta_1} w) < l(w)$ となり，補題 2.11 より $w \notin P_{\delta_1}$ が従う．このようにして主張 (3) および定理 2.9 の証明が完了する．□

2.2 格子に付随した鏡映群

最後に，K3 曲面の場合に現れる鏡映群について述べておく．まず L を符号が $(3, n)$ の偶格子とする．$L \otimes \mathbb{R}$ の正定値 2 次元部分空間 E を考える．V を E の直交補空間とすると，V は符号が $(1, n)$ の 2 次形式付き空間である．Δ_0 として次の集合を考える：

$$\Delta_0 = \{\delta \in L \cap V : \delta^2 = -2\}.$$

Δ_0 の定義から $\Delta = \Delta_0$ がなりたつ．$S = L \cap V$ とすると，S は L の原始的な部分加群であるが，非退化でない場合が起こり得ることを注意しておく．また $\Delta_0 = \emptyset$ も起こり得る．$\delta \in \Delta_0$ に付随した鏡映 s_δ は $s_\delta(L) = L$ より L の直交群 $\mathrm{O}(L)$ に含まれ，特に $W \subset \mathrm{O}(L) \cap \mathrm{O}(V)$ がなりたつ．

補題 2.12 W の $P^+(V)$ への作用は真性不連続である．

証明 $P^+(V)$ の長さ 1 の元からなる部分集合を $P^+(V)^{(1)}$ とすると,
$$P^+(V) \cong P^+(V)^{(1)} \times \mathbb{R}_{>0}$$
がなりたち,W の $P^+(V)$ への作用はこの分解を保つ.$\mathbb{R}_{>0}$ への作用は自明であるので,W の $P^+(V)^{(1)}$ への作用を考えれば十分である.直交群 $G = \mathrm{O}(V)$ は $P^+(V)^{(1)}$ に推移的に作用しており,また $x \in P^+(V)^{(1)}$ の固定部分群 K はコンパクトである.これは $\langle x, x \rangle > 0$ より x の直交補空間は負定値であることから従う.よって G の $P^+(V)^{(1)} \cong G/K$ への作用は固有である.一方,$W (\subset \mathrm{O}(L) \subset \mathrm{O}(L \otimes \mathbb{R}))$ は離散部分群であるから,G の離散部分群でもある.したがって W は $P^+(V)$ に真性不連続に作用している.□

この補題により,定理 2.9 が今の場合にもなりたつ.

最後に,S が符号 $(1, r)$ の偶格子である場合を考える.これは射影的 K3 曲面の場合に起こる.この場合には $V = S \otimes \mathbb{R}$, $\Delta_0 = \Delta = \{\delta \in S : \delta^2 = -2\}$ と定める.

注意 2.13 鏡映 s_δ は $A_S = S^*/S$ に自明に作用する.したがって W も A_S に自明に作用する.

問 2.14 注意 2.13 を示せ.

問 2.15 W は格子 S の直交群 $\mathrm{O}(S)$ の正規部分群であることを示せ.

$C \subset S \otimes \mathbb{R}$ を W に関する一つの部屋とし,
$$\mathrm{Aut}(C) = \{\varphi \in \mathrm{O}(S) \ : \ \varphi(C) = C\}$$
とする.このとき次がなりたつ.

系 2.16 $\mathrm{O}(S)/\{\pm 1\} \cdot W \cong \mathrm{Aut}(C)$.

証明 任意の $\varphi \in \mathrm{O}(S)$ を一つ取る.必要ならば $-\varphi$ を考えることで,φ は $P^+(S \otimes \mathbb{R})$ を保つとして良い.定理 2.9 より,$w \in W$ で $w \circ \varphi(C) = C$ を満たすものが存在し,系の証明が終わる.□

注意 2.17 ここでは格子は偶格子としたが,この仮定は必要ない.奇格子の場合には,長さ -1 の元に付随した鏡映も考えるのが自然であり,煩雑を避けるため偶格子

に話を限った．符号が $(1, r-1)$ の場合の鏡映群に関しては E. B. Vinberg の研究がある．興味のある読者は [V1] を見られたい．また V が定値の場合には，W の V への作用を考えることで，この節で述べたことは若干の修正を許せば全てなりたつ．この章は主に Bourbaki [Bou] を参考にした．

第3章 ◇ 複素解析曲面

本章ではまず複素解析曲面に用いられる基本的な道具を復習する．そのあとで複素解析曲面の分類を述べる．最後に楕円曲面についてその特異ファイバーの分類を紹介する．特に可約な特異ファイバーの双対図形が拡大ディンキン図形 $\tilde{A}_m$, $\tilde{D}_n$, $\tilde{E}_6$, $\tilde{E}_7$, $\tilde{E}_8$ のいずれかと一致することを示す．

3.1 複素解析曲面の基礎

X を連結な n 次元コンパクト複素多様体とする．X はハウスドルフであることを仮定する．$n=1$ のとき X を**非特異曲線** (non-singular curve)，$n=2$ のとき**非特異曲面** (non-singular surface) と呼ぶ．混乱がない場合は，これらを簡単に曲線あるいは曲面と呼ぶこととする．$H_i(X,\mathbb{Z})$, $H^i(X,\mathbb{Z})$ をそれぞれ特異ホモロジー群，コホモロジー群とし，$\pi_i(X)$ を i 次ホモトピー群とする．$\pi_1(X)$ は基本群に他ならない．X の構造層を $\mathcal{O}_X$，至るところ零を取らない正則関数の芽のなす層を $\mathcal{O}_X^*$，正則 k-形式の芽のなす層を Ω_X^k とする．X の正則接束 (holomorphic tangent bundle) を T_X，その双対を T_X^*，X の**標準束** (canonical line bundle) を K_X，すなわち $K_X = \wedge^n T_X^*$ とする．X の i 次チャーン類 (i-th Chern class) を $c_i(X)$ $(=c_i(T_X))$ で表し，X の**オイラー数** (Euler number) $c_n(X)$ を簡単に $e(X)$ と表す．非特異曲線 C の種数を $g(C)$ $(=\dim H^1(C,\mathcal{O}_C))$ で表す．層のコホモロジー群 $H^q(X,\Omega_X^p)$ は有限次元複素ベクトル空間であるが，その次元を $h^{p,q}(X)$ で表す．特に $h^{0,n}(X)$, $h^{0,1}(X)$ をそれぞれ $p_g(X)$, $q(X)$ と表し，**幾何種数** (geometric genus), **不正則数** (irregularity) と呼ぶ．

X 上の直線束全体は $H^1(X,\mathcal{O}_X^*)$ と自然に同一視でき，アーベル群の構造が入る．群の演算は直線束のテンソル積で，直線束 L の逆元はその双対 L^* である．$H^1(X,\mathcal{O}_X^*)$ を $\mathrm{Pic}(X)$ と表し，**ピカール群** (Picard group) と呼ぶ．

層の完全系列
$$0 \to \mathbb{Z} \to \mathcal{O}_X \to \mathcal{O}_X^* \to 0 \tag{3.1}$$
から引き起こされるコホモロジー群の完全系列

$$\cdots \to H^1(X, \mathcal{O}_X) \to H^1(X, \mathcal{O}_X^*) \xrightarrow{\delta} H^2(X, \mathbb{Z}) \to H^2(X, \mathcal{O}_X) \to \cdots \tag{3.2}$$

において δ は直線束 L に対し，そのチャーン類 $c_1(L)$ を対応させる写像である．δ の像を $\mathrm{NS}(X)$ と表し，**ネロン・セベリ群** (Néron-Severi group) と呼ぶ．また δ の核を $\mathrm{Pic}^0(X)$ と表す．

以下，X は曲面とする．カップ積

$$\langle\ ,\ \rangle : H^2(X, \mathbb{Z}) \times H^2(X, \mathbb{Z}) \to \mathbb{Z}$$

は捻れ元を法として非退化な対称双線形形式であり，$H^2(X, \mathbb{Z})$ の捻れ部分群による商 $H^2(X, \mathbb{Z})/\mathrm{torsion}$ には格子の構造が入る．X 上の有限個の既約曲線 $C_i\ (i=1,\ldots,n)$ の形式和 $D = \sum_{i=1}^n m_i C_i\ (m_i \in \mathbb{Z})$ を**因子** (divisor) と呼ぶ．全ての係数 m_i が非負である因子 D を**有効因子** (effective) と呼ぶ．0 でない有効因子を**正因子**と呼ぶこともある．因子 D に付随した直線束を $[D]$ あるいは $\mathcal{O}_X(D)$ と表す．X 上の任意の既約曲線 C, C' に対してそれらの交点数 $C \cdot C'$ が定まるが，これは C と C' のコホモロジー類のカップ積に一致する．因子に対しても同様である．直線束 L, L' に対して，$\langle c_1(L), c_1(L') \rangle$ を簡単に $c_1(L) \cdot c_1(L')$ と表す．因子 D が**ネフ** (nef) とは任意の既約曲線との交点数が非負であるときをいう．L を X 上の直線束 (line bundle) とし，交代和 $\sum_{i=0}^2 (-1)^i \dim H^i(X, L)$ を $\chi(L)$ と表す．$\dim H^i(X, L)$ を簡単に $h^i(X, L)$ と表すこともある．次はリーマン・ロッホ (Riemann-Roch) の定理と呼ばれ，基本的である．

定理 3.1 (曲面のリーマン・ロッホの定理)　次がなりたつ：

$$\chi(L) = \frac{1}{2}(c_1(L)^2 + c_1(L) \cdot c_1(X)) + \chi(\mathcal{O}_X).$$

定義より $\chi(\mathcal{O}_X) = p_g(X) - q(X) + 1$ である．またセールの双対性 (Serre duality)
$$H^i(X, L) \cong H^{2-i}(X, K_X \otimes L^*)^*$$
を用いるとリーマン・ロッホの定理の左辺は
$$h^0(X, L) - h^1(X, L) + h^0(X, K_X \otimes L^*)$$
であることを注意しておく．

定理 3.2 （ネーターの公式）　次がなりたつ：
$$p_g(X) - q(X) + 1 = \frac{1}{12}(c_1(X)^2 + c_2(X)).$$

X を曲面，$C \subset X$ を非特異曲線とする．このとき**添加公式** (adjunction formula) と呼ばれる次の定理は有用である．

定理 3.3 （添加公式）　次がなりたつ：
$$K_C = (K_X + C)|C, \quad 2g(C) - 2 = K_X \cdot C + C^2.$$

X 上の非特異とは限らない既約曲線 C に対しても，
$$p_a(C) = \frac{1}{2}(K_X \cdot C + C^2) + 1$$
と定め，**算術種数** (arithmetic genus) あるいは**仮想種数** (virtual genus) と呼ぶ．$\nu: \tilde{C} \to C$ を C の正規化とするとき，
$$p_a(C) = g(\tilde{C}) + \sum_{x \in C} \dim(\nu_* \mathcal{O}_{\tilde{C}} / \mathcal{O}_C)_x \tag{3.3}$$
がなりたつ．特に $p_a(C) \geq 0$ であり，$p_a(C) = 0$ ならば C は非特異有理曲線である．また $\omega_C = K_X \otimes \mathcal{O}_C(C)$ とすると $p_a(C) = h^0(C, \omega_C)$ がなりたつ．

カップ積

$$H^2(X,\mathbb{R}) \times H^2(X,\mathbb{R}) \to \mathbb{R}$$

の符号を $(b^+(X), b^-(X))$ とするとき,差 $b^+(X) - b^-(X)$ を曲面の**指数** (index) と呼ぶ.

定理 3.4 (ヒルチェブルフ (**Hirzebruch**) の指数定理) 次がなりたつ：

$$b^+(X) - b^-(X) = \frac{1}{3}(c_1(X)^2 - 2c_2(X)).$$

曲面がケーラー多様体である場合にはホッジ分解が強力な手段となるが,一般の複素解析曲面に対しては次がなりたつ.

定理 3.5

(1) $b_1(X) \equiv 0 \pmod 2$ のとき,次がなりたつ：

$$2p_g(X) = b^+(X) - 1, \quad 2q(X) = b_1(X), \quad h^{1,0}(X) = q(X).$$

(2) $b_1(X) \equiv 1 \pmod 2$ のとき,次がなりたつ：

$$2p_g(X) = b^+(X), \quad 2q(X) = b_1(X) + 1, \quad h^{1,0}(X) = q(X) - 1.$$

因子 D に線形同値である有効因子全体を $|D|$ と表し,D に付随した**完備線形系** (complete linear system) と呼ぶ.$H^0(X, \mathcal{O}_X(D))$ の 0 でない切断はその零因子を考えることで $|D|$ の元を定め,この対応により $|D|$ は $\mathbb{P}(H^0(X, \mathcal{O}_X(D)))$ と同一視できる.また $|D|$ の部分空間を**線形系** (linear system) と呼ぶ.線形系の**次元** (dimension) は射影空間としての次元をいう. P を線形系とする.任意の因子 $D \in P$ に対し $D - F$ が有効であるような最大の有効因子 F を $|D|$ の**固定成分** (fixed component) と呼ぶ.線形系 P と $P - F$ は同型であるから,$P - F$ を考えることで,始めから P は固定成分を持たないとしてよい.また $P - F$ の全ての因子の共通部分を**基点** (base points) と呼ぶ. いま, P は固定成分を持たないとする. $x \in X$ に対し, x を通る P の因子全体のなす超平面を対応させることで, 有理型写像

$$\Phi_P : X \to P^* \tag{3.4}$$

が引き起こされる. 基点では Φ_P は定義されていない. 逆に有理型写像

$$\varphi : X \to \mathbb{P}^n$$

に対し, 超平面 $H \subset \mathbb{P}^n$ の引き戻し $\varphi^* H$ が定義され, X 上の固定成分を持たない n 次元線形系が定まる. $|D|$ が固定成分および基点を持たず, $\Phi_{|D|}$ が射影空間への埋め込みを与えるとき, 因子 D は**非常に豊富** (very ample) と呼ばれる. mD ($m > 0$) が非常に豊富となるとき, 因子 D を**豊富** (ample) と呼ぶ. X が射影多様体, すなわちある射影空間 $\mathbb{P}^N$ に埋め込めるとき, 超平面 $H \subset \mathbb{P}^N$ の制限 $H|X$ を**超平面切断** (hyperplane section) と呼ぶ. 因子 D が豊富 (アンプル) であるための判定法として次が有用である.

定理 3.6 (中井の判定法) 因子 D がアンプルであるための必要十分条件は $D^2 > 0$ かつ, 任意の既約曲線 C に対し $D \cdot C > 0$ がなりたつことである.

定理 3.7 (ホッジ (Hodge) の指数定理) D, C を因子とし, $D^2 > 0$, $D \cdot C = 0$ と仮定する. このとき $C^2 \leq 0$ であり, 等号がなりたつのは C が $H^2(X, \mathbb{Q})$ において 0 であるときに限る.

次の定理は $K3$ 曲面の例の構成に有用である.

定理 3.8 (レフシェッツ (Lefschetz) の超平面切断定理) $X \subset \mathbb{P}^N$ を $n (\geq 2)$ 次元の非特異閉部分多様体とする. H を超平面で $H \cap X$ は非特異とする. このとき自然な写像

$$H_i(H \cap X, \mathbb{Z}) \to H_i(X, \mathbb{Z}), \quad \pi_i(H \cap X) \to \pi_i(X)$$

は $0 \leq i \leq n-2$ のとき同型である.

X をコンパクト複素多様体, K_X をその標準束とする. 各自然数 m に対する有理型写像 $\Phi_{|mK_X|}$ の像の次元の最大値を $\kappa(X)$ と表し, X の小平次元 (Kodaira dimension) と呼ぶ. $p_m(X) = \dim H^0(X, mK_X)$ とすると, $m \to \infty$ としたときの $p_m(X)$ の増大度が $m^{\kappa(X)}$ と一致することといってもよい. また, 次数付き環 $\bigoplus_{m\geq 0} H^0(X, mK_X)$ の $\mathbb{C}$ 上の超越次数が $\kappa(X)+1$ となる. ただし全ての自然数 m に対し, $H^0(X, mK_X) = \{0\}$ すなわち $p_m(X) = 0$ の場合は, $\kappa(X) = -\infty$ と約束する. 小平次元の取り得る値は $-\infty, 0, 1, \ldots, n = \dim X$ である.

後で因子で分岐する二重被覆による $K3$ 曲面の構成が行われる. その際に次の結果を用いる.

命題 3.9 M をコンパクト複素多様体とし, D をその上の非特異な有効因子とする. このとき次は同値である.

(1) D で分岐する M の二重被覆 $\pi : \widetilde{M} \to M$ が存在する.
(2) $\frac{1}{2}D \in \mathrm{Pic}(M)$ がなりたつ.

さらに $D' = \frac{1}{2}D$ とするとき, 標準束の関係 $K_{\widetilde{M}} = \pi^*(K_M \otimes \mathcal{O}(D'))$ がなりたつ.

証明 M 上の直線束 $p : \mathcal{L} \to M$ で $\mathcal{L}^{\otimes 2} = [D]$ を満たすものが存在したとする. $\mathcal{L}^{\otimes 2}$ の切断 s を $(s) = D$ を満たすものとする. このとき

$$\widetilde{M} = \{y \in \mathcal{L} : y^{\otimes 2} = s(p(y))\}$$

が求める二重被覆である.

次に後半を示す. $(x_1, \ldots, x_n)$ を M の局所座標とし, $x_1 = 0$ が D の局所方程式とする. このとき $\widetilde{M}$ の局所座標 $(y_1, \ldots y_n)$ で $\pi(y_1, y_2, \ldots, y_n) = (y_1^2, y_2, \ldots, y_n) = (x_1, x_2, \ldots, x_n)$ を満たすものが取れる. このとき

$$\pi^*(dx_1 \wedge dy_2 \wedge \cdots \wedge dx_n) = y_1 dy_1 \wedge dy_2 \wedge \ldots \wedge dy_n$$

であり, 標準束の間の関係を得る. □

後に述べる $K3$ 曲面の周期理論を広い観点から見ておく.

3.1 複素解析曲面の基礎

定義 3.10 L を階数有限の自由アーベル群とする．L 上の重さ m の**ホッジ構造** (Hodge structure) あるいは**ホッジ分解** (Hodge decomposition) とは $L \otimes \mathbb{C}$ の部分空間 $H^{p,q}$ $(p, q \geq 0)$ への直和分解

$$L \otimes \mathbb{C} = \bigoplus_{p+q=m} H^{p,q}$$

で，$H^{q,p}$ が $H^{p,q}$ の複素共役であるときをいう．$h^{p,q} = \dim H^{p,q}$ と表し，**ホッジ数** (Hodge number) と呼ぶ．

X をコンパクト複素多様体とする．X 上のエルミート計量は付随した $(1,1)$-形式（ケーラー形式）が d-閉形式であるとき，**ケーラー計量** (Kähler metric) と呼ばれる．X はケーラー計量をもつとき，**ケーラー多様体** (Kähler manifold) と呼ばれる．ケーラー計量に付随したケーラー形式のコホモロジー類を**ケーラー類** (Kähler class) と呼ぶ．X をコンパクトケーラー複素多様体とすると，ホッジ理論から

$$H^m(X, \mathbb{C}) = \bigoplus_{p+q=m} H^{p,q}(X)$$

がなりたつ．すなわち $H^m(X, \mathbb{Z})$（の自由部分）は重さ m のホッジ構造を持つ．ここで $H^{p,q}(X)$ はドルボー (Dolbeault) コホモロジー群である．さらにコホモロジー群の同型

$$H^q(X, \Omega_X^p) \cong H^{p,q}(X)$$

が存在する．特に $H^{p,0}(X)$ と $H^0(X, \Omega_X^p)$ はしばしば同一視される．

定義 3.11 $L \otimes \mathbb{C} = \bigoplus_{p+q=m} H^{p,q}$ を重さ m のホッジ構造とする．このホッジ構造が**偏極** (polarization) ホッジ構造であるとは，双線形形式

$$Q : L \otimes \mathbb{Q} \times L \otimes \mathbb{Q} \to \mathbb{Q}$$

で次の条件を満たすものをいう．

(1) Q は m が偶数のとき対称形式, 奇数のとき交代形式である.
(2) $p \neq s$ ならば $Q(H^{p,q}, H^{r,s}) = 0$,
(3) $\omega \neq 0 \in H^{p,q}$ ならば
$$\sqrt{-1}^{p-q} Q(\omega, \bar{\omega}) > 0$$

がなりたつ.

- **例 3.12** X を n 次元射影多様体とし, $h \in H^2(X, \mathbb{Z})$ を超平面切断とする.
$$P^{n-k}(X) = \{x \in H^{n-k}(X, \mathbb{C}) : \langle x, h^{k+1} \rangle = 0\},$$
$$H^{p,q} = P^{n-k}(X) \cap H^{p,q}(X) \quad (p+q = n-k)$$
と定めると,
$$Q(x, y) = (-1)^{(n-k)(n-k-1)/2} \int_X h^k \wedge x \wedge y \quad (x, y \in P^{n-k}(X))$$
により $P^{n-k}(X)$ 上の偏極ホッジ構造 $(H^{p,q}, Q)$ が定まる.

- **例 3.13** C をコンパクトリーマン面とする. このときホッジ分解 $H^1(C, \mathbb{C}) = H^{1,0}(C) \oplus H^{0,1}(C)$ はカップ積により偏極ホッジ構造となる. $H^{1,0}(C) \cong H^0(C, \Omega_C^1)$ である. $\gamma \in H_1(C, \mathbb{Z})$ に対し
$$\gamma : H^0(C, \Omega_C^1) \to \mathbb{C}, \quad \omega \to \int_\gamma \omega$$
により単射 $H_1(C, \mathbb{Z}) \to H^0(C, \Omega_C^1)^*$ を得るが, 商 $H^0(C, \Omega_C^1)^*/H_1(C, \mathbb{Z})$ が C のヤコビアン (Jacobian) $J(C)$ である.

- **例 3.14** K3 曲面の場合, 周期理論は $H^2(X, \mathbb{Z})$ 上の重さ 2 のホッジ構造
$$H^2(X, \mathbb{C}) = H^{2,0}(X) \oplus H^{1,1}(X) \oplus H^{0,2}(X)$$
に他ならない. $H^{0,2}$ と $H^{2,0}$ は複素共役であり $H^{1,1}$ は $\mathbb{R}$ 上定義されている. X が射影的な場合, 例 3.12 の方法で $P^2(X)$ に重さ 2 の偏極ホッジ構造が入る.

本説の詳しい内容は Barth, Hulek, Peters, Van de Ven [BHPV], Beauville [Be1], Griffiths, Harris [GH] に書かれている.

3.2 複素解析曲面の分類

X を連結なコンパクト複素多様体とする. X 上の有理型関数全体のなす関数体の複素数体 $\mathbb{C}$ 上の超越次数を X の代数次元と呼び, $a(X)$ と表す. $a(X)$ の取り得る値は $0, 1, \ldots, \dim X$ である. 代数次元が 2 である曲面を**代数曲面** (algebraic surface) と呼ぶ.

曲面に含まれる非特異有理曲線 C で自己交点数 $C^2 = -1$ となるものを**例外曲線** (exceptional divisor) と呼ぶ. 曲面が**極小** (minimal) であるとは例外曲線を含まないときをいう. もし曲面 X が例外曲線 C を含めば, X はある曲面 Y の 1 点 p をブローアップして得られ, C は点 p の逆像となっている. すなわち例外曲線 C を 1 点にブローダウンすることができ, それによって新たな曲面 Y が得られる. Y の 2 次ベッチ数は X のそれより一つ減ることに注意すれば, この操作を繰り返すことで例外曲線を含まない曲面, すなわち極小曲面に到達する. まず有理関数体による極小な複素解析曲面の分類表 (表 3.1) から与える. 個々の曲面の定義は後で与える.

表 3.1 代数次元による曲面の分類

$a(X)$	X のクラス
2	(射影) 代数曲面
1	楕円曲面
0	複素トーラス, $K3$ 曲面, $p_g = 0$, $b_1 = q = 1$ の曲面

注意 3.15 複素トーラスや $K3$ 曲面 X は $a(X) = 0, 1, 2$ いずれの場合も起こりえる.

20 世紀前半にイタリア学派によって代数曲面の分類がなされた. その後, 複素解析曲面の分類が小平邦彦によってなされたが, その極小曲面の小平次元

を用いた分類表が表 3.2 である．

表 3.2 小平次元による曲面の分類

$\kappa(X)$	X のクラス
$-\infty$	線織曲面，VII_0 型曲面
0	複素トーラス，超楕円曲面，$K3$ 曲面，エンリケス曲面，小平曲面
1	楕円曲面
2	一般型曲面

曲線の場合の $\mathbb{P}^1$ に対応するものが線織曲面，楕円曲線に対応するものが $\kappa(X) = 0$ の曲面，種数 2 以上の曲線に対応するものが一般型曲面である．

以下，分類表の曲面の定義を与える．

(1) 曲線 C 上の解析的なファイバー束 $\pi: X \to C$ で各ファイバー $\pi^{-1}(x)$ ($x \in C$) が $\mathbb{P}^1$ に同型であり，その構造群が $\mathrm{PGL}(2, \mathbb{C})$ となるとき，X を**線織曲面** (ruled surface) と呼ぶ．C が有理曲線のときに限り X は**有理面** (rational surface)，すなわち射影平面 $\mathbb{P}^2$ からブローアップとブローダウンの操作で得られる曲面である．

(2) 2 次元複素ベクトル空間 V の元 v_1, v_2, v_3, v_4 で $\mathbb{R}$ 上一次独立であるものを取り，それらが生成する階数 4 の自由アーベル群を Γ とする．Γ は V の離散部分群で平行移動により V に作用しており，商 $A = V/\Gamma$ にはアーベル群の構造とともに 2 次元複素多様体の構造が入る．A は位相空間としては $(S^1)^4$ に同相であり，特にコンパクトである．A を**複素トーラス** (complex torus) と呼ぶ．標準束は自明であり，$p_g = 1$, $q = 2$ である．本書では 2 次元複素トーラスしか扱わないので次元は省略する．複素トーラスで射影的なものを**アーベル曲面** (abelian surface) と呼ぶ．種数 2 の曲線 C のヤコビアン（例 3.13）はアーベル曲面の典型例である．

(3) E, F を楕円曲線とし，有限群 G が E に平行移動として作用しており，F には $F/G \cong \mathbb{P}^1$ となるように作用しているとする．このとき商曲面 $(E \times F)/G$ を**双楕円曲面** (bielliptic surface) と呼ぶ．射影 $E \times F \to F$, $E \times F \to E$ により $(E \times F)/G$ 上には楕円曲線をファイバーとする楕円

曲面の構造が二つ入ることが名前の由来である．双楕円曲面は代数的で，$p_g = 0$, $q = 1$ である．

(4) 標準束 K_X が自明で $q(X) = 0$ の曲面が **K3曲面** (K3 surface) の定義である．K_X が自明であるから添加公式より例外曲線を含まず，したがって極小である．K3 曲面については 4 章で詳しく述べる．

(5) $p_g(X) = q(X) = 0$ で $K_X^{\otimes 2}$ が自明であるとき，X を **エンリケス曲面** (Enriques surface) という．エンリケス (F. Enriques) はこの曲面の発見者でイタリア学派の中心的人物であった．エンリケス曲面の次数 2 の不分岐被覆は K3 曲面であり，逆に K3 曲面が固定点を持たない位数 2 の自己同型を持つとき，その自己同型での商がエンリケス曲面である．エンリケス曲面は第 9 章で取り上げる．

(6) 曲面 X から曲線 C への固有全射正則写像 $\pi : X \to C$ でそのファイバーは連結，C の有限個の点を除きファイバーが楕円曲線であるとき，$\pi : X \to C$ を **楕円曲面** (elliptic surface) という．$\kappa(X) = 1$ の楕円曲面は π が $\Phi_{|mK_X|}$ で与えられるときである．楕円曲面の構造は小平次元が $-\infty, 0$ でも存在する．例えば射影平面 $\mathbb{P}^2$ の二つの相異なる 3 次曲線の 9 個の交点でのブローアップがあげられる．後に楕円曲面の構造を持つ K3 曲面，エンリケス曲面を紹介する．

(7) 小平次元が 2 の曲面を **一般型曲面** (surface of general type) と呼ぶ．4 変数斉次 m 次式の零点集合として定まる $\mathbb{P}^3$ の中の曲面の場合，$m \geq 5$ ならば一般型曲面である．ちなみに $m = 1, 2, 3$ のときは有理曲面，$m = 4$ のときは K3 曲面であることが添加公式とレフシェッツの超平面切断定理より従う．

以上の曲面は代数曲面の分類に現れる．ただし複素トーラス，K3 曲面，楕円曲面は代数的でない場合も起こりえる．一方，以下の曲面は代数曲面の分類には現れないものである．

(8) $\kappa(X) = -\infty, b_1(X) = 1$ の曲面を VII_0 **型曲面** (surface of class VII_0) と呼ぶ．その例として，$\mathbb{C}^2 \setminus \{0\}$ を普遍被覆空間に持つ曲面として定義される **ホップ曲面** (Hopf surface) が昔から知られていた．VII_0 型曲面はホッ

プ曲面に限るであろうと予想されていたが，1972年に**井上曲面**が発見された．VII_0 型曲面の研究には日本人の寄与が大きい．しかしながら完全な分類は得られていない．VII_0 型という名前は，小平 [Kod2] が与えた分類表の番号付けに由来する．VII_0 の 0 は極小曲面を意味する（しかし小平の論文で使われている VII_0 型とここでの意味は差があることを注意しておく．ここでは [BHPV] の分類表に従っている）．

(9) $b_1 = 3$ で楕円曲線上の局所自明な楕円曲面構造を持つ曲面を**第一種小平曲面** (primary Kodaira surface) と，第一種小平曲面を不分岐被覆空間に持つ曲面を**第二種小平曲面** (secondary Kodaira surface) と呼ぶ．後者は $b_1 = 1$ で有理曲線上の局所自明な楕円曲面構造を持つ．

3.3 楕円曲面とその特異ファイバー

楕円曲面 $\pi : X \to C$ が**相対極小** (relatively minimal) であるとは，ファイバーに例外曲線が含まれない場合をいう．ファイバーに例外曲線が含まれればブローダウンすることで相対極小なものに帰着できる．

● **例 3.16** 射影平面 $\mathbb{P}^2$ 内の二つの非特異な 3 次曲線 C_1, C_2 で相異なる 9 点で交わっているものを取る．それぞれの定義方程式を F_1, F_2 とし，$(t : s) \in \mathbb{P}^1$ に対し $tF_1 + sF_2 = 0$ で定まる 3 次曲線 $C_{(t:s)}$ のなす線形系を考える．線形系の一般の元は非特異であり，9 個の定点をブローアップすることで楕円曲面 $\pi : X \to \mathbb{P}^1$ が得られる．X は曲面としては極小でないが，楕円曲面としては相対極小である．

● **例 3.17** 複素多様体

$$W_0 = \mathbb{P}^2 \times \mathbb{C}_0, \quad W_1 = \mathbb{P}^2 \times \mathbb{C}_1$$

を考える．ここで $\mathbb{C}_0, \mathbb{C}_1$ は複素平面 $\mathbb{C}$ である．W_0 の元 $((x : y : z), u)$ と W_1 の元 $((x_1 : y_1 : z_1), u_1)$ を

$$uu_1 = 1, \quad x = u^4 x_1, \quad y = u^6 y_1, \quad z = z_1$$

がなりたつときに同一視し，この同一視で得られる複素多様体を W とする．
射影
$$\pi : ((x:y:z), u) \to u$$
により W は $\mathbb{P}^1$ 上の $\mathbb{P}^2$ をファイバーとするファイバー束である．

$\tau = (\tau_0, \tau_1, \ldots, \tau_8, \sigma_1, \ldots, \sigma_{12}) \in \mathbb{C}^{21}$ に対し
$$g(u) = \tau_0 \prod_{\nu=1}^{8}(u - \tau_\nu), \quad h(u) = \prod_{\nu=1}^{12}(u - \sigma_\nu)$$

と定め，W の部分多様体 Y_τ を

$$\begin{cases} y^2 z - 4x^3 + g(u)xz^2 + h(u)z^3 = 0, \\ y_1^2 z_1 - 4x_1^3 + u_1^8 g(1/u_1) x_1 z_1^2 + u_1^{12} h(1/u_1) z_1^3 = 0 \end{cases} \quad (3.5)$$

で与える．u を固定すると $\mathbb{P}^2$ 内の 3 次曲線である．さらに有理関数 $\mathcal{J}_\tau(u)$ を

$$\mathcal{J}_\tau(u) = \frac{g(u)^3}{g(u)^3 - 27h(u)^2}$$

で定める．いま，$\tau \in \mathbb{C}^{21}$ は次の三つの条件を満たしていると仮定する:

$$\tau_0 \neq 0, \ \tau_0^3 \neq 27; \quad (3.6)$$

$$g(\sigma_\lambda) = 0 \text{ ならば } \sigma_\nu \neq \sigma_\lambda \ (\nu \neq \lambda); \quad (3.7)$$

$$\mathcal{J}_\tau(u) \text{ の極の重複度は 1 である．} \quad (3.8)$$

問 3.18 τ が三条件 (3.6), (3.7), (3.8) を満たしているとする．このとき，Y_τ は非特異であることを示せ．

射影 π を Y_τ に制限したものを π_τ と表すと，
$$\pi_\tau : Y_\tau \to \mathbb{P}^1$$

は楕円曲面である．u 上のファイバー $\pi_\tau^{-1}(u)$ を F_u と表す．ここで $\sigma_\nu = \tau_\nu$ $(1 \leq \nu \leq r)$ とし，$r+1 \leq \nu \leq 12$ の場合には σ_ν はどの τ_λ とも一致し

ないとする．また $a_1,\ldots,a_j$ を $\mathcal{J}_\tau(u)$ の極とする．条件 (3.8) より極の重複度は 1 である．このとき

$$g(u)^3 - 27h(u)^2 = (\tau_0^3 - 27)\prod_{\nu=1}^{r}(u-\tau_\nu)^2\prod_{\rho=1}^{j}(u-a_\rho)$$

を得る．ここで $j+2r=24$ であることを注意しておく．条件 (3.7) より，$1 \leq \nu < \lambda \leq r$ なら $\tau_\nu \neq \tau_\lambda$ である．

問 3.19 $u \neq \tau_1,\ldots,\tau_r,a_1,\ldots,a_j$ なら F_u は非特異な楕円曲線，F_ρ $(\rho = a_1,\ldots,a_j)$ は結節点を持つ有理曲線であり，$1 \leq \nu \leq r$ なら F_ν は $y^2z - 4x^3 = 0$ で定義される**尖点** (cusp) を持つ 3 次曲線であることを示せ．ここで**結節点** (node) とは $\mathbb{C}^2$ 内の曲線 $x^2+y^2=0$ の原点で与えられる特異点と局所的に同型であるときをいう．

以上より，楕円曲面 Y_τ はファイバーとして結節点を持つ 3 次曲線を j 個，尖点を持つ 3 次曲線を r 個持ち，それ以外のファイバーは非特異である．さらに $j+2r=24$ がなりたつ．最後の式は Y_τ のオイラー数 $e(Y_\tau) = c_2(Y_\tau)$ が 24 であることを意味する．一般に，楕円曲面のオイラー数は特異ファイバーのオイラー数の和に等しいことが知られている．以下の表 3.3 に述べるように，結節点を持つ 3 次曲線（I_1 型）のオイラー数は 1，尖点を持つ 3 次曲線（II 型）のオイラー数は 2 である．

楕円曲面のファイバーが非特異でないとき，**特異ファイバー** (singular fiber) と呼ぶ．相対極小な楕円曲面の特異ファイバーは次の表 3.3 のように分類される．

以下，この表の意味を説明する．まず特異ファイバー F の既約分解を

$$F = \sum_i m_i C_i$$

とする．ここで C_i は既約曲線，m_i は正の整数である．F が**重複ファイバー** (multiple fiber) であるとは，m_i たちの最大公約数が 2 以上のときをいう．上の表の mI_n は重複度が m の I_n 型特異ファイバーであることを意味する．各タイプの既約成分への分解は以下の通りである．

3.3 楕円曲面とその特異ファイバー

表 3.3 楕円曲面の特異ファイバー

特異ファイバー	mI_0 $(m \geq 2)$	mI_1 $(m \geq 1)$	mI_n $(m \geq 1, n \geq 2)$
拡大ディンキン図形	–	–	$\tilde{A}_{n-1}$
オイラー数	0	1	n

特異ファイバー	II	III	IV	I_n^* $(n \geq 0)$	II*	III*	IV*
拡大ディンキン図形	–	$\tilde{A}_1$	$\tilde{A}_2$	$\tilde{D}_{n+4}$	$\tilde{E}_8$	$\tilde{E}_7$	$\tilde{E}_6$
オイラー数	2	3	4	$n+6$	10	9	8

(1) $mI_0 : F = mC$. ここで C は非特異な楕円曲線である.

(2) $mI_1 : F = mC$. ここで C は結節点を一つ持つ有理曲線である.

(3) mI_{n+1} $(n \geq 1) : F = m(C_1 + \cdots + C_{n+1})$. ここで各 C_i は非特異有理曲線で, それら互いの交点数が正のものは $C_1 \cdot C_2 = C_2 \cdot C_3 = \cdots = C_n \cdot C_{n+1} = C_{n+1} \cdot C_1 = 1$ で与えられ, それ以外は交わらない. ただし $n = 2$ のときは C_1 と C_2 は相異なる 2 点で横断的に交わり, $n = 3$ のときは C_1, C_2, C_3 は 1 点では交わらない.

(4) II : $F = C$. ここで C は尖点を一つ持つ有理曲線である.

(5) III : $F = C_1 + C_2$. ここで C_1, C_2 は共に非特異有理曲線であり, 1 点で重複度 2 で交わる.

(6) IV : $F = C_1 + C_2 + C_3$. ここで C_1, C_2, C_3 は非特異有理曲線で, 三つの曲線は同じ 1 点で互いに横断的に交わる.

(7) I_{n-4}^* $(n \geq 4) : F = C_1 + C_2 + 2(C_3 + \cdots + C_{n-1}) + C_n + C_{n+1}$. ここで各 C_i は非特異有理曲線であり, それらの交わり方は次に述べる双対図形から決まるものである. 以下の (8), (9), (10) の場合も, 特異ファイバーの既約成分は全て非特異有理曲線で, それらの交わり方も同様である.

(8) II* : $F = 2C_1 + 4C_2 + 6C_3 + 3C_4 + 5C_5 + 4C_6 + 3C_7 + 2C_8 + C_9$.

(9) III* : $F = C_1 + 2C_2 + 3C_3 + 4C_4 + 3C_5 + 2C_6 + C_7 + 2C_8$.

(10) IV* : $F = C_1 + 2C_2 + 3C_3 + 2C_4 + C_5 + 2C_6 + C_7$.

特異ファイバー F の既約成分の個数が 2 以上の場合,全ての既約成分は非特異有理曲線である.この場合,特異ファイバーの**双対図形** (dual graph) を以下のように定める.まず各既約成分に対し,頂点 ○ を一つ対応させる.二つの既約成分 C_i と C_j にそれぞれ対応する頂点を C_i と C_j の交点数 $C_i \cdot C_j$ だけの本数の線分で結ぶ.このようにして得られた双対図形は以下の図 3.1 で与える**拡大ディンキン図形** (extended Dynkin diagram) と呼ばれる $\tilde{A}_n, \tilde{D}_n, \tilde{E}_6, \tilde{E}_7, \tilde{E}_8$ のいずれかに一致する.上述の特異ファイバー I^*_{n-4}, II*, III*, IV* の双対図形は順番に $\tilde{D}_n, \tilde{E}_8, \tilde{E}_7, \tilde{E}_6$ で与えられる.また I_{n+1}, III, IV 型特異ファイバーの双対図形はそれぞれ $\tilde{A}_n, \tilde{A}_1, \tilde{A}_2$ である.

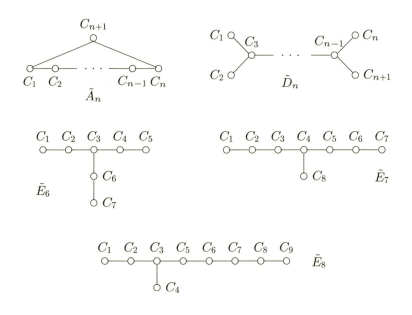

図 3.1 拡大ディンキン図形

注意 3.20 楕円曲面には関数不変量 (functional invariant) および位相不変量 (topological invariant) と呼ばれる不変量が定義され,これらで楕円曲面の特異ファイバーが決定されることが知られている(小平 [Kod1]).

注意 3.21 重複度が 2 以上の特異ファイバー F は F が単連結でないときにのみ起こりうる.

3.3 楕円曲面とその特異ファイバー

最後に少し長くなるが、上で与えた特異ファイバーの分類表が得られることを、小平 [Kod1] に従って示す。ここでは簡単のため特異ファイバーは被約（重複度が 1）と仮定する。

まず特異ファイバー F が既約である場合を考える。この場合、式 (3.3) より F は結節点または尖点を一つ持つ有理曲線であることが従い、F は I_1 型または II 型である。

補題 3.22 特異ファイバー $F = \sum_i m_i C_i$ の既約成分の個数は 2 以上であるとする。このとき全ての既約成分 C_i は非特異有理曲線で

$$C_i^2 = -2, \quad 2m_i = \sum_{j \neq i} m_j C_j \cdot C_i \tag{3.9}$$

がなりたつ。

証明 まず特異ファイバー $F = \sum_i m_i C_i$ と一般のファイバー F' のコホモロジー類は一致するから、$F \cdot C_i = F' \cdot C_i = 0$ すなわち

$$m_i C_i^2 + \sum_{j \neq i} m_j C_j \cdot C_i = 0 \tag{3.10}$$

がなりたつ。一方、添加公式 $K_X \cdot F' + F'^2 = 2p_a(F') - 2 = 0$ と $F'^2 = 0$ より $K_X \cdot F' = 0$ が従う。これから $\sum_i m_i C_i \cdot K_X = F \cdot K_X = F' \cdot K_X = 0$ を得るが、$K_X \cdot C_i = 2p_a(C_i) - 2 - C_i^2$ に注意すると、

$$\sum_i m_i(2p_a(C_i) - 2 - C_i^2) = 0 \tag{3.11}$$

を得る。F は連結であるから

$$\sum_{j \neq i} m_j C_j \cdot C_i \geq \sum_{j \neq i} C_j \cdot C_i \geq 1$$

がなりたつ。等式 (3.10) より $C_i^2 \leq -1$ を得る。相対極小の仮定から F は例外曲線を含んでおらず、したがって $C_i^2 \leq -2$ である。よって全ての C_i に対して $2p_a(C_i) - 2 - C_i^2 \geq 0$ がなりたつが、等式 (3.11) を考慮すると、

$2p_a(C_i) - 2 - C_i^2 = 0$, すなわち $p_a(C_i) = 0$, $C_i^2 = -2$ が従う. よって全ての既約成分 C_i は非特異有理曲線で

$$C_i^2 = -2, \quad 2m_i = \sum_{j \neq i} m_j C_j \cdot C_i$$

がなりたつ. □

補題 3.22 を用いて特異ファイバーが少なくとも 2 個以上の既約成分を持つ場合の分類を与える. 特異ファイバーは被約（重複度が 1）とする. 以下の順序で特異ファイバーの決定を行う.

(i) $C_i \cdot C_j \geq 2$ となる既約成分 C_i, C_j が存在する場合.
(ii) 少なくとも三つの既約成分が 1 点で交わる場合.
(iii) 特異ファイバーの双対図形がサイクルを含む場合.
(iv) 特異ファイバーの双対図形がサイクルを含まない場合.

(i) の場合：$C_i \cdot C_j \geq 2$ となる既約成分 C_i, C_j が存在したとする. $m_i \leq m_j$ と仮定してよい.

$$2m_i = m_j C_j \cdot C_i + \sum_{k \neq i,j} m_k C_k \cdot C_i \geq 2m_i$$

に注意すると, $m_i = m_j$, $C_j \cdot C_i = 2$, $C_k \cdot C_i = 0$ $(k \neq i, j)$ となる. 同じ議論で $C_j \cdot C_k = 0$ $(k \neq i, j)$ を得るが, F は連結であることから, $F = C_i + C_j$ となり, F は III 型または I_2 型となる.

以下, 全ての既約成分 C_i, C_j $(i \neq j)$ に対し

$$C_i \cdot C_j \leq 1 \tag{3.12}$$

がなりたっている場合を考えればよい.

(ii) の場合：三つの既約成分 C_1, C_2, C_3 が 1 点で交わっているとする. ここで $m_1 \leq m_2 \leq m_3$ と仮定してよい. 等式 (3.9) より

$$2m_1 = m_2 + m_3 + \sum_{i \neq 1,2,3} m_i C_i \cdot C_1 \geq 2m_1$$

を得る．これから $m_1 = m_2 = m_3$ が従い，さらに $C_i \cdot C_1 = 0$ $(i \neq 1, 2, 3)$ がなりたつ．F の連結性から $F = C_1 + C_2 + C_3$ となり IV 型を得る．

(iii) の場合：F の既約成分 $C_1, \ldots, C_n$ で，$C_1 \cdot C_2 = \cdots = C_{n-1} \cdot C_n = C_n \cdot C_1 = 1$ を満たすものが存在する．$m_1 \leq m_j$ $(j \neq 1)$ と仮定する．等式 (3.9) より

$$2m_1 = m_2 + m_n + \sum_{j \neq 1, 2, n} m_j C_j \cdot C_1 \geq 2m_1$$

を得る．したがって $m_1 = m_2 = m_n$ がなりたち，C_1 は C_2, C_n 以外の既約成分とは交わらない．同じ議論から $m_2 = m_3$ がなりたち，C_2 は C_1, C_3 以外の既約成分とは交わらない．これを繰り返し，F が連結であることを用いると，結局，$F = C_1 + \cdots + C_n$ となり，特異ファイバー I_n 型を得る．

(iv) の場合：既約分解 $F = \sum_{i=1}^{n} m_i C_i$ の係数 m_i の中で m_1 が最小であるとする．もし C_1 が少なくとも二つ以上の残りの既約成分，例えば C_2, C_3 と交わっているとする．すると

$$2m_1 = m_2 + m_3 + \sum_{j \neq 1, 2, 3} m_j C_j \cdot C_1 \geq 2m_1$$

より，$m_1 = m_2 = m_3$ がなりたち，C_1 は C_2, C_3 以外の既約成分とは交わらない．もし C_2 と C_3 が交われば，サイクルを含み矛盾を得る．次に C_1 の代わりに C_2 を考える．等式 (3.9) より C_2 は C_1 以外のある成分と交わる．この議論を繰り返せば，結局，双対図形がサイクルを含むことになり矛盾を得る．したがって C_1 はただ一つの成分と交わる．この成分を C_2 とすると等式 (3.9) より

$$2m_1 = m_2 \tag{3.13}$$

が従う．

以下，C_2 の C_1 以外の成分との交わり方で場合分けを行う．

(iv)-1：C_2 が C_1 以外に少なくとも三つの成分 C_3, C_4, C_5 と交わるとする．このとき等式 (3.9) と (3.13) より

$$m_3 + m_4 + m_5 \geq 3m_1 = m_3 + m_4 + m_5 + \sum_{j \geq 6} m_j C_j \cdot C_2$$

が得られ，したがって $m_1 = m_3 = m_4 = m_5$ がなりたつ．これと等式 (3.9), (3.13) より C_3, C_4, C_5 が交わるのは C_2 だけであることが従う．F の連結性より $n = 5$ が得られ，$F = C_1 + 2C_2 + C_3 + C_4 + C_5$, すなわち F は I_0^* 型である．

(iv)-2：C_2 が C_1 以外にちょうど二つの成分 C_3, C_4 と交わるとする．このときサイクルを含まないから $C_3 \cdot C_4 = 0$ で，$3m_1 = m_3 + m_4$, および

$$2m_3 = 2m_1 + \sum_{j \geq 5} m_j C_j \cdot C_3, \quad 2m_4 = 2m_1 + \sum_{j \geq 5} m_j C_j \cdot C_4$$

がなりたつ．$m_3 \leq m_4$ としてよい．もし C_3 が C_2 以外の成分，例えば C_5 と交わると仮定すると，

$$3m_1 \geq 2m_3 = 2m_1 + m_5 + \cdots \geq 3m_1$$

より $m_1 = m_5$, $3m_1 = 2m_3$ が従う．これを $2m_5 = m_3 + \sum_{j \geq 6} m_j C_j \cdot C_5$ に代入することで

$$\frac{1}{2} m_1 = \sum_{j \geq 6} m_j C_j \cdot C_5$$

を得るが，これは m_1 の最小性に反する．よって C_3 は C_2 とだけ交わり

$$m_3 = m_1, \quad m_4 = 2m_1, \quad 2m_1 = \sum_{j \geq 5} m_j C_j \cdot C_4$$

を得る．最後の式より，C_4 は高々二つの C_j, $j \geq 5$ としか交わらないことが分かる．C_4 が二つの成分 C_5, C_6 と交わるならば，$m_5 = m_6 = m_1$ で

$$F = C_1 + 2C_2 + C_3 + 2C_4 + C_5 + C_6$$

となり，特異ファイバー I_1^* 型を得る．C_4 が成分 C_5 とだけ交わるならば，

$$m_5 = 2m_1, \quad 2m_1 = \sum_{j \geq 6} m_j C_j \cdot C_5$$

3.3 楕円曲面とその特異ファイバー

を得る．これを繰り返せば，F は特異ファイバー I_n^* 型であることが分かる．

(iv)-3：C_2 が C_1 以外にちょうど一つの成分 C_3 と交わるとする．
このとき $2m_2 = m_1 + m_3$ および $m_2 = 2m_1$ より

$$3m_1 = m_3 \tag{3.14}$$

がなりたつ．したがって次の状況を考えればよい．既約成分 $C_1, \ldots, C_h$ ($h \geq 3$) で，各 C_i ($2 \leq i \leq h-1$) はちょうど二つの成分 C_{i-1}, C_{i+1} とだけ交わり，C_h は C_{h-1} および少なくとも二つの成分 C_{h+1}, C_{h+2} と交わる．サイクルを含まないことから $C_{h+1} \cdot C_{h+2} = 0$ である．このとき等式 (3.9) より

$$m_i = i m_1 \quad (i = 2, \ldots, h), \tag{3.15}$$

$$(h+1)m_1 = m_{h+1} + m_{h+2} + \sum_{j \geq h+3} m_j C_j \cdot C_h, \tag{3.16}$$

$$2m_{h+1} = hm_1 + \sum_{j \geq h+3} m_j C_j \cdot C_{h+1}, \tag{3.17}$$

$$2m_{h+2} = hm_1 + \sum_{j \geq h+3} m_j C_j \cdot C_{h+2} \tag{3.18}$$

がなりたつ．ここで C_h は $C_{h-1}, C_{h+1}, C_{h+2}$ 以外とは交わらない．実際，もし C_h が C_{h+3} と交わるとすると，等式 (3.9) より

$$2m_{h+3} = m_h + \cdots = hm_1 + \cdots \geq hm_1$$

なので，等式 (3.16), (3.17), (3.18) より

$$2(h+1)m_1 \geq 2m_{h+1} + 2m_{h+2} + 2m_{h+3} \geq 3hm_1$$

を得るが，これは $h \geq 3$ に反する．よって C_h は $C_{h-1}, C_{h+1}, C_{h+2}$ 以外とは交わらない．

次に，等式 (3.16) より

$$(h+1)m_1 = m_{h+1} + m_{h+2} \tag{3.19}$$

および等式 (3.17), (3.18) より

$$2m_1 = \sum_{j \geq h+3} m_j C_j \cdot C_{h+1} + \sum_{j \geq h+3} m_j C_j \cdot C_{h+2} \qquad (3.20)$$

を得る. ここで $m_{h+1} \geq m_{h+2}$ と仮定してよい. すると等式 (3.19) より

$$2m_{h+1} \geq (h+1)m_1 = hm_1 + m_1$$

がなりたち, したがって等式 (3.17) より C_{h+1} は少なくとも一つの C_j ($j \geq h+3$) と交わる. それを C_{h+3} とする. C_{h+1} はこれ以外の成分とは交わらないことを示す. もし C_{h+1} が C_{h+4} と交わったとすると, 等式 (3.17) と m_1 の最小性より

$$2m_{h+1} \geq hm_1 + m_{h+3} + m_{h+4} \geq (h+2)m_1 \qquad (3.21)$$

が得られる. また等式 (3.20) から $2m_1 \geq m_{h+3} + m_{h+4} \geq 2m_1$ が得られ, 特に $m_1 = m_{h+3} = m_{h+4}$ がなりたつ. これと等式 (3.9) および不等式 (3.21) より

$$2m_1 = 2m_{h+4} = m_{h+1} + \cdots \geq \frac{h+2}{2}m_1$$

を得るが, これは $h \geq 3$ に矛盾する. よって C_{h+1} は C_h, C_{h+3} とだけ交わる.

以下, C_{h+2} の他の成分との交わり方で, 場合分けを行う.

(iv)-3-(α): C_{h+2} が C_h 以外の成分 C_{h+4} と交わるとする. このとき等式 (3.20) より

$$2m_1 \geq m_{h+3} + m_{h+4} \geq 2m_1$$

がなりたち, $m_1 = m_{h+3} = m_{h+4}$ を得る. さらに等式 (3.9), (3.17) より

$$2m_1 = 2m_{h+3} \geq m_{h+1} \geq \frac{h}{2}m_1 + \frac{1}{2}m_{h+3} = \frac{h+1}{2}m_1$$

を得る. したがって $h = 3$ および C_{h+3} は C_{h+1} とだけ交わることが従う. 同様にして C_{h+4} は C_{h+2} とだけ交わり, 等式 (3.19) より $m_{h+1} = m_{h+2} = 2m_1$ がなりたつ. F は被約と仮定しているから $m_1 = 1$ が従い,

$$F = C_1 + 2C_2 + 3C_3 + 2C_4 + 2C_5 + C_6 + C_7,$$

3.3 楕円曲面とその特異ファイバー　　　　63

すなわち F は特異ファイバー IV* 型を得る.

(iv)-3-(β)：C_{h+2} が C_h 以外の成分と交わらないとする.

このとき等式 (3.9), (3.15) より $2m_{h+2} = m_h = hm_1$ がなりたつ. よって等式 (3.19) より, $m_{h+1} = (\frac{h}{2}+1)m_1$ を得る. 一方, 等式 (3.20) より $2m_1 = m_{h+3}$ が従い, さらに

$$2m_{h+3} = m_{h+1} + \sum_{j \geq h+4} m_j C_j \cdot C_{h+3}$$

に注意すると,

$$3m_1 = \frac{h}{2}m_1 + \sum_{j \geq h+4} m_j C_j \cdot C_{h+3} \tag{3.22}$$

を得る. よって m_1 の最小性と $h \geq 3$ より, $h = 6$ または $3 \leq h \leq 4$ を得る.

$h = 6$ の場合, 等式 (3.22) より C_{h+3} は C_j ($j \geq h+4 = 10$) とは交わらない. F の連結性から

$$F = C_1 + 2C_2 + 3C_3 + 4C_4 + 5C_5 + 6C_6 + 4C_7 + 3C_8 + 2C_9$$

となり, II* 型の特異ファイバーを得る.

$h = 4$ の場合, 等式 (3.22) より C_{h+3} は C_{h+1} 以外の成分 C_{h+4} と交わり, $m_{h+4} = m_1 = \frac{1}{2}m_{h+3}$ を得る. このとき等式 (3.9) から C_{h+4} は C_{h+3} とだけ交わる. 結局

$$F = C_1 + 2C_2 + 3C_3 + 4C_4 + 3C_5 + 2C_6 + 2C_7 + C_8$$

となり, III* 型特異ファイバーを得る.

最後に, $h = 3$ は起こらないことを示す. $h = 3$ と仮定すると, 等式 (3.22) および m_1 の最小性より, C_{h+3} は C_{h+1} 以外にただ一つの成分 C_{h+4} と交わり $m_{h+4} = \frac{3}{2}m_1$ を満たす. このとき $m_{h+3} = 2m_1$ に注意すると

$$3m_1 = 2m_{h+4} = 2m_1 + \sum_{j \geq h+5} m_j C_j \cdot C_{h+4}$$

が従う.これから C_{h+4} は別の成分 C_{h+5} と交わり,$m_{h+5} = m_1$ および

$$2m_1 = 2m_{h+5} = \frac{3}{2}m_1 + \sum_{j \geq h+6} m_j C_j \cdot C_{h+5}$$

を満たす.これは m_1 の最小性に反する.

注意 3.23 楕円曲面の特異ファイバーの分類とその具体的な構成は小平 [Kod1] による.この節は小平 [Kod2] も参考にした.

第4章 ◇ $K3$ 曲面とその例

　最初に $K3$ 曲面の基本的な性質を述べ，その例としてクンマー曲面を取り上げる．さらに 19 世紀に発見された種数 2 の曲線に付随したクンマー曲面も紹介する．最後に $K3$ 曲面のトレリ型定理の証明で必要となる 2 次元複素トーラスのトレリ型定理を述べる．

4.1　$K3$ 曲面の定義と性質

　X を $K3$ 曲面とする．すなわち X は連結な 2 次元コンパクト複素多様体（曲面）で $K_X = 0, q(X) = 0$ を満たすものであった（3.2 節）．添加公式（定理 3.3）より X は極小曲面である．

　標準束 K_X の変換関数は，開被覆 $\{(U_i, (x_i, y_i))\}_i$ に対し，$U_i \cap U_j$ 上 0 にならない正則関数 $J_{ji} = \det\left(\frac{\partial(x_i, y_i)}{\partial(x_j, y_j)}\right)$ で与えられる．$\psi = \{\psi_i\}$ を K_X の切断とすると，$U_i \cap U_j$ 上では $\psi_j = J_{ji}\psi_i$，すなわち $\psi_j dx_j \wedge dy_j = \psi_i dx_i \wedge dy_i$ を意味する．したがって層の同型 $\mathcal{O}(K_X) \cong \Omega_X^2$ が得られる．特に直線束 K_X が自明であることと X 上至るところ 0 にならない正則 2 形式が存在することは同値である．

　また $q(X) = 0$ であるからコホモロジーの完全系列 (3.2) から単射

$$H^1(X, \mathcal{O}_X^*) \overset{\delta}{\to} H^2(X, \mathbb{Z})$$

が得られる．$c_1(X) = \delta(-K_X)$ より，$c_1(X) = 0$ と $K_X = 0$ は同値である．

- 例 4.1　射影空間 $\mathbb{P}^3$ 内の非特異な 4 次曲面 X_4 は $K3$ 曲面である．標準束が自明なことは添加公式（定理 3.3）より，不正則数が零となることはレフシェッツの超曲面切断定理（定理 3.8）より従う．同様にして，$\mathbb{P}^4$ 内の 2 次超曲面 Q_2 と 3 次超曲面 Y_3 の交わり $X_6 = Q_2 \cap Y_3$，$\mathbb{P}^5$ 内の三つの 2 次超曲面 Q_i の交わり $X_8 = Q_1 \cap Q_2 \cap Q_3$ は非特異であれば $K3$ 曲面となる．これら

$K3$ 曲面の超平面切断 $H|X$ の自己交点数 $(H|X)^2$ はそれぞれ 4, 6, 8 であり,次数 4, 6, 8 の $K3$ 曲面と呼ばれる. 次数 2 の $K3$ 曲面 X は射影平面 $\mathbb{P}^2$ の二重被覆として得られる. 分岐は非特異 6 次曲線である (命題 3.9 参照).

問 4.2 例 3.17 で与えた楕円曲面 Y_τ は $K3$ 曲面であることを示せ. ここで $c_2(Y_\tau) = 24$ であることは認めてよい.

定理 3.5 より $b_1(X) = 0$ が従うが, さらに次がなりたつ.

補題 4.3 $H_1(X, \mathbb{Z}) = 0$ がなりたつ.

証明 $H_1(X, \mathbb{R}) = 0$ より $H_1(X, \mathbb{Z})$ は階数 0 のアーベル群である. $H_1(X, \mathbb{Z})$ の位数 n の捻れ元を考える. この捻れ元に対応した X の次数 n の不分岐被覆

$$\pi : \tilde{X} \to X$$

が存在する. $\tilde{X}$ も連結なコンパクト複素解析曲面であり, $e(\tilde{X}) = ne(X) = 24n$ である. 一方, X 上には至るところ 0 にならない正則 2 形式 ω_X が存在するが, その π による引き戻し $\pi^*(\omega_X)$ は $\tilde{X}$ 上の至るところ 0 にならない正則 2 形式を与え, 特に $K_{\tilde{X}} = 0$ を得る. ネーターの公式 (定理 3.2) より

$$24n = e(\tilde{X}) = c_2(\tilde{X}) = 12(p_g(\tilde{X}) - q(\tilde{X}) + 1) = 12(2 - q(\tilde{X}))$$

を得る. これから $n = 1$ が従う. □

注意 4.4 $K3$ 曲面は単連結である (系 6.40 を見よ).

補題 4.3 より, $H^1(X, \mathbb{Z}) = H^3(X, \mathbb{Z}) = 0$ がなりたつ. さらに, 普遍係数定理

$$0 \to \mathrm{Ext}(H_1(X, \mathbb{Z}), \mathbb{Z}) \to H^2(X, \mathbb{Z}) \to \mathrm{Hom}(H_2(X, \mathbb{Z}), \mathbb{Z}) \to 0$$

より $H^2(X, \mathbb{Z})$ は有限生成自由加群である. 一方, ネーターの公式 (定理 3.2)

$$c_1(X)^2 + c_2(X) = 12(p_g(X) - q(X) + 1) = 24$$

において, $c_1(X) = 0$ より X のオイラー数 $e(X) = c_2(X)$ は 24 である. 以上より $H^2(X, \mathbb{Z}) \cong \mathbb{Z}^{22}$ が従う. 次に $H^2(X, \mathbb{Z})$ とカップ積 $\langle , \rangle$ の組で定まる格子の構造を調べる.

4.1 K3曲面の定義と性質

定理 4.5 格子 $(H^2(X, \mathbb{Z}), \langle\,,\,\rangle)$ は $U^{\oplus 3} \oplus E_8^{\oplus 2}$ に同型である.

証明 格子 $(H^2(X, \mathbb{Z}), \langle\,,\,\rangle)$ はポアンカレ双対性よりユニモジュラーであることが, ヒルチェブルフの指数定理 (定理 3.4) より符号が $(3, 19)$ であることが従う. 偶格子であることは位相幾何学のウーの公式 (Wu formula) を用いる. まずスティンロッド作用素 (Steenrod) と呼ばれる準同型写像

$$Sq^i : H^n(X, \mathbb{Z}/2\mathbb{Z}) \to H^{n+i}(X, \mathbb{Z}/2\mathbb{Z}) \quad (n, i \geq 0)$$

で

$$Sq^0(a) = a, \quad Sq^n(a) = \langle a, a\rangle, \quad Sq^i(a) = 0 \ (i > n), \ a \in H^n(X, \mathbb{Z}/2\mathbb{Z})$$

を満たすものが存在する ([MS], §8). ここで $\langle\,,\,\rangle$ はカップ積である. 準同型

$$H^{4-k}(X, \mathbb{Z}/2\mathbb{Z}) \to \mathbb{Z}/2\mathbb{Z}, \quad a \to (Sq^k(a), \mu)$$

に対し, 双対性より

$$(\langle a, v_k\rangle, \mu) = (Sq^k(a), \mu)$$

を満たす $v_k \in H^k(X, \mathbb{Z}/2\mathbb{Z})$ が存在する. ここで $(\,,\,)$ はクロネッカー指数, μ は $H^4(X, \mathbb{Z}/2\mathbb{Z})$ の生成元である. ウーの公式 ([MS], 定理 11.14) は 2 次のスティフェル・ホイットニー類 (Stiefel-Whitney class) $w_2 \in H^2(X, \mathbb{Z}/2\mathbb{Z})$ が $\sum_{i+j=2} Sq^i(v_j) = v_2$ に一致することを主張するものである. したがって $x \in H^2(X, \mathbb{Z}/2\mathbb{Z})$ に対し

$$(\langle x, x\rangle, \mu) = (Sq^2(x), \mu) = (\langle x, w_2\rangle, \mu)$$

を得る. 一方, w_2 は $c_1(X)$ を $H^2(X, \mathbb{Z}/2\mathbb{Z}) = H^2(X, \mathbb{Z}) \otimes \mathbb{Z}/2\mathbb{Z}$ の元と考えたものであり ([Hi], 73 ページ), これから $\langle x, x\rangle$ が偶数であることが分かる. よって定理 1.27 から主張が従う. □

K3 曲面の定義より $H^0(X, \Omega_X^2) \cong \mathbb{C}$, すなわち X 上には至るところ 0 にならない正則 2 形式 ω_X が定数倍を除き一意的に存在する. 等式

$$\langle \omega_X, \omega_X\rangle = \int_X \omega_X \wedge \omega_X, \quad \langle \omega_X, \bar\omega_X\rangle = \int_X \omega_X \wedge \bar\omega_X$$

から，ω_X はリーマン条件 (Riemann condition) と呼ばれる性質

$$\langle \omega_X, \omega_X \rangle = 0, \quad \langle \omega_X, \bar{\omega}_X \rangle > 0 \tag{4.1}$$

を満たす．ここでカップ積は $H^2(X, \mathbb{C})$ に拡張したものである．リーマン条件は簡単な計算から

$$\langle \mathrm{Re}(\omega_X), \mathrm{Re}(\omega_X) \rangle = \langle \mathrm{Im}(\omega_X), \mathrm{Im}(\omega_X) \rangle > 0, \ \langle \mathrm{Re}(\omega_X), \mathrm{Im}(\omega_X) \rangle = 0 \tag{4.2}$$

と同値である．よって $\mathrm{Re}(\omega_X)$, $\mathrm{Im}(\omega_X)$ で生成される $H^2(X, \mathbb{R})$ 内の部分空間を $E(\omega_X)$ とすると，$E(\omega_X)$ は正定値 2 次元部分空間である．

問 4.6 条件 (4.1) と (4.2) は同値であることを確かめよ．

定義 4.7 $E(\omega_X)$ の $H^2(X, \mathbb{R})$ 内での直交補空間を $H^{1,1}(X, \mathbb{R})$ と表す．

$H^2(X, \mathbb{R})$ の符号が $(3, 19)$ であるから $H^{1,1}(X, \mathbb{R})$ の符号は $(1, 19)$ である．

補題 4.8 X を $K3$ 曲面とし，コホモロジー類 $c \in H^2(X, \mathbb{Z})$ を考える．このとき次は同値である．

(1) X 上の直線束 L が存在して $c = c_1(L)$ を満たす；
(2) $c \in H^{1,1}(X, \mathbb{R})$;
(3) $\langle c, \omega_X \rangle = 0$.

証明 $H^1(X, \mathcal{O}_X) = 0$ より完全系列 (3.2) は

$$0 \to H^1(X, \mathcal{O}_X^*) \xrightarrow{\delta} H^2(X, \mathbb{Z}) \xrightarrow{i} H^2(X, \mathcal{O}_X)$$

となる．写像 δ は直線束 L に対し，その第一チャーン類 $c_1(L)$ を対応させる．また写像 i は射影

$$H^2(X, \mathbb{C}) \to H^{0,2}(X)$$

に一致するから，補題がなりたつ．□

補題 4.8 より，$H^2(X, \mathbb{Z})$ の部分格子として次のものが重要になる．

4.1 K3 曲面の定義と性質

定義 4.9 $K3$ 曲面 X に対し

$$S_X = \{x \in H^2(X, \mathbb{Z}) : \langle x, \omega_X \rangle = 0\} = H^2(X, \mathbb{Z}) \cap H^{1,1}(X, \mathbb{R})$$

と定義し，**ネロン・セベリ格子** (Néron-Severi group) と呼ぶ．S_X はネロン・セベリ群に他ならず，したがって S_X を $\mathrm{NS}(X)$ と表すこともある．単射

$$H^1(X, \mathcal{O}_X^*) \xrightarrow{\delta} H^2(X, \mathbb{Z})$$

によりピカール群とネロン・セベリ群は同型になるから，S_X を**ピカール格子** (Picard lattice) と呼ぶこともある．S_X の元 x が因子 D で代表されているとき $x = [D]$ あるいは単に $x = D$ と表す．$H^{1,1}(X, \mathbb{R})$ の階数が 20 より

$$0 \leq r = \mathrm{rank}\, S_X \leq 20$$

がなりたつ．S_X の格子構造は因子の交点形式から定まるそれに一致する．ネロン・セベリ格子の階数を**ピカール数** (Picard number) と呼び，$\rho(X)$ と表す．S_X の直交補空間

$$T_X = \{x \in H^2(X, \mathbb{Z}) : \langle x, y \rangle = 0, \ \forall y \in S_X\}$$

を**超越格子** (transcendental lattice) と呼ぶ．

注意 4.10 本書では格子は非退化であることを仮定しているが，ネロン・セベリ格子や超越格子は非退化でない場合も起こる（命題 4.11 参照）．この場合にも煩雑を避けるため，これらを「格子」と呼ぶ．

$H^{1,1}(X, \mathbb{R})$ の符号が $(1, 19)$ であることから，S_X の正の固有値は高々一つである．

命題 4.11 $K3$ 曲面 X の代数次元を $a(X)$ とし，S_X の階数を r とする．このとき次がなりたつ．

(1) $a(X) = 2$ のとき，S_X は非退化で符号が $(1, r-1)$ である．
(2) $a(X) = 1$ のとき，S_X は 1 次元の核を持ち，それによる商は非退化負定値である．

(3) $a(X) = 0$ のとき，S_X は非退化負定値である．

注意 4.12 命題 4.11 (2) の $K3$ 曲面の例は注意 6.41 で構成する．

補題 4.13 C を $K3$ 曲面 X 上の既約曲線とする．このとき次のいずれかがなりたつ．

(1) $C^2 = -2$ のとき，C は非特異有理曲線で $h^0(\mathcal{O}_X(C)) = 1$ がなりたつ．
(2) $C^2 = 0$ のとき，C は $p_a(C) = 1$ で $h^0(\mathcal{O}_X(C)) = 2$ がなりたつ．
(3) $C^2 \geq 2$ のとき，C は $p_a(C) = \frac{1}{2}C^2 + 1$ で $h^0(\mathcal{O}_X(C)) = p_a(C) + 1$ がなりたつ．この場合，X は代数的である．

証明 算術種数の定義より，$C^2 = 2p_a(C) - 2 \geq -2$ がなりたつ．さらに層の完全系列 $0 \to \mathcal{O}_X \to \mathcal{O}_X(C) \to \mathcal{O}_C(C) \to 0$ より引き起こされる完全系列

$$0 \to H^0(X, \mathcal{O}_X) \to H^0(X, \mathcal{O}_X(C)) \to H^0(C, \mathcal{O}_C(C)) \to H^1(X, \mathcal{O}_X) = 0$$

において，添加公式より $\mathcal{O}_C(C) = \omega_C$ に注意すれば，

$$h^0(\mathcal{O}_X(C)) = h^0(\omega_C) + 1 = p_a(C) + 1$$

を得る．算術種数が 0 の既約曲線は非特異有理曲線であるから，(1) を得る．(2), (3) も同様に示される．□

最後に Y. T. Siu ([Si]) による結果を述べておく．

定理 4.14 (**Siu**) $K3$ 曲面はケーラー多様体である．

序文で述べたようにこの定理はケーラー $K3$ 曲面のトレリ型定理と周期写像の全射性が証明された後に証明された．繰り返しになるが，本書はこの定理は認めて，ケーラー $K3$ 曲面のトレリ型定理の証明の紹介を主題としている．ケーラーであることは補題 6.52 の証明で本質的に必要となる．

4.2 非特異有理曲線に付随した鏡映群とケーラー錐

定義 4.15 $K3$ 曲面 X に対し,

$$\Delta(X) = \{\delta \in S_X \ : \ \langle \delta, \delta \rangle = -2\}$$

と定める. $\Delta(X)$ の元 δ に対して $H^{1,1}(X, \mathbb{R})$ の鏡映 s_δ を

$$s_\delta(x) = x + \langle x, \delta \rangle \delta \quad (x \in H^{1,1}(X, \mathbb{R}))$$

によって定義する. 鏡映全体 $\{s_\delta \ : \ \delta \in \Delta(X)\}$ で生成される $O(H^{1,1}(X, \mathbb{R}))$ の部分群を $W(X)$ で表す. 錐 $P(X) = \{x \in H^{1,1}(X, \mathbb{R}) \ : \ \langle x, x \rangle > 0\}$ は二つの連結成分を持っているが, ケーラー類のクラスを含むものを $P^+(X)$ と表し正錐 (positive cone) と呼ぶ (図 2.1 参照). また $\delta \in \Delta(X)$ に対し

$$H_\delta = \{x \in P^+(X) : \langle x, \delta \rangle = 0\}$$

と定める. 2.1 節で述べたように, $W(X)$ は $P(X)^+$ に作用している.

補題 4.16 $\delta \in S_X$ が $\delta^2 \geq -2$ を満たすとする. このとき, δ または $-\delta$ が有効因子で代表される.

証明 δ を代表する直線束を L とすると, 曲面のリーマン・ロッホの定理とセール双対性より

$$\dim H^0(X, \mathcal{O}(L)) + \dim H^2(X, \mathcal{O}(L))$$
$$= \dim H^0(X, \mathcal{O}(L)) + \dim H^0(X, \mathcal{O}(-L)) \geq 2 + \delta^2/2 \geq 1$$

がなりたち, $\dim H^0(X, \mathcal{O}(L)) > 0$ または $\dim H^0(X, \mathcal{O}(-L)) > 0$ となる. 結局, δ または $-\delta$ のいずれかが有効因子で代表されることが従う. □

補題 4.16 より

$$\Delta(X)^+ = \{\delta \in S_X \ : \ \delta \text{ は } \langle \delta, \delta \rangle = -2 \text{ を満たす有効因子である }\},$$

$$\Delta(X)^- = \{-\delta \ : \ \delta \in \Delta(X)^+\}$$

とおくと，分解

$$\Delta(X) = \Delta(X)^+ \cup \Delta(X)^- \tag{4.3}$$

を得る．

補題 2.5 より，2.1 節で述べたこと，特に定理 2.9 がなりたつ．2.1 節で述べたように各部屋に対して分解 (2.2) が決まったが，今の場合，幾何学的に分解 (4.3) が定まる．この $\Delta(X)$ の分解は $W(X)$ の基本領域

$$D(X) = \{x \in P^+(X) \ : \ \langle x, \delta \rangle > 0, \ \forall \delta \in \Delta(X)^+\}$$

を与える．$D(X)$ の幾何学的意味は次の通りである．$\kappa \in P^+(X)$ とする．X 上の既約曲線 C に対し，補題 4.13 より，$p_a(C) \geq 1$ であることと $C^2 \geq 0$ は同値であり，$C^2 = -2$ であることと C が非特異有理曲線であることも同値である．補題 2.3 より $C^2 \geq 0$ の既約曲線 C と κ の交点数は正となる．したがって $\kappa \in D(X)$ であることと，κ と任意の曲線との交点数が正であることが同値である．

定義 4.17 $D(X)$ を X のケーラー錐 (Kähler cone) と呼ぶ．自明ではないが，$D(X)$ の点はケーラー類であることが知られている（第 8 章参照）．

注意 4.18 $\delta \in \Delta(X)$ に対し，鏡映 s_δ はその定義

$$s_\delta(x) = x + 2\langle x, \delta \rangle \delta$$

より，格子 $H^2(X, \mathbb{Z})$ の同型写像と考えられる．$\langle \delta, \omega_X \rangle = 0$ より s_δ は ω_X を固定する．したがって $W(X)$ も ω_X を固定する．

注意 4.19 X が射影的である場合を考える．中井の判定法（定理 3.6）より，$H^2 > 0$ である因子 H がアンプルであるためには任意の曲線との交点数が正であることが必要十分である．したがって，$D(X) \cap S_X$ はアンプルクラス全体の集合に他ならない．X が射影的な場合，$H^{1,1}(X, \mathbb{R})$ の代わりに $S_X \otimes \mathbb{R}$ を考え，$W(X)$ の基本領域

$$A(X) = \{x \in S_X \otimes \mathbb{R} \cap P^+(X) \ : \ \langle x, \delta \rangle > 0, \ \forall \delta \in \Delta(X)^+\}$$

を考えることもある．$A(X)$ はアンプル錐 (ample cone) と呼ばれる．

4.3 クンマー曲面

定義 4.20（クンマー曲面） $A = \mathbb{C}^2/\Gamma$ を複素トーラスとし，-1_A を $\mathbb{C}^2$ の -1 倍写像から引き起こされる A の位数 2 の自己同型写像とする（3.2 節）．-1_A の固定点は A の位数 2 の点 $\frac{1}{2}\Gamma/\Gamma$ であり，商曲面 $A/\{\pm 1_A\}$ は 16 個の A_1 型有理二重点（注意 4.22 参照）と呼ばれる特異点を持つ．$A/\{\pm 1_A\}$ の非特異極小モデルを $\mathrm{Km}(A)$ と表し，A に付随した**クンマー曲面** (Kummer surface) と呼ぶ．

以下，クンマー曲面をより具体的に構成する．-1_A の固定点は孤立点であるから，そのまわりの局所座標系 $\{U, (x, y)\}$ を適当に選べば -1_A は $\begin{pmatrix} -1 & 0 \\ 0 & -1 \end{pmatrix}$ で与えられているとしてよい．16 個の位数 2 の点でのブローアップを

$$\tilde{\sigma} : \tilde{A} \to A$$

とすると，局所座標 $\pi^{-1}(U) = \{U_1, (x_1, y_1)\} \cup \{U_2, (x_2, y_2)\}$ が存在し，U_1 と U_2 は $y_1 y_2 = 1$, $x_1 = x_2 y_2$ で同一視され，$\tilde{\sigma}$ は

$$\tilde{\sigma}(x_1, y_1) = (x_1, x_1 y_1), \quad \tilde{\sigma}(x_2, y_2) = (x_2 y_2, x_2)$$

で与えられているとしてよい．-1_A は $\tilde{A}$ の位数 2 の自己同型

$$\iota : (x_1, y_1) \to (-x_1, y_1), \quad (x_2, y_2) \to (-x_2, y_2)$$

を引き起こす．ι の固定点集合はブローアップで得られた 16 個の例外曲線である．したがって，商空間 $\tilde{A}/\iota$ の局所座標として (x_1^2, y_1), (x_2^2, y_2) が取れ，特に $\tilde{A}/\iota$ は非特異である．

自然な写像 $\tilde{\pi} : \tilde{A} \to \tilde{A}/\iota$ を考える．例外曲線 E の $\tilde{\pi}$ による像を C とすると，C は二重被覆 $\tilde{\pi}$ の分岐曲線であり，したがって

$$2C^2 = (\tilde{\pi}^*(C))^2 = (2E)^2 = -4$$

を得る．よって各例外曲線の $\tilde{A}/\iota$ への像は自己交点数が -2 の非特異有理曲線である．これから $\tilde{A}/\iota$ が $A/\{\pm 1_A\}$ の非特異極小モデル $\mathrm{Km}(A)$ であることが従う．

定理 4.21 $\mathrm{Km}(A)$ は $K3$ 曲面である．

証明 $\mathrm{Km}(A)$ を簡単に X と表す．まず X 上に至るところ 0 にならない正則 2 形式が存在することを示す．A は 2 次元複素トーラスであり，至るところ 0 にならない正則 2 形式が存在し，-1_A で不変である．正則 2 形式が U 上で $dx \wedge dy$ で与えられるとすると U_1, U_2 上で $x_1 dx_1 \wedge dy_1 = -x_2 dx_2 \wedge dy_2$ であり，これは X 上の正則 2 形式 $d(x_1^2) \wedge dy_1 = -d(x_2^2) \wedge dy_2$ を引き起こす．よって X 上至るところ 0 にならない正則 2 形式の存在が従う．

次に X のオイラー数 $e(X)$ が 24 であることを示す．A は 2 次元複素トーラスより $e(A) = 0$ であり，$\tilde{A}$ はその 16 点でのブローアップだから $e(\tilde{A}) = 16$ である．写像 $\tilde{\pi} : \tilde{A} \to X$ は 16 個の非特異有理曲線で分岐する二重被覆であるから

$$e(\tilde{A}) = 2e(X) - 16e(\mathbb{P}^1)$$

がなりたち，$e(X) = 24$ を得る．最後にネーターの公式

$$c_1(X)^2 + e(X) = 12 \sum (-1)^i \dim H^i(X, \mathcal{O}_X)$$

より $\dim H^1(X, \mathcal{O}_X) = 0$ が従い，X は $K3$ 曲面である．□

注意 4.22 商曲面 $A/\{\pm 1\}$ に現れる特異点は A_1 型**有理二重点** (rational double point) と呼ばれる．有理二重点を与える定義式は以下の通りである（例えば [BHPV]，第 III 章，7 節）．ここで $\mathbb{C}^3$ の原点に特異点が現れる．

- A_n 型 $(n \geq 1)$：$z^2 + x^2 + y^{n+1} = 0$．
- D_n 型 $(n \geq 4)$：$z^2 + y(x^2 + y^{n-2}) = 0$．
- E_6 型：$z^2 + x^3 + y^4 = 0$．
- E_7 型：$z^2 + x(x^2 + y^3) = 0$．
- E_8 型：$z^2 + x^3 + y^5 = 0$．

有理二重点の極小特異点解消の例外曲線の既約成分は全て自己交点数が -2 の非特異有理曲線であり，既約成分を頂点とし，二つの既約成分の交点数の数だけ対応する

頂点を線分で結んでできる双対図形が，それぞれ A_n, D_n, E_6, E_7, E_8 型のディンキン図形（図 1.1, 1.2）に一致する．上の定義式で項 z^2 を除いた残りの式は $\mathbb{C}^2$ の特異曲線を与える．z^2 を付け加えた定義式は，この特異曲線で分岐する $\mathbb{C}^2$ の二重被覆に有理二重点が現れることを意味する．

有理二重点は曲面の有限自己同型群による商曲面にも現れる．$\mathbb{C}^2$ への $GL(2,\mathbb{C})$ の自然な作用を考える．$G \subset GL(2,\mathbb{C})$ を有限部分群とし，G は原点だけを固定する場合を考える．このとき商 $\mathbb{C}^2/G$ は原点で特異点を持つが，$G \subset SL(2,\mathbb{C})$ であるならば $\mathbb{C}^2/G$ の特異点は有理二重点である．例えば G が $SL(2,\mathbb{C})$ の位数 n の巡回部分群ならば $\mathbb{C}^2/G$ は A_{n-1} 型の有理二重点を持つ．

定理 4.21 の証明で示したように，特異点を除いた開集合上の正則 2 形式が特異点解消にまで正則に拡張できる．このことは他の有理二重点でもなりたつ（例えば [BHPV]，第 III 章，命題 3.5，定理 7.2 参照）．この事実は後の議論でも用いられる．

問 4.23 クンマー曲面の特異点として現れた A の -1_A による商曲面の特異点は，注意 4.22 の A_1 型定義方程式で与えられるものに解析的に同型であることを示せ．

● **例 4.24** 2 次元複素トーラス A が二つの楕円曲線 E, F の直積 $E \times F$ に分解している場合を考える．位数 2 の自己同型 -1_A は，E, F それぞれの位数 2 の自己同型 $-1_E, -1_F$ の直積 $-1_A = (-1_E, -1_F)$ である．E, F の位数 2 の点をそれぞれ $\{p_1, \ldots, p_4\}$, $\{q_1, \ldots, q_4\}$ とすると，-1_A の固定点は 16 個の点 (p_i, q_j) である．$(E \times F)/\pm 1_A$ は 16 個の A_1 型有理二重点を持ち，特異点の解消により K3 曲面が得られることは定理 4.21 の証明と全く同じである．この K3 曲面を $\mathrm{Km}(E \times F)$ と表す．8 個の楕円曲線 $E \times \{q_j\}, \{p_i\} \times F$ はそれぞれ -1_A で不変であり，各楕円曲線上 -1_A は 4 点を固定点に持つ．よってこれら楕円曲線の $\mathrm{Km}(E \times F)$ 上への像は非特異有理曲線となる．以上から $\mathrm{Km}(E \times F)$ 上には 24 個の非特異有理曲線の存在が分かる．すなわち 16 個の点 (p_i, q_j) に対応した特異点の解消で現れる曲線 N_{ij}, $E \times \{q_j\}$ の像 E_j, $\{p_i\} \times F$ の像 F_i である（図 4.1 参照）．

問 4.25 例 4.24 において，射影 $E \times F \to F$ が引き起こす写像
$$\pi : \mathrm{Km}(E \times F) \to F/\{\pm 1_F\} = \mathbb{P}^1$$
は楕円曲面の構造を与えることを示し，その特異ファイバーを求めよ．

問 4.26 例 4.24 において与えた 24 個の非特異有理曲線が生成するネロン・セベリ格子の部分格子の階数を求めよ．

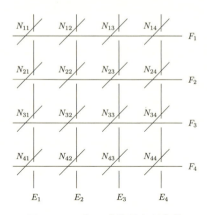

図 4.1 24 個の非特異有理曲線

問 4.27 例 4.24 において, $E \times F$ の自己同型 $(-1_E, 1_F)$ より引き起こされる $\mathrm{Km}(E \times F)$ の自己同型を τ とする. このとき τ の固定点集合を求めよ. また τ による商曲面 $\mathrm{Km}(E \times F)/\langle \tau \rangle$ は 16 個の例外曲線を含み, これらをブローダウンすることで $\mathbb{P}^1 \times \mathbb{P}^1$ が得られることを示せ.

4.4 種数 2 の曲線に付随したクンマー曲面

C を種数 2 のコンパクトリーマン面とする. C は超楕円曲線であり射影直線の二重被覆

$$y^2 = \prod_{i=0}^{5}(x - \xi_i) \tag{4.4}$$

で与えられる. ここで $x \in \mathbb{P}^1$ は非斉次座標とする. $p_i = (\xi_i, 0) \in C$ が二重被覆の 6 個の分岐点である. C のヤコビアンを $J(C)$ で表す. $J(C)$ は 2 次元アーベル多様体で, アーベルの定理より $J(C) = \mathrm{Pic}^0(C)$ と考えてよい. ここで $\mathrm{Pic}^0(C)$ は次数 0 の因子からなるピカール群の部分群である. 二重被覆 $C \to \mathbb{P}^1$ の被覆変換は $J(C)$ の位数 2 の自己同型 ι を引き起こし, 位数 2 の点

$$\mu_i = p_i - p_0 \ (0 \leq i \leq 5), \quad \mu_{ij} = p_i + p_j - 2p_0 \ (1 \leq i < j \leq 5)$$

がその固定点である. アーベル・ヤコビ写像による C の像およびそれらの μ_i,

4.4 種数 2 の曲線に付随したクンマー曲面

μ_{ij} による平行移動

$$\Theta = \{p - p_0 \in J(C) : p \in C\}, \quad \Theta_i = \Theta + \mu_i, \quad \Theta_{ij} = \Theta + \mu_{ij}$$

を**テータ因子** (theta divisor) と呼ぶ. Θ は 6 個の位数 2 の点 $\{\mu_i : 0 \leq i \leq 5\}$ を含んでいる. また Θ_i は $\{\mu_0, \mu_i, \mu_{ij} : j \neq 0, i\}$ を, Θ_{ij} は $\{\mu_i, \mu_j, \mu_{ij}, \mu_{kl} : k, l \neq 0, i, j\}$ を含んでいる. 逆に, 位数 2 の点 μ_i, μ_{ij} はそれぞれ 6 つのテータ因子 $\{\Theta, \Theta_i, \Theta_{ij} : j \neq 0, i\}$, $\{\Theta_i, \Theta_j, \Theta_{kl} : k, l \neq 0, i, j\}$ に含まれている. 添字 i, ij を, 混乱がない限り簡単に $\alpha, \beta, \gamma, \delta, \ldots$ などで表すこともある.

$J(C)$ の位数 2 の自己同型 ι は各テータ因子を保ち, その上の 6 個の位数 2 の点を固定するからテータ因子の ι による商は非特異有理曲線である. したがって $J(C)$ の商 $J(C)/\langle\iota\rangle$ を $\bar{X}$ で表すと, $\bar{X}$ は 16 個の位数 2 の点 μ_α に対応した 16 個の A_1 型有理二重点 n_α と Θ_α の像として 16 個の非特異有理曲線 $\bar{T}_\alpha$ を含んでいる. $\bar{X}$ の非特異極小モデルを X で表すと, X 上には 32 個の非特異有理曲線 N_α, T_α が存在する. ここで N_α は n_α 上の例外曲線, T_α は $\bar{T}_\alpha$ の狭義の引き戻しである. $\{N_\alpha\}$ および $\{T_\alpha\}$ はそれぞれ互いに交わらない 16 個の非特異有理曲線の集合であり, 上で述べた $\{\Theta_\alpha\}$ と $\{\mu_\beta\}$ の関係より, それぞれの集合の各元はもう一方の集合のちょうど 6 個の元と交わっている. このことを, 32 個の直線 ($\{N_\alpha\}, \{T_\alpha\}$) は (16_6)-configuration をなすともいう.

完備線形系 $|2\Theta|$ に付随した写像

$$\varphi_{|2\Theta|} : J(C) \to \mathbb{P}^3 \tag{4.5}$$

は 16 個の位数 2 の点で分岐する二重被覆であり, その像は $\mathbb{P}^3$ 内の 16 個の A_1 型有理二重点を持つ 4 次曲面 $\bar{X}$ である. n_α が 16 個の二重点であり, $\bar{T}_\alpha$ は 2 次曲線である. 16 個の特異点の一つ n_α を固定し, n_α からの射影

$$\mathbb{P}^3 \setminus \{n_\alpha\} \to \mathbb{P}^2$$

を考える. n_α は $\bar{X}$ の二重点であり, $\bar{X}$ は 4 次曲面であるから n_α を通る直線と $\bar{X}$ は n_α 以外の 2 点と交わる. このことから射影は二重被覆

$$\pi : \bar{X} \to \mathbb{P}^2$$

を引き起こすことが分かる．簡単のため $n_\alpha = n_0$ とする．このとき $\bar{T}_i$ ($0 \leq i \leq 5$) の π による像は直線 L_i であり，L_i と L_j は n_{ij} の像で交わっている．n_0 の像が各 L_i に接する 2 次曲線となる．X, $\bar{X}$ をそれぞれ種数 2 の曲線 C に付随した**クンマー曲面**，**クンマー 4 次曲面**と呼び，$X = \mathrm{Km}(C)$ と表す．

$\mathrm{Km}(C)$ は 19 世紀から 20 世紀初等にかけて盛んに研究され，豊かな構造を持っていることが知られている．以下，その一端を紹介する．

$\mathbb{P}^5$ の斉次座標を $(X_0, X_1, X_2, X_3, X_4, X_5)$ とし，

$$Q_1 : \sum_{i=0}^{5} X_i^2 = 0, \quad Q_2 : \sum_{i=0}^{5} \xi_i X_i^2 = 0, \quad Q_3 : \sum_{i=0}^{5} \xi_i^2 X_i^2 = 0 \tag{4.6}$$

とする．ここで $\xi_0, \ldots, \xi_5$ は相異なる複素数とする．このとき $Y = Q_1 \cap Q_2 \cap Q_3$ は非特異で，$K3$ 曲面である（例 4.1）．

問 4.28 $Y = Q_1 \cap Q_2 \cap Q_3$ は非特異であることを示せ．

一方，上で述べた式 (4.4) で定義される種数 2 の曲線 C に付随したクンマー曲面 $\mathrm{Km}(C)$ が考えられる．実は Y と $\mathrm{Km}(C)$ は同型であることが知られている（Griffiths-Harris [GH] 最終章）．また三つの 2 次超曲面 Q_1, Q_2, Q_3 で生成される 2 次超曲面の族

$$\mathcal{Q} = \{Q_{(x,y,z)} \ : \ Q_{(x,y,z)} = xQ_1 + yQ_2 + zQ_3\}_{(x,y,z) \in \mathbb{P}^2}$$

が定まるが，$\mathcal{Q}$ の元で特異なもの，すなわち対応する 6 次対称行列の階数が 6 より小さくなるもの全体を

$$D = \{(x,y,z) \in \mathbb{P}^2 \ : \ \det(Q_{(x,y,z)}) = 0\}$$

とすると，D は

$$\prod_{i=0}^{5}(x + \xi_i y + \xi_i^2 z) = 0$$

で与えられる $\mathbb{P}^2$ の 6 次曲線になる．明らかに D は 6 個の直線

$$\ell_i : x + \xi_i y + \xi_i^2 z = 0$$

の和である．ここで直線 ℓ_i は 2 次曲線 $4xz - y^2 = 0$ に点 $(\xi_i^2, -2\xi_i, 1)$ で接している．D で分岐する $\mathbb{P}^2$ の二重被覆は D の 15 個の二重点上で特異点を持つが，その特異点解消を Z とすると，Z は K3 曲面になる（例 4.1，注意 4.22）．一般に $\mathbb{P}^2$ の 6 直線で分岐する二重被覆の非特異極小モデルとして得られる K3 曲面は，6 直線に接する 2 次曲線が存在するときクンマー曲面であることが知られている．今の場合，Z はクンマー曲面 $\mathrm{Km}(C)$ に同型であることも知られている．

これまでに述べてきたように，クンマー曲面は豊かな幾何的構造を持っているが，これだけではない．もともとクンマー曲面は 19 世紀に直線の幾何から発見された．このことを簡単に紹介しておく．$\mathbb{P}^3$ 内の直線全体を $G = G(1,3)$ と表す．G はグラスマン多様体である．$\mathbb{P}^3$ の直線 ℓ はその上の相異なる 2 点 $(u_1, u_2, u_3, u_4), (v_1, v_2, v_3, v_4)$ で決まる．行列

$$\begin{pmatrix} u_1 & u_2 & u_3 & u_4 \\ v_1 & v_2 & v_3 & v_4 \end{pmatrix}$$

の i 列と j 列を取り出してできる 2 次小行列式 p_{ij} を並べることで $\mathbb{P}^5$ の点

$$(X_0, X_1, X_2, X_3, X_4, X_5) = (p_{12}, p_{13}, p_{14}, p_{34}, p_{42}, p_{23})$$

が定まるが，これは ℓ 上の 2 点の取り方にはよらずに定まり，関係式

$$X_0 X_3 + X_1 X_4 + X_2 X_5 = 0 \tag{4.7}$$

を満たす．$(p_{12}, p_{13}, p_{14}, p_{34}, p_{42}, p_{23})$ を ℓ の**プリュッケ座標** (Plücker coordinates) と呼ぶ．

問 4.29 プリュッケ座標は ℓ 上の 2 点の取り方にはよらず定まること，および関係式 (4.7) を満たすことを示せ．

グラスマン多様体 G は $\mathbb{P}^5$ の式 (4.7) で与えられる非特異 2 次超曲面として実現される．ここで別の非特異な $\mathbb{P}^5$ の 2 次超曲面 Q で $G \cap Q$ が非特異であるものを考える．この場合，座標を取り代えることで $G = Q_1, Q = Q_2$ とできる（例えば満渕・向井 [MM]，6 節）．ここで Q_1, Q_2 は式 (4.6) で与えた形

の 2 次超曲面である．$G \cap Q$ は古典的には Quadratic line complex[1] と呼ばれた．点 $p \in \mathbb{P}^3$ を通る直線全体を $\sigma(p)$ とすると，$\sigma(p) \subset G \subset \mathbb{P}^5$ は 2 次元部分空間であり，
$$\sigma(p) \cap G \cap Q = \sigma(p) \cap Q$$
は $\sigma(p)$ ($\cong \mathbb{P}^2$) 内の 2 次曲線である．実は
$$\bar{X} = \{p \in \mathbb{P}^3 \ : \ \det(\sigma(p) \cap Q) = 0\},$$
すなわち，写像 (4.5) の像として与えられる $\mathbb{P}^3$ 内の 4 次曲面 $\bar{X}$ は，2 次曲線 $\sigma(p) \cap Q$ が二直線に分解する p の全体に一致する．$\sigma(p)$ の代わりに，$\mathbb{P}^3$ 内の平面 h を取り，h に含まれる直線の全体を $\sigma(h)$ とすると，$\bar{X}$ の双対
$$\bar{X}^* = \{h \in (\mathbb{P}^3)^* \ : \ \det(\sigma(h) \cap Q) = 0\}$$
も定義され，$\bar{X}$ 自身に射影同型となる．$\bar{X}, \bar{X}^*$ は共に 16 個の A_1 型有理二重点を持つ．これら 16 個の特異点はそれぞれ $\sigma(p) \cap Q$, $\sigma(h) \cap Q$ が二重直線となるときに対応している．クンマー曲面 $\mathrm{Km}(C)$ 上には 32 個の非特異有理曲線が存在し，互いに交わらない 16 個からなる二組に分けられたが，$\bar{X}$ は一組の 16 個の非特異有理曲線を 16 個の A_1 型有理二重点にブローダウンすることで，その双対 $\bar{X}^*$ は別の 16 個の非特異有理曲線を 16 個の A_1 型有理二重点にブローダウンすることで得られている．詳細は Griffiths-Harris [GH] の最終章を見られたい．

4.5　2 次元複素トーラスのトレリ型定理

後の章においてクンマー曲面のトレリ型定理について述べるが，その証明は 2 次元複素トーラスの場合に帰着させるものである．そのためにここで 2 次元複素トーラスの場合のトレリ型定理を準備しておく．

2 次元複素ベクトル空間 $V = \mathbb{C}^2$ の元 v_1, v_2, v_3, v_4 で $\mathbb{R}$ 上一次独立であるものを取り，それらが生成する階数 4 の自由アーベル群を Γ とする．Γ は V

---

[1] 適当な訳が見当たらないので訳さずそのままにした．

の離散部分群で平行移動により V に作用しており，商 $A = V/\Gamma$ にはアーベル群の構造とともに 2 次元複素多様体の構造が入る．A を複素トーラスと呼んだ．Γ の双対 $\mathrm{Hom}(\Gamma, \mathbb{Z})$ を Γ^* で表す．$\pi_1(A) = \Gamma$ であり，そのアーベル化が 1 次のホモロジー群であるので $H_1(A, \mathbb{Z}) = \Gamma$ となる．普遍係数定理より $H^1(A, \mathbb{Z}) \cong \Gamma^*$ を得る．さらに分解 $A \cong (S^1)^4$ に関する Künneth 公式より

$$H^2(A, \mathbb{Z}) \cong \wedge^2(\Gamma^*), \quad H^4(A, \mathbb{Z}) \cong \wedge^4(\Gamma^*)$$

が従う（Mumford [Mum] 参照）．Γ の基底 $\{v_1, v_2, v_3, v_4\}$ に対し，その双対基底を $\{u^1, u^2, u^3, u^4\}$ とする．$u^i(v_j) = \delta_{ij}$ である．$u^{ij} = u^i \wedge u^j$ とすると $\{u^{ij} : 1 \leq i < j \leq 4\}$ が $H^2(A, \mathbb{Z})$ の基底である．カップ積により格子の構造

$$\langle\,,\,\rangle : H^2(A, \mathbb{Z}) \times H^2(A, \mathbb{Z}) \to H^4(A, \mathbb{Z}) \cong \mathbb{Z}$$

が入る．ここで同型 $H^4(A, \mathbb{Z}) \cong \mathbb{Z}$ は複素多様体の自然な向きづけによるものである．これは同型写像

$$\alpha : \wedge^4(\Gamma^*) \to \mathbb{Z} \tag{4.8}$$

を一つ定めることで，$\wedge^2(\Gamma^*)$ 上に $\langle u, u' \rangle = \alpha(u \wedge u')$ によって定まる格子の構造

$$\langle\,,\,\rangle : \wedge^2(\Gamma^*) \times \wedge^2(\Gamma^*) \to \mathbb{Z}$$

を与えることに，符号を除き対応している．以下，基底 $\{u^1, u^2, u^3, u^4\}$ は

$$\langle u^{12}, u^{34} \rangle = 1 \tag{4.9}$$

を満たしているものとする．このとき双線形形式 $\langle\,,\,\rangle$ の基底

$$\{u^{12}, u^{13}, u^{14}, u^{34}, u^{42}, u^{23}\} \tag{4.10}$$

に関する行列は

$$\begin{pmatrix} 0 & I_3 \\ I_3 & 0 \end{pmatrix} \tag{4.11}$$

で与えられる．ここで I_3 は 3 次単位行列である．

定義 4.30 A, A' を複素トーラスとする．格子の同型写像

$$\phi : H^2(A, \mathbb{Z}) \to H^2(A', \mathbb{Z})$$

の**行列式** $\det(\phi)$ を次のように定める．$H^2(A, \mathbb{Z}), H^2(A', \mathbb{Z})$ のそれぞれの基底を (4.9) を満たすように選んでおき，これらの基底に関する ϕ の行列の行列式として $\det(\phi)$ を定義する．この行列は整数を成分とする正則行列で，その逆行列も整数を成分とするから $\det(\phi) = \pm 1$ である．$\det(\phi)$ は (4.9) を満たす基底の取り方にはよらず定まる．

次に，$\det(\phi)$ の値による ϕ の特徴付けを与える．k を有理数体 $\mathbb{Q}$ または有限体 $\mathbb{F}_2$ とし，$\Gamma^* \otimes k$ を簡単に Γ_k^* と表す．$\wedge^2(\Gamma_k^*)$ の部分空間 W が**等方的** (isotropic) であるとは 2 次形式 $Q(x) = \langle x, x \rangle$ を W に制限したものが恒等的に 0 であるときをいう．$\wedge^2(\Gamma_k^*)$ の符号が $(3, 3)$ であるから，等方的な部分空間の次元は 3 以下である．例えば $\{u^{12}, u^{13}, u^{14}\}$, $\{u^{34}, u^{42}, u^{23}\}$ はそれぞれ 3 次元等方的部分空間を生成する．

3 次元射影空間 $\mathbb{P}(\Gamma_k^*)$ の直線全体のなすグラスマン多様体を $G(1, 3)$ と表す．$G(1, 3)$ はプリュッケ埋め込み

$$G(1, 3) \to \mathbb{P}(\wedge^2(\Gamma_k^*))$$

により，$\mathbb{P}(\wedge^2(\Gamma_k^*))$ の 2 次超曲面 $\{x : Q(x) = 0\}$ に同型である（式 (4.7) 参照）．さて $G(1, 3)$ は $\wedge^2(\Gamma_k^*)$ の 3 次元等法的部分空間に対応した平面を含んでいるが，$G(1, 3)$ に含まれる平面全体は二つの族からなる（より一般の事実は Griffiths-Harris [GH] の第 6 章を参照のこと）．すなわち射影空間 $\mathbb{P}(\Gamma_k^*)$ の 1 点 p を通る直線全体がなす平面

$$\pi_p = \{\ell \subset \mathbb{P}(\Gamma_k^*) : \ell \text{ は直線}, p \in \ell\}$$

および $\mathbb{P}(\Gamma_k^*)$ の平面 H 上の直線全体がなす平面

$$\pi_H = \{\ell \subset \mathbb{P}(\Gamma_k^*) : \ell \text{ は直線}, \ell \subset H\}$$

である．例えば $\{u^{12}, u^{13}, u^{14}\}$ が生成する 3 次元等方的部分空間は点 $ku^1 \in \mathbb{P}(\Gamma_k^*)$ を通る直線全体に対応している．この族の平面は

$$u \wedge \Gamma_k^* \quad (u \in \Gamma_k^*) \tag{4.12}$$

の形に表せる．また $\{u^{34}, u^{42}, u^{23}\}$ が生成する 3 次元等方的部分空間は u^2, u^3, u^4 が張る $\mathbb{P}(\Gamma_k^*)$ の平面上の直線全体に対応している．格子 $\wedge^2 \Gamma^*$ の同型写像として基底 (4.10) のうち u^{12} と u^{34} を入れ替え，残りは固定するものを考えると，この同型写像は二つの平面の族を入れ替える．これは同型写像に対応する行列の行列式が -1 であることに対応している．まとめると次を得る．

補題 4.31 Γ, Γ' を階数 4 の自由アーベル群とし，格子の同型写像 $\phi: \wedge^2 \Gamma^* \to \wedge^2 (\Gamma')^*$ が与えられているとする．ϕ の行列式 $\det(\phi)$ が $+1$ のとき二つの平面の族をそれぞれ保ち，-1 のとき族を入れ替える．

次の補題はクンマー曲面のトレリ型定理の証明において鍵となるものである．

補題 4.32 Γ, Γ' を階数 4 の自由アーベル群とし，格子の同型

$$\phi: \wedge^2 \Gamma^* \to \wedge^2 (\Gamma')^*$$

が与えられているとする．このとき次は同値である．

(1) $\det(\phi) = 1$．
(2) 同型写像 $\psi: \Gamma^* \to (\Gamma')^*$ で $\phi = \pm \psi \wedge \psi$ を満たすものが存在する．
(3) 同型写像 $\psi_2: \Gamma^* \otimes \mathbb{F}_2 \to (\Gamma')^* \otimes \mathbb{F}_2$ で $\phi \bmod 2 = \psi_2 \wedge \psi_2$ を満たすものが存在する．

証明 (1) から (2) を示す．仮定から $\phi \otimes \mathbb{Q}$ は二つの平面の族をそれぞれ保っている（補題 4.31）．(4.12) の形の平面を保つことに注意し，点 $\mathbb{Q}u \in \mathbb{P}(\Gamma_\mathbb{Q}^*)$ を通る直線全体が ϕ によって点 $\mathbb{Q}\bar{\psi}(u) \in \mathbb{P}((\Gamma')_\mathbb{Q}^*)$ を通る直線全体に写るとすれば，これから全単射

$$\bar{\psi} : \mathbb{P}(\Gamma_{\mathbb{Q}}^*) \to \mathbb{P}((\Gamma')_{\mathbb{Q}}^*)$$

を得る.別の点 $\mathbb{Q}u'$ を通る直線全体が ϕ によって $\mathbb{Q}\bar{\psi}(u')$ を通る直線全体に写るから,$\mathbb{Q}u$ と $\mathbb{Q}u'$ を通る $\mathbb{P}(\Gamma_{\mathbb{Q}}^*)$ の直線 $\ell_{uu'}$ は ϕ によって $\bar{\psi}(u)$ と $\bar{\psi}(u')$ を通る $\mathbb{P}((\Gamma')_{\mathbb{Q}}^*)$ の直線 $\ell_{\bar{\psi}(u)\bar{\psi}(u')}$ に写される.結局,$\bar{\psi}$ は $\mathbb{P}(\Gamma_{\mathbb{Q}}^*)$ の直線を $\mathbb{P}((\Gamma')_{\mathbb{Q}}^*)$ の直線に写す.射影空間の間の全単射が直線を直線に写していればそれは射影変換であることは,射影変換の特徴付けとして知られている(例えば河田 [Ka], §5.2 参照).このようにして $\bar{\psi}$ は同型写像

$$\psi : \Gamma_{\mathbb{Q}}^* \to (\Gamma')_{\mathbb{Q}}^*$$

から引き起こされている.このとき ψ の定義より

$$\phi(u \wedge \Gamma_{\mathbb{Q}}^*) = \psi(u) \wedge \Gamma_{\mathbb{Q}}^* \quad (u \in \Gamma_{\mathbb{Q}}^*)$$

がなりたち,

$$\phi \otimes \mathbb{Q} = \lambda \psi \wedge \psi \quad (\lambda \in \mathbb{Q})$$

を得る.単因子論より Γ^* の基底 e_1, e_2, e_3, e_4 および $(\Gamma')^*$ の基底 e'_1, e'_2, e'_3, e'_4 で,$\psi(e_i) = d_i e'_i$, $d_i \in \mathbb{Q}$ ($1 \leq i \leq 4$) を満たすものが存在する.必要ならば ψ を何倍かすることで,d_i は整数でそれらの最大公約数は 1 としてよい.このとき $\phi(e_i \wedge e_j) = \lambda d_i d_j e'_i \wedge e'_j$ であるが,ϕ は同型写像であったから $\lambda d_i d_j = \pm 1$ が従う.$d_1, \ldots, d_4$ の最大公約数は 1 であるから,$d_i = \pm 1$, $\lambda = \pm 1$ がなりたち,ψ が求めるものである.

(2) から (3) は自明である.(3) から (1) を示す.そのためには (4.12) の形の平面を保つことを示せばよい.それには mod 2 で考えれば十分であるが,条件 (3) よりこのことはなりたち,(1) が従う.□

注意 4.33 補題 4.32 の (2) の ψ は符号を除き一意的に定まる.実際,$\phi = \pm \psi \wedge \psi = \pm \psi' \wedge \psi'$ とすると,任意の直線 $\ell \subset \mathbb{P}(\Gamma_{\mathbb{Q}})$ に対し $\psi(\ell) = \psi'(\ell)$ がなりたつ.直線の交わりを考えれば $\psi = c\psi'$, $c \in \mathbb{Q}$ がなりたつ.$c^2 = \pm 1$ に注意すれば $c = \pm 1$ が従う.

複素トーラスのトレリ型定理を述べるために,複素トーラスのホッジ構造に関する事実を述べておく(例えば Mumford [Mum] 参照).$A = V/\Gamma$ を複素トーラスとする.

命題 4.34 次がなりたつ.

(1) $H^1(A, \mathbb{C}) \cong H^0(A, \Omega_A^1) \oplus H^1(A, \mathcal{O}_A)$.
(2) $H^0(A, \Omega_A^1) \cong V^* = \mathrm{Hom}_\mathbb{C}(V, \mathbb{C})$.
(3) $H^2(A, \mathbb{C}) \cong H^0(A, \Omega_A^2) \oplus H^1(A, \Omega_A^1) \oplus H^2(A, \mathcal{O}_A)$.
(4) $H^0(A, \Omega_A^2) \cong \mathbb{C}$.

ここで $\gamma \in H_1(A, \mathbb{Z})$ に対し,

$$\gamma : H^0(A, \Omega_A^1) \to \mathbb{C}, \quad \omega \to \int_\gamma \omega$$

により, $\Gamma = H_1(A, \mathbb{Z})$ を $H^0(A, \Omega_A^1)^*$ の部分群とみなせ, 同型

$$V/\Gamma \cong H^0(A, \Omega_A^1)^*/\Gamma$$

を得る.

定理 4.35 (**2 次元複素トーラスのトレリ型定理**) $A = V/\Gamma$, $A' = V'/\Gamma'$ を二つの複素トーラスとし, 格子の同型

$$\phi : H^2(A, \mathbb{Z}) \to H^2(A', \mathbb{Z})$$

で次の条件を満たすものが与えられているとする.

(i) $(\phi \otimes \mathbb{C})(H^0(A, \Omega_A^2)) = H^0(A', \Omega_{A'}^2)$,
(ii) 同型写像 $\psi_2 : \Gamma^* \otimes \mathbb{F}_2 \to (\Gamma')^* \otimes \mathbb{F}_2$ で $\phi \bmod 2 = \psi_2 \wedge \psi_2$ を満たすものが存在する.

このとき複素多様体の同型写像 $\varphi : A' \to A$ で $\varphi^* = \pm \phi$ を満たすものが存在する.

証明 補題 4.32 より同型写像 $\psi : H^1(A, \mathbb{Z}) \to H^1(A', \mathbb{Z})$ で $\phi = \pm \psi \wedge \psi$ を満たすものが符号を除き一意的に存在する (補題 4.32, 注意 4.33). ψ は同型写像 $\psi_\mathbb{C} : H^1(A, \mathbb{C}) \to H^1(A', \mathbb{C})$ を引き起こすが, これがホッジ分解を保つ

こと，すなわち
$$\psi_{\mathbb{C}}(H^0(A, \Omega_A^1)) = H^0(A, \Omega_{A'}^1)$$
を示す． $H^0(A, \Omega_A^1)$ の基底を ω_1, ω_2 とし
$$\psi_{\mathbb{C}}(\omega_1) = \eta_1 + \bar{\tau}_1, \quad \psi_{\mathbb{C}}(\omega_2) = \eta_2 + \bar{\tau}_2$$
と表す．ここで $\eta_1, \eta_2, \tau_1, \tau_2 \in H^0(A, \Omega_{A'}^1)$ である．このとき
$$\pm\phi_{\mathbb{C}}(\omega_1 \wedge \omega_2) = \psi_{\mathbb{C}}(\omega_1) \wedge \psi_{\mathbb{C}}(\omega_2) = \eta_1 \wedge \eta_2 + \eta_1 \wedge \bar{\tau}_2 - \eta_2 \wedge \bar{\tau}_1 + \bar{\tau}_1 \wedge \bar{\tau}_2$$
であるが，$\phi_{\mathbb{C}}$ は正則 2 形式を保つから，
$$\eta_1 \wedge \bar{\tau}_2 - \eta_2 \wedge \bar{\tau}_1 = 0, \quad \bar{\tau}_1 \wedge \bar{\tau}_2 = 0$$
が従う．もし $\tau_1 \neq 0$ とすると $\tau_2 = a\tau_1$, $a \in \mathbb{C}$ を得る．よって $\bar{a}\eta_1 = \eta_2$ が従う．これは $\phi_{\mathbb{C}}(\omega_1 \wedge \omega_2) = 0$ を意味し，ϕ が同型であったことに矛盾する．このようにして $\tau_1 = 0$ を得る．同様にして $\tau_2 = 0$ がなりたち，同型
$$\psi_{\mathbb{C}} : H^0(A, \Omega_A^1) \to H^0(A', \Omega_{A'}^1)$$
が得られる．これから同型
$$\varphi : A' = H^0(A', \Omega_{A'}^1)^*/H_1(A', \mathbb{Z}) \to A = H^0(A, \Omega_A^1)^*/H_1(A, \mathbb{Z})$$
が引き起こされ，構成方法より $\varphi^* = \pm\phi$ が従う．□

注意 4.36 E, F を楕円曲線とし，$A = E \times F$ とする．さらに A のネロン・セベリ格子が $e = E \times \{0\}$, $f = \{0\} \times F$ で生成されていると仮定する．このとき E と F は同型ではない．もし同型ならば，同型写像のグラフが定めるネロン・セベリ格子の元 d は e, f とは独立であり，仮定に反する．e, f はユニモジュラー格子 $H^2(A, \mathbb{Z}) \cong U^{\oplus 3}$ の原始的な部分格子 U を生成し，その直交補空間を N とすると，U がユニモジュラーより $H^2(A, \mathbb{Z}) \cong U \oplus N$ がなりたつ．いま，格子の同型写像 $\phi : H^2(A, \mathbb{Z}) \to H^2(A, \mathbb{Z})$ を
$$\phi(e) = f, \quad \phi(f) = e, \quad \phi|N = 1_N$$
と定める．このとき ϕ は A の同型からは引き起こされていない．もし引き起こされていれば，E と F の間の同型を引き起こし，E と F が同型でないことに反する．この場合，$\det(\phi) = -1$ であり，定理 4.35 の条件 (ii) を満たしていない（補題 4.32）．

問 4.37 上の注意において, E と F が同型のとき, 同型写像の定めるネロン・セベリ格子の元 d は e, f とは独立であることを示せ.

注意 4.38 Piatetski-Shapiro, Shafarevich [PS] の論文では, 複素トーラスのトレリ型定理 4.35 の条件 (ii) が明確に書かれていない. この指摘は M. Rapoport と塩田徹治によってなされた. 本節の 2 次元複素トーラスのトレリ型定理は塩田 [Shi] による. 本書では Beauville [Be3] も参考にした.

第5章 ◇ IV 型有界対称領域と複素構造の変形

本章では，まず楕円曲線の周期領域として現れる上半平面について復習し，上半平面の一つの一般化として IV 型有界対称領域を導入する．IV 型有界対称領域は偏極 $K3$ 曲面の周期領域として現れるものである．後半では，$K3$ 曲面の周期写像の定義において必要となる，コンパクト複素多様体の変形理論の紹介を行う．

5.1 IV 型有界対称領域

5.1.1 上半平面

複素数 z に対し，その虚部を $\mathrm{Im}(z)$ で表す．いま，

$$H^+ = \{\tau \in \mathbb{C} : \mathrm{Im}(\tau) > 0\} \subset H = \{\tau \in \mathbb{C} : \mathrm{Im}(\tau) \neq 0\}$$

とおき，H^+ を上半平面 (upper half-plane) と呼ぶ．H^+ は複素多様体である．

$$\mathrm{GL}(2,\mathbb{Z}) = \left\{\begin{pmatrix} a & b \\ c & d \end{pmatrix} : a,b,c,d \in \mathbb{Z}, \ ad-bc = \pm 1\right\},$$

$$\mathrm{SL}(2,\mathbb{Z}) = \left\{\begin{pmatrix} a & b \\ c & d \end{pmatrix} \in \mathrm{GL}(2,\mathbb{Z}) : ad-bc = 1\right\}$$

とすると，群 $\mathrm{SL}(2,\mathbb{Z})$, $\mathrm{GL}(2,\mathbb{Z})$ はそれぞれ H^+, H に一次分数変換

$$\tau \to \frac{a\tau + b}{c\tau + d}$$

として真性不連続に作用している．商空間 $H^+/\mathrm{SL}(2,\mathbb{Z})$ には複素多様体の構造が入り，$\mathbb{C}$ に同型である．商空間はコンパクトではないが一点コンパクト化

$\mathbb{P}^1 = \mathbb{C} \cup \{\infty\}$ が存在する．このコンパクト化を以下のように考える．まず上半平面 H^+ はケーリー (Cayley) 変換

$$\tau \to z = \frac{\tau - \sqrt{-1}}{\tau + \sqrt{-1}}$$

により開円板

$$\mathcal{D} = \{z \in \mathbb{C} : |z| < 1\}$$

に双正則に写る．$\sqrt{-1}$ が原点に写り，$\mathrm{Im}(\tau) \to \infty$ のとき $z \to 1$ となる．上半平面の境界である実軸が D の境界 $|z| = 1$ から $\{1\}$ を除いた部分に写る．$\mathrm{SL}(2, \mathbb{Z})$ の作用に関して実軸上の有理数点および $\mathrm{Im}(\tau) = \infty$ が一つの軌道をなしている．集合 $H^+ \cup \mathbb{Q} \cup \{\infty\}$ に，次のように位相を定める．∞ の閉近傍としては $\{\tau : \mathrm{Im}(\tau) \geq k\}$ $(k > 0)$ を考える．有理数点 x の閉近傍としては x で実軸に接する円板 $|\tau - (x + \sqrt{-1}k)| \leq k$ を採用する．このとき $H^+ \cup \mathbb{Q} \cup \{\infty\}$ の $\mathrm{SL}(2, \mathbb{Z})$ の作用による商として $\mathbb{P}^1$ が得られている．

問 5.1 ∞ の閉近傍 $\{\tau : \mathrm{Im}(\tau) \geq k\}$ はケーリー変換でどのような集合に写るか答えよ．

偏極 $K3$ 曲面の周期理論には上半平面の一般化である符号 $(2, n)$ の格子に付随した IV 型有界対称領域と呼ばれるものが現れる．まず H^+ を符号 $(2, 1)$ の格子から構成しておく．

符号が $(2, 1)$ の格子 $L = \langle 2 \rangle \oplus U$ を考える．ここで $\langle 2 \rangle$ は長さ 2 の元で生成される階数 1 の格子である．$\langle 2 \rangle$ の基底 e_1，U の基底 e_2, e_3 を一組とる．$e_1^2 = 2$, $e_2^2 = e_3^2 = 0, \langle e_2, e_3 \rangle = 1$ とする．$L \otimes \mathbb{C}$ の元を $z = z_1 e_1 + z_2 e_2 + z_3 e_3$ と表し，射影平面 $\mathbb{P}(L \otimes \mathbb{C}) = \mathbb{P}^2$ の部分集合 $\Omega(L)$ を

$$\Omega(L) = \{z \in \mathbb{P}(L \otimes \mathbb{C}) : \langle z, z \rangle = 0, \langle z, \bar{z} \rangle > 0\} \tag{5.1}$$

と定める．ここでは簡単のため，同じ z で $L \otimes \mathbb{C}$ の点および対応する $\mathbb{P}(L \otimes \mathbb{C})$ の点を表している．$\Omega(L)$ は $\mathbb{P}^2$ 内の非特異な 2 次曲線の開集合である．定義式 (5.1) は座標を用いれば

$$\langle z, z \rangle = 2z_1^2 + 2z_2 z_3 = 0, \quad \langle z, \bar{z} \rangle = 2|z_1|^2 + z_2 \bar{z}_3 + \bar{z}_2 z_3 > 0$$

と表せる. $z \in \Omega(L)$ ならば $z_3 \neq 0$ であることに注意すると, $z_3 = 1$ としてよい. 得られた二つの式

$$z_1^2 + z_2 = 0, \quad |z_1|^2 + \mathrm{Re}(z_2) > 0$$

から z_2 を消去することで $\mathrm{Im}(z_1)^2 > 0$ すなわち $\mathrm{Im}(z_1) \neq 0$ を得る. 結局, $\Omega(L)$ は $\mathbb{C}$ から実軸を除いた領域 H と同型である. 実軸上の有理数点 $z_1 = q/p$ $((p,q)=1)$ に対応するのは

$$\left(\frac{q}{p} : -\frac{q^2}{p^2} : 1 \right) \in \mathbb{P}(L \otimes \mathbb{C})$$

であり, 無限遠点には $(0:1:0)$ が対応している. これらは L の原始的, かつ等方的な元 $(pq, -q^2, p^2)$ $(p \neq 0)$ と $(0,1,0)$ に対応していることを注意しておく.

H の点 τ に対し $(\tau : -\tau^2 : 1) \in \Omega(L)$ が対応しているが, $\mathrm{GL}(2,\mathbb{Z})$ の H への作用は $\Omega(L)$ への作用

$$(\tau : -\tau^2 : 1) \to \left(\frac{a\tau+b}{c\tau+d} : -\left(\frac{a\tau+b}{c\tau+d}\right)^2 : 1 \right) \tag{5.2}$$

を引き起こす. ここで $\begin{pmatrix} a & b \\ c & d \end{pmatrix} \in \mathrm{GL}(2,\mathbb{Z})$ である. この式 (5.2) の右辺は

$$((ad+bc)\tau + ac\tau^2 + bd : -2ab\tau - a^2\tau^2 - b^2 : 2cd\tau + c^2\tau^2 + d^2)$$

に一致する. したがって $\mathrm{GL}(2,\mathbb{Z})$ の $\Omega(L)$ への作用は $\mathrm{O}(L)$ の元

$$\begin{pmatrix} ad+bc & -ac & bd \\ -2ab & a^2 & -b^2 \\ 2cd & -c^2 & d^2 \end{pmatrix} \tag{5.3}$$

の $\Omega(L)$ への自然な作用に一致している. さらに $\mathrm{SL}(2,\mathbb{Z})$ は $\Omega(L)$ の連結成分を保つことも容易に示すことができる.

問 5.2 式 (5.3) で与えた行列は $\mathrm{O}(L)$ の元であることを確かめよ.

5.1.2 IV 型有界対称領域

ここで上半平面の一般化を与える．L として符号が $(2, n)$ の格子を一つ取り，固定する．この場合にも定義式 (5.1) により $\Omega(L)$ を定めると，$\Omega(L)$ は $\mathbb{P}^{n+1}$ 内の 2 次超曲面の開集合であるが，格子が非退化より n 次元複素多様体である．$L \otimes \mathbb{Q}$ の基底

$$e_1, e_2, \ldots, e_n, e_{n+1}, e_{n+2}$$

を $z = \sum_{i=1}^{n+2} z_i e_i$, $z' = \sum_{i=1}^{n+2} z'_i e_i$ に対し

$$\langle z, z' \rangle = z_1 z'_1 - \sum_{i=2}^{n} z_i z'_i + z_{n+1} z'_{n+2} + z_{n+2} z'_{n+1}$$

と選んでおく．上半平面の場合と同様に，$z \in \Omega(L)$ ならば $z_{n+2} = 1$ と仮定してよい．定義式 (5.1) から z_{n+1} を消去し整頓すると $\Omega(L)$ は $\mathbb{C}^n$ 内の不等式

$$\mathrm{Im}(z_1)^2 - \sum_{i=2}^{n} \mathrm{Im}(z_i)^2 > 0$$

で定義される開集合であることが分かる．$\Omega(L)$ も $\mathrm{Im}(z_1)$ が正か負かで定まる二つの連結成分からなる．この連結成分の一つを $\mathcal{D}(L)$ と表し，**IV 型有界対称領域** (bounded symmetric domain of type IV) と，あるいはより詳しく IV_n 型と呼ぶ．$n = 1$ のときが上半平面である．

注意 5.3 有界対称領域の定義には格子 L を取る必要はなく，符号が $(2, n)$ の実 2 次形式を考えれば十分である．

注意 5.4 IV_n 型の他に古典的既約有界対称領域として $\mathrm{I}_{m,n}$ 型 ($n \geq m \geq 1$)，II_m 型 ($m \geq 2$), III_m 型 ($m \geq 1$) が存在する．それぞれ

$$\mathrm{I}_{m,n} = \{Z \ : \ Z \text{ は } (n, m) \text{ 型複素行列で } E_m - Z^* Z \text{ が正定値である }\},$$
$$\mathrm{II}_m = \{Z \ : \ Z \text{ は } m \text{ 次複素歪対称行列で } E_m - Z^* Z \text{ が正定値である }\},$$
$$\mathrm{III}_m = \{Z \ : \ Z \text{ は } m \text{ 次複素対称行列で } E_m - Z^* Z \text{ が正定値である }\}$$

で与えられる．ここで E_m は m 次単位行列，Z^* は Z の転置行列の複素共役とする．定義より次元の小さい場合には同型関係がある：

$$\mathrm{I}_{1,1} \cong \mathrm{III}_1 \cong \mathrm{IV}_1 \cong H^+.$$

さらに同型関係
$$\mathrm{III}_2 \cong \mathrm{IV}_3, \quad \mathrm{I}_{2,2} \cong \mathrm{IV}_4$$
が知られている．最初の同型はアーベル曲面 A の周期を $H^1(A,\mathbb{Z})$ 上のホッジ構造を使うか $H^2(A,\mathbb{Z}) = \wedge^2 H^1(A,\mathbb{Z})$ 上のそれを使うかに対応している（4.5節参照）．また $\mathrm{I}_{1,n}$ は**複素球** (complex ball)
$$\sum_{i=1}^{n} |z_i|^2 < 1$$
に他ならない．

さて，格子 L の直交群 $\mathrm{O}(L)$ は $\Omega(L)$ に作用するが，$\mathcal{D}(L)$ を保つ指数 2 の部分群を $\mathrm{O}(L)^+$ とする．$n=1$ の場合には $\mathrm{SL}(2,\mathbb{Z})$ に他ならない．$\mathrm{O}(L)^+$ の指数有限の部分群 Γ を一つ取る．Γ の $\mathcal{D}(L)$ への作用は真性不連続（定義 2.4）であることが知られている．これより商空間 $\mathcal{D}(L)/\Gamma$ はハウスドルフ空間である．ここで点 $a \in \mathcal{D}(L)$ の固定部分群
$$\Gamma_a = \{\gamma \in \Gamma \,:\, \gamma(a) = a\}$$
は有限群であることを直接確かめておく．まず $\mathrm{Re}(a), \mathrm{Im}(a)$ が生成する $L \otimes \mathbb{R}$ の部分空間 $E(a)$ が正定値であることが (4.2) と同様にして示される．L の符号が $(2,n)$ であったから，$L \otimes \mathbb{R}$ 内での $E(a)$ の直交補空間 $E(a)^\perp$ は負定値である．Γ_a は $E(a)$ および $E(a)^\perp$ を保つのでコンパクト群の部分群であるが，一方で Γ_a は離散群であるから有限群であることが従う．

さらに Γ_a の a の近傍への作用は座標を取り替えることで線形とできる．実際，$\gamma \in \Gamma_a$ が引き起こす a の接空間への線形な変換を γ' とするとき，
$$\sigma(z) = \frac{1}{|\Gamma_a|} \sum_{\gamma \in \Gamma_a} \gamma'^{-1} \gamma(z) \tag{5.4}$$
と定めると，σ は a の接空間に自明に作用し，$\sigma\gamma = \gamma'\sigma$ $(\gamma \in \Gamma_a)$ がなりたつ．

このようにして $\mathcal{D}(L)/\Gamma$ の a の像のまわりは有限群 $G \subset \mathrm{GL}(\mathbb{C}^n)$ の $\mathbb{C}^n$ への作用に関する商 $\mathbb{C}^n/G$ と同相である．さらに次がなりたつ．詳細は，例えば H. Cartan [Ca] を参照のこと．

命題 5.5 商空間 $\mathcal{D}(L)/\Gamma$ は正規複素解析空間である.

商空間 $\mathcal{D}(L)/\Gamma$ は，H^+/Γ がそうであったように，一般にはコンパクトでない．その標準的なコンパクト化として**ベイリー・ボレルのコンパクト化** (Baily-Borel's compactification) あるいは**佐武・ベイリー・ボレルのコンパクト化** (Satake-Baily-Borel's compactification) と呼ばれるものが存在する．付け加わる（有理的）境界成分は，上半平面のときと同様に，L の原始的で等方的な部分格子 T の射影化 $\mathbb{P}(T \otimes \mathbb{C})$ である．L の符号が $(2, n)$ より，$n \geq 2$ ならば，T は存在すれば階数は 1 または 2 であり，対応する境界成分は 1 点または上半平面である．$\mathcal{D}(L)$ と全ての（有理的）境界成分の和集合にある位相を入れ，その Γ による商空間に正規射影多様体の構造を定めたものが $\mathcal{D}(L)/\Gamma$ のベイリー・ボレルのコンパクト化である．

ベイリー・ボレルのコンパクト化の境界の余次元は高く，境界の特異点は複雑である．一方，このコンパクト化は $\mathcal{D}(L)$ 上の Γ に関する保型形式を用いて射影空間に埋め込むことができる．言い換えると，$\mathcal{D}(L)$ 上の Γ に関する保型形式のなす重みを次数とする次数付き環の斉次スペクトル (Proj) として得られる．したがって Γ にのみ依存しており，その意味で標準的に定まるコンパクト化である．

注意 5.6 ベイリー・ボレルのコンパクト化は以下の意味で極小のコンパクト化でもある．
$$\Delta = \{z \in \mathbb{C} : |z| < 1\}, \quad \Delta^* = \{z \in \mathbb{C} : 0 < |z| < 1\}$$
とする．このとき正則写像
$$f : \Delta \times \cdots \times \Delta \times \Delta^* \times \cdots \times \Delta^* \to \mathcal{D}(L)/\Gamma$$
は，それが局所的に $D(L)$ に持ち上げ可能ならば，正則写像
$$\bar{f} : \Delta \times \cdots \times \Delta \times \Delta \times \cdots \times \Delta \to \overline{\mathcal{D}(L)/\Gamma}$$
に拡張できる．ここで $\overline{\mathcal{D}(L)/\Gamma}$ はベイリー・ボレルのコンパクト化である．特に $\mathcal{D}(L)/\Gamma$ が非特異とし，その任意の非特異なコンパクト化 X で境界が正規交叉因子であるものを考える．このとき恒等写像 $\mathcal{D}(L)/\Gamma \to \mathcal{D}(L)/\Gamma$ は全射正則写像
$$X \to \overline{\mathcal{D}(L)/\Gamma}$$
に拡張される．

注意 5.7 上半平面 H^+ の一般化として III_m 型有界対称領域があることは注意 5.4 で述べたが,これは次数 m のジーゲル上半空間とも呼ばれ,$\mathfrak{H}_m$ と表される.$\mathfrak{H}_m$ は楕円曲線の高次元版である m 次元アーベル多様体の周期領域として現れる.$\text{SL}(2,\mathbb{Z})$ の一般化としてシンプレクティック群 $\text{Sp}(2m,\mathbb{Z})$ が真性不連続に作用し,それによる商 $\mathfrak{H}_m/\text{Sp}(2m,\mathbb{Z})$ は主偏極アーベル多様体のモジュライ空間である.この場合に,最初に標準的なコンパクト化を与えたのが佐武一郎 ([Sa]) であり,佐武のコンパクト化として知られている.これを一般の有界対称領域の算術的部分群による商空間に拡張したのがベイリーとボレル [BB] で,上の呼び名がついている.

5.2 複素構造の変形と小平・スペンサー写像

まず,コンパクト複素多様体の変形理論の概略を述べる.ここでは後に必要な滑らかな変形に話を限る.

定義 5.8 $\mathcal{Y}, B$ を連結な複素多様体,$\pi : \mathcal{Y} \to B$ を正則写像で二条件

(i) π は固有である,すなわちコンパクト集合 $K \subset B$ の逆像 $\pi^{-1}(K)$ はコンパクトである,

(ii) π のヤコビ行列 $J(\pi)$ の階数は $\dim B$ に一致する,

を満たすものとするとき,$\pi : \mathcal{Y} \to B$ を**複素解析族** (complex analytic family) と呼ぶ.$t \in B$ に対し $Y_t = \pi^{-1}(t)$ は $\mathcal{Y}$ の部分多様体であるが,$\mathcal{Y}$ を Y_t の**変形族** (deformation family) と呼ぶ.また $Y_{t'}$ ($t' \in B$) を Y_t の**変形** (deformation) と呼ぶ.

• **例 5.9** 楕円曲線の複素解析族を与える.$\tau \in H^+$ に対し,

$$\Gamma_\tau = \mathbb{Z} + \mathbb{Z}\tau, \quad E_\tau = \mathbb{C}/\Gamma_\tau$$

とする.$\Gamma = \mathbb{Z} \oplus \mathbb{Z}$ の $\mathbb{C} \times H^+$ 上への作用を

$$(m,n) : (z,\tau) \to (z+m+n\tau, \tau)$$

で定めると,Γ は固定点を持たない真性不連続な作用である.したがって商空

間 $\mathcal{E} = (\mathbb{C} \times H^+)/\Gamma$ は複素多様体で，射影が引き起こす

$$\pi : \mathcal{E} \to H^+$$

は複素解析族である．

- **例 5.10** 例 3.17 を考える．三条件 (3.6), (3.7), (3.8) を満たす τ のなす $\mathbb{C}^{21}$ の連結な開集合を N とする．$g(u), h(u)$ を τ の関数とも考え，$W \times N$ の部分多様体 $\mathcal{Y}$ を式 (3.5) で定めると，$\mathcal{Y} \to N$ は楕円的 $K3$ 曲面 Y_τ のなす複素解析族である．

コンパクト複素多様体の変形はその可微分多様体としての構造は変えない．すなわち次がなりたつ（例えば小平 [Kod3], 定理 2.3）．

定理 5.11 $\pi : \mathcal{Y} \to B$ を複素解析族とする．このとき $Y_t = \pi^{-1}(t)$ と $Y_{t'} = \pi^{-1}(t')$ $(t, t' \in B)$ は微分同相である．

$\pi : \mathcal{Y} \to B$ を複素解析族とし，ファイバー $Y_t = \pi^{-1}(t)$ 上の正則ベクトル場の芽のなす層を Θ_{Y_t} とする．$\dim B = m$ とし，$t \in B$ の近傍 U とその上の局所座標 $t = (t_1, \ldots, t_m)$ をとる．このとき条件 (ii) より $\pi^{-1}(U)$ の開被覆 $\{\mathcal{U}_i\}_{i \in I}$ とその上の局所座標を $\mathcal{U}_i = U_i \times U$, $(z_i, t) = (z_i^1, \ldots, z_i^n, t_1, \ldots, t_m)$ と取れ，$\mathcal{U}_i \cap \mathcal{U}_j$ 上では正則関数 f_{ij}^l を用いて

$$z_i^l = f_{ij}^l(z_j, t) \quad (l = 1, \ldots, n) \tag{5.5}$$

と表せる．

$$Y_t = \bigcup_{i \in I} Y_t \cap \mathcal{U}_i \cong \bigcup_{i \in I} U_i$$

であるから U_i は $t \in U$ によらず，U_i と U_j の貼り合わせ (5.5) が t に依存している．そこで

$$\theta_{ij}^\alpha = \sum_{l=1}^n \frac{\partial f_{ij}^l(z_j, t)}{\partial t_\alpha} \frac{\partial}{\partial z_i^l} \quad (\alpha = 1, \ldots, m)$$

とすると θ_{ij}^α は局所座標の取り方によらず（例えば [MK], 命題 3.1 を参照),

$$\theta_{ij}^\alpha \in H^0(U_i \cap U_j, \Theta_{Y_t})$$

である．$U_i \cap U_j \cap U_k$ 上で $z_i^l = f_{ij}^l(z_j, t) = f_{ik}^l(z_k, t) = f_{ik}^l(f_{kj}(z_j, t), t)$ であるが，これを微分することで

$$\frac{\partial f_{ij}^l}{\partial t_\alpha} = \frac{\partial f_{ik}^l}{\partial t_\alpha} + \sum_{p=1}^n \frac{\partial f_{ik}^l}{\partial z_k^p}\frac{\partial f_{kj}^p}{\partial t_\alpha}$$

を得る．よって

$$\theta_{ij}^\alpha = \sum_l \frac{\partial f_{ij}^l}{\partial t_\alpha}\frac{\partial}{\partial z_i^l} = \sum_l \frac{\partial f_{ik}^l}{\partial t_\alpha}\frac{\partial}{\partial z_i^l} + \sum_p \frac{\partial f_{kj}^p}{\partial t_\alpha}\frac{\partial}{\partial z_k^p} = \theta_{ik}^\alpha + \theta_{kj}^\alpha$$

がなりたつ．ここで $i = k$ とすると $\theta_{ii}^\alpha = 0$ を得る．したがって $U_i \cap U_j$ 上で $\theta_{ij}^\alpha = -\theta_{ji}^\alpha$ がなりたち，$\{\theta_{ij}^\alpha\}$ は 1 コサイクルである．

定義 5.12 $\{\theta_{ij}^\alpha\}$ が定めるコホモロジー類を

$$\frac{\partial Y_t}{\partial t_\alpha} \in H^1(Y_t, \Theta_{Y_t})$$

と表す．さらに

$$\frac{\partial}{\partial t} = \sum_{\alpha=1}^m a_\alpha \frac{\partial}{\partial t_\alpha} \in T_t(B) \quad (a_\alpha \in \mathbb{C})$$

に対し,

$$\frac{\partial Y_t}{\partial t} = \sum_{\alpha=1}^m a_\alpha \frac{\partial Y_t}{\partial t_\alpha}$$

と定め，Y_t の**無限小変形** (infinitesimal deformation) と呼ぶ．また $\rho_t(\frac{\partial}{\partial t}) = \frac{\partial Y_t}{\partial t}$ とおくことで得られる線形写像

$$\rho_t : T_t(B) \to H^1(Y_t, \Theta_{Y_t}) \tag{5.6}$$

を**小平・スペンサー写像** (Kodaira-Spencer map) と呼ぶ．

5.2 複素構造の変形と小平・スペンサー写像

定義 5.13 複素解析族 $\pi : \mathcal{Y} \to B$ が $t_0 \in B$ で **完備** (complete) であるとは, $Y = \pi^{-1}(t_0)$ の任意の変形族

$$\pi' : \mathcal{Y}' \to B', \quad Y = \pi'^{-1}(s_0), \quad s_0 \in B'$$

に対し, s_0 の近傍 $B'' \subset B'$ と正則写像 $f : B'' \to B$ で $f(s_0) = t_0$ となるものが存在して, 複素解析族 π' は π の f による引き戻し, すなわち π' はファイバー積 $\mathcal{Y} \times_B B''$ と同型であるときをいう.

次の二つの定理はそれぞれ [KS1], [KNS] による.

定理 5.14 $\pi : \mathcal{Y} \to B$ を複素解析族とする. ある点 $t \in B$ で小平・スペンサー写像 ρ_t が全射とする. このとき π は t で完備である.

定理 5.15 Y をコンパクト複素多様体で $H^2(Y, \Theta_Y) = 0$ とする. このとき Y の変形 $\pi : \mathcal{Y} \to B$, $Y = \pi^{-1}(t_0)$ で小平・スペンサー写像 $\rho_{t_o} : T_{t_0}(B) \to H^1(Y, \Theta_Y)$ が同型となるものが存在する.

ここで $K3$ 曲面の場合を考える.

命題 5.16 $K3$ 曲面 X の変形は $K3$ 曲面である.

証明 $K3$ 曲面 X の変形族 $\pi : \mathcal{X} \to \mathcal{B}$, $X = X_{t_0} = \pi^{-1}(t_0)$ $(t_0 \in B)$ を考える. 定理 5.11 より各ファイバー X_t の位相不変量は変わらないので $b_1(X_t) = b_1(X_{t_0}) = 0$ を得る. よって定理 3.5 から $p_g(X_t) = 1$, $q(X_t) = 0$ が従う. 一方, チャーン類 $c_1(X_{t_o}) \in H^2(X_{t_0}, \mathbb{Z})$ も変形で不変であるから $c_1(X_t) = c_1(X_{t_0}) = 0$ である. したがって $K_{X_t} = 0$ となり X_t は $K3$ 曲面である. □

X を $K3$ 曲面とし, $(U, z = (z_1, z_2))$ を X の局所座標とする. ω_X を X 上の正則 2 形式とすると, ω_X は至るところ 0 にはならず, 定数倍を除き一意的であった.

$$\omega_X = \frac{1}{2}\sum_{i,j=1}^{2} f_{ij}(z)dz_i \wedge dz_j \in \Gamma(U, \Omega_X^2), \quad f_{ij} = -f_{ji}$$

とすると，任意の $z \in U$ に対し $f_{ij}(z) \neq 0$ である．

$$\theta = \sum_{i=1}^{2} \theta_i(z)\frac{\partial}{\partial z_i} \in \Gamma(U, \Theta_X)$$

に対し，

$$\eta = \sum_{i,j=1}^{2} \theta_i f_{ij} dz_j$$

を対応させることで層の同型 $\Theta_X \cong \Omega_X^1$ を得る．特に

$$H^k(X, \Theta_X) \cong H^k(X, \Omega_X^1) \tag{5.7}$$

がなりたつ．

補題 5.17 $\dim H^0(X, \Theta_X) = \dim H^2(X, \Theta_X) = 0$, $\dim H^1(X, \Theta_X) = 20$.

証明 $h^{p,q}(X) = \dim H^q(X, \Omega_X^p)$ とすると，定義より $h^{1,0}(X) = h^{0,1}(X) = 0$, $h^{2,0}(X) = h^{0,2}(X) = 1$ である．セール双対性より $h^{1,2}(X) = h^{2,1}(X) = 0$ が従う．$h^{0,2}(X) + h^{1,1}(X) + h^{2,0}(X) = b_2(X) = 22$ より，$h^{1,1}(X) = 20$ であり，(5.7) より主張が従う．□

定理 5.14 と定理 5.15 より次を得る．

系 5.18 X を $K3$ 曲面とする．X は完備な複素解析族を変形族に持ち，その小平・スペンサー写像は同型である．

注意 5.19 $K3$ 曲面は完備な変形族を持つが，$H^0(X, \Theta_X) = 0$ より完備性の定義 5.13 における f は一意的であることも知られている（この場合，複素解析族は普遍的であるという）．また本書では必要最小限にとどめるため変形の底空間 B は非特異で写像 π は滑らかな場合だけ扱った．より詳しくは例えば [BHPV] を参照のこと．

● **例 5.20** 射影空間 $\mathbb{P}^n$ 内の次数 m の超曲面 S を考える．簡単のため $m \geq 3$ とする．S は $n+1$ 変数 $z_0, z_1, \ldots, z_n$ に関する次数 m の斉次多項式の零点集

5.2 複素構造の変形と小平・スペンサー写像

合である．次数 m の斉次多項式のなす $\mathbb{C}$ 上のベクトル空間の次元は，m 次の単項式 $z_0^{i_0}z_1^{i_1}\cdots z_n^{i_n}$ ($\sum_{k=0}^n i_k = m$) の個数 $\binom{n+m}{m}$ に一致する．定数倍の違いおよび射影変換群 $\mathrm{PGL}(n, \mathbb{C})$ で写り合うものは同一視することで，次数 m の超平面全体は $\binom{n+m}{m} - (n+1)^2$ 次元の族をなす．一方，$n=3, m=4$ の場合を除き

$$\dim H^1(S, \Theta_S) = \binom{n+m}{m} - (n+1)^2$$

であることが知られている（小平，スペンサー [KS2], II, Theorem 14.2）．$n=3, m=4$ の場合，S は K3 曲面である．4 次曲面は 19 次元の族をなすが，一方，補題 5.17 で見たように $\dim H^1(S, \Theta_S) = 20$ である．

最後に無限小変形 $\rho_t(\frac{\partial}{\partial t})$ のドルボー・コホモロジー類を使った表示を与えておく．Y をコンパクト複素多様体，$\pi: \mathcal{Y} \to B$ を複素解析族で $\pi^{-1}(t_0) = Y_{t_0} = Y$ とし，開被覆 $\{\mathcal{U}_i\}_{i \in I}$ とその上の局所座標を $\mathcal{U}_i = U_i \times U$, $(z_i, t) = (z_i^1, \ldots, z_i^n, t_1, \ldots, t_m)$ とする．$\mathcal{U}_i \cap \mathcal{U}_j$ 上では $z_i^l = f_{ij}^l(z_j, t)$ ($l = 1, \ldots, n$) であった（式 (5.5)）．x を Y の局所座標とする．可微分多様体としては $\mathcal{Y} \cong Y \times B$ であるから（定理 5.11），$z_i^l = z_i^l(x, t)$ は変数 $(x, t) \in Y \times B$ に関する C^∞-級関数であり，$z_i^l(x, t_0)$ は x に関して正則である．

T_Y を Y の正則接バンドル，$\mathcal{A}^{0,q}(T_Y)$ を T_Y に値を持つ $(0, q)$-形式の芽のなす層とする．局所座標 $x = (x^1, \ldots, x^n)$ を用いると $\mathcal{A}^{0,q}(T_Y)$ の切断は

$$\varphi = \sum_{\alpha=1}^n \varphi_\alpha \frac{\partial}{\partial x^\alpha}, \quad \varphi_\alpha = \frac{1}{q!}\sum \varphi_\alpha^{j_1, \ldots, j_q}(x) d\bar{x}^{j_1} \wedge \cdots \wedge d\bar{x}^{j_q}$$

と表せる．このとき正則接層 Θ_Y の細層分解 (fine resolution)

$$0 \longrightarrow \Theta_Y \longrightarrow \mathcal{A}^{0,0}(T_Y) \stackrel{\bar{\partial}}{\longrightarrow} \mathcal{A}^{0,1}(T_Y) \longrightarrow \cdots$$

が得られる．ここで $\bar{\partial}\varphi = \sum_\alpha \bar{\partial}\varphi_\alpha \frac{\partial}{\partial x^\alpha}$ である．よって

$$Z^{0,q}_{\bar{\partial}}(T_Y) = \{\varphi \in \Gamma(Y, \mathcal{A}^{0,q}(T_Y)) \,:\, \bar{\partial}(\varphi) = 0\}$$

とすると，同型

$$H^1(Y,\Theta) \cong Z_{\bar\partial}^{0,1}(T_Y)/\bar\partial\Gamma(Y,\mathcal{A}^{0,0}(T_Y))$$

を得る．θ_{ij} を $\left(\frac{\partial Y_t}{\partial t}\right)_{t=t_0}$ を与えるコサイクル，η を θ_{ij} に対応するベクトル値 $(0,1)$-形式とすると，η は次のように定義される．$\xi_i \in \Gamma(U_i,\mathcal{A}^{0,0}(T_Y))$ で $U_i\cap U_j$ 上で $\theta_{ij}=\xi_j-\xi_i$ がなりたつものを取る．このとき $\eta=\bar\partial\xi_i=\bar\partial\xi_j$ である．次の補題は $K3$ 曲面の周期写像の局所同型性の証明に使われる．

補題 5.21 無限小変形 $\left(\frac{\partial Y_t}{\partial t}\right)_{t=t_0} \in H^1(Y,\Theta)$ に対応するベクトル値 $(0,1)$-形式は $\bar\partial\Gamma(Y,\mathcal{A}^{0,0}(T_Y))$ を法として

$$-\sum_l \bar\partial\left(\frac{\partial z_i^l(x,t)}{\partial t}\right)_{t=t_0}\left(\frac{\partial}{\partial z_i^l}\right)$$

で与えられる．

証明　式

$$z_i^l(x,t) = f_{ij}^l(z_j(x,t),t) \quad (l=1,\ldots,n)$$

を微分することで

$$\left(\frac{\partial z_i^l}{\partial t}\right)_{t=t_0} = \sum_m \left(\frac{\partial f_{ij}^l}{\partial z_j^m}\right)\left(\frac{\partial z_j^m}{\partial t}\right)_{t=t_0} + \left(\frac{\partial f_{ij}^l}{\partial t}\right)_{t=t_0}$$

を得る．したがって

$$\theta_{ij} = \sum_l \left(\frac{\partial f_{ij}^l}{\partial t}\right)_{t=t_0}\left(\frac{\partial}{\partial z_i^l}\right)$$

$$= \sum_l \left(\frac{\partial z_i^l}{\partial t}\right)_{t=t_0}\left(\frac{\partial}{\partial z_i^l}\right) - \sum_{l,m}\left(\frac{\partial z_j^m}{\partial t}\right)_{t=t_0}\left(\frac{\partial z_i^l}{\partial z_j^m}\right)\left(\frac{\partial}{\partial z_i^l}\right)$$

$$= \sum_l \left(\frac{\partial z_i^l}{\partial t}\right)_{t=t_0}\left(\frac{\partial}{\partial z_i^l}\right) - \sum_m\left(\frac{\partial z_j^m}{\partial t}\right)_{t=t_0}\left(\frac{\partial}{\partial z_j^m}\right)$$

5.2 複素構造の変形と小平・スペンサー写像

がなりたつ. ここで

$$\xi_i = -\sum_l \left(\frac{\partial z_i^l}{\partial t}\right)_{t=t_0} \left(\frac{\partial}{\partial z_i^l}\right)$$

とおけば, $U_i \cap U_j$ 上で $\theta_{ij} = \xi_j - \xi_i$ がなりたつ. 以上より主張が得られる. □

注意 5.22 本節は [MK] を参考にした.

第6章 ◇ $K3$ 曲面のトレリ型定理

本書の主題であるケーラー $K3$ 曲面のトレリ型定理とその証明を述べる．まずトレリ型定理の定式化を一般の $K3$ 曲面の場合と射影的 $K3$ 曲面の場合にそれぞれ行う．続いて周期写像が局所同型写像であること，いわゆる局所トレリ定理を示す．次にクンマー曲面のトレリ型定理を複素トーラスのトレリ型定理に帰着させることで証明する．またクンマー曲面の周期が周期領域の中で稠密であることを示す．これらの準備のもと，$K3$ 曲面のトレリ型定理は次のように証明される．二つの $K3$ 曲面の周期が一致しているとする．このときそれぞれの $K3$ 曲面の完備な複素解析族には，局所トレリ定理とクンマー曲面の周期の稠密性およびクンマー曲面のトレリ型定理より，互いに同型であるクンマー曲面でそれらの周期が与えられた $K3$ 曲面の周期に収束するものが存在する．そこでクンマー曲面の間の同型写像のグラフの極限が与えられた $K3$ 曲面の同型写像を引き起こすことを示すことで証明が完了する．

6.1 $K3$ 曲面の周期とトレリ型定理

本章では $K3$ 曲面はケーラーであることを仮定する．まず二つの $K3$ 曲面がいつ同型になるかを考える．X, X' を $K3$ 曲面とする．もし同型写像 $\varphi : X' \to X$ が存在するならば，格子の同型写像

$$\varphi^* : H^2(X, \mathbb{Z}) \to H^2(X', \mathbb{Z})$$

が引き起こされ，X 上の零でない正則 2 形式 ω_X の引き戻し $\varphi^*(\omega_X)$ は X' 上の零でない正則 2 形式を与える．そのような 2 形式は定数倍を除き一意的であるから，

$$\varphi^*(\omega_X) = c \cdot \omega_{X'}$$

を満たす零でない定数 c が存在する．したがって φ^* は同型写像 $H^{1,1}(X, \mathbb{R}) \to H^{1,1}(X', \mathbb{R})$ を引き起こす．また同型写像 φ は有効因子を有効因子に写すから

6.1 K3 曲面の周期とトレリ型定理

$$\varphi^*(D(X)) = D(X')$$

がなりたつ. ここで $D(X), D(X')$ はそれぞれ X, X' のケーラー錐である. この逆がなりたつことを主張するのが次の K3 曲面のトレリ型定理 (Torelli type theorem) である.

定理 6.1 (K3 曲面のトレリ型定理) X, X' を K3 曲面, $\omega_X, \omega_{X'}$ をそれぞれ X, X' 上の零でない正則 2 形式とする. 格子の同型写像 $\phi: H^2(X, \mathbb{Z}) \to H^2(X', \mathbb{Z})$ が与えられ, 二条件

(a) $\phi(\omega_X) \in \mathbb{C}\omega_{X'}$,
(b) $\phi(D(X)) = D(X')$

を満たしているとする. このとき複素多様体としての同型写像 $\varphi: X' \to X$ で $\varphi^* = \phi$ を満たすものが一意的に存在する.

系 6.2 (K3 曲面の弱トレリ型定理) X, X' を K3 曲面とする. 格子の同型写像 $\phi: H^2(X, \mathbb{Z}) \to H^2(X', \mathbb{Z})$ が与えられ, 条件 $\phi(\omega_X) \in \mathbb{C}\omega_{X'}$ を満たしているとする. このとき X と X' は同型である.

証明 ϕ から定理 6.1 の条件 $(a), (b)$ を満たす格子の同型写像を構成すればよい. まず必要ならば $-\phi$ を考えることで, $\phi(P(X)^+) \subset P(X')^+$ がなりたつとしてよい. このとき $D(X')$ および $\phi(D(X))$ は共に鏡映群 $W(X')$ の基本領域であるから, 定理 2.9 より $W(X')$ の元 w が存在して $w \circ \phi(D(X)) = D(X')$ とできる. 注意 4.18 より $w(\omega_{X'}) = \omega_{X'}$ であり, $w \circ \phi$ が求めるものである. □

次に射影的 K3 曲面の場合のトレリ型定理を述べておく.

補題 6.3 X, X' を射影的 K3 曲面とする. 格子の同型写像

$$\phi: H^2(X, \mathbb{Z}) \to H^2(X', \mathbb{Z})$$

が $\phi(\omega_X) \in \mathbb{C}\omega_{X'}$ を満たすとする. このとき次の三条件は同値である.

(i) ϕ は任意の有効因子を有効因子に写す.

(ii) ϕ はアンプル因子をアンプル因子に写す.
(iii) $\phi(D(X)) \subset D(X')$.

証明 $D(X) \cap H^2(X, \mathbb{Z})$ がアンプル因子のクラスであるから (注意 4.19), (ii) と (iii) は同値である. $D(X)$ の定義から (i) ならば (iii) が従う. (ii) から (i) は既約曲線 C の ϕ による像が有効因子であることを示せば十分である. 補題 4.16 より $\phi(C)$ または $-\phi(C)$ のいずれかは有効因子であるが, アンプル因子との交点数を考慮すると $\phi(C)$ が有効因子であることが従う. □

定義 6.4 X を射影的な $K3$ 曲面, H をその上のアンプル因子とする. H は原始的であると仮定する. すなわちそのコホモロジー類を同じ記号 H で表すとき H がネロン・セベリ格子 S_X において原始的とする. 組 (X, H) を**偏極 $K3$ 曲面** (polarized $K3$ surface) と呼び, $H^2 = 2d$ をその**偏極次数**と呼ぶ.

偏極 $K3$ 曲面の場合, 補題 6.3 より定理 6.1 は次のように言い直すことができる.

定理 6.5 (偏極 $K3$ 曲面のトレリ型定理) (X, H), (X', H') を偏極 $K3$ 曲面とする. 格子の同型写像 $\phi: H^2(X, \mathbb{Z}) \to H^2(X', \mathbb{Z})$ が与えられ, 二条件

(a) $\phi(\omega_X) \in \mathbb{C}\omega_{X'}$,
(b') $\phi(H) = H'$

を満たしているとする. このとき複素多様体としての同型写像 $\varphi: X' \to X$ で $\varphi^* = \phi$ を満たすものが一意的に存在する.

序文で述べたように楕円曲線の場合には, そのホモロジー群の基底を決めると上半平面の点として周期が定まった. $K3$ 曲面の周期領域 (period domain) も同様に定義できる. まず符号が $(3, 19)$ のユニモジュラーな偶格子 L を固定しておく. 定理 1.27 より L は同型を除き一意的である.

6.1 K3曲面の周期とトレリ型定理

定義 6.6 IV 型有界対称領域の定義式 (5.1) にならって,

$$\Omega = \{\omega \in \mathbb{P}(L \otimes \mathbb{C}) \ : \ \langle \omega, \omega \rangle = 0, \ \langle \omega, \bar{\omega} \rangle > 0\} \tag{6.1}$$

と定め, K3 曲面の**周期領域** (period domain) と呼ぶ. (5.1) でも注意したが, 同じ記号 ω で $L \otimes \mathbb{C}$ の点および対応する $\mathbb{P}(L \otimes \mathbb{C})$ の点を表している. K3 曲面 X に対し, 定理 4.5 より, 格子の同型写像

$$\alpha_X : H^2(X, \mathbb{Z}) \to L$$

が存在する. 組 (X, α_X) を**印付き K3 曲面** (marked K3 surface) と呼ぶ. リーマン条件 (4.1) より $\alpha_X(\omega_X) \in \Omega$ がなりたつ. $\alpha_X(\omega_X)$ を印付き K3 曲面 (X, α_X) の**周期** (period) と呼ぶ. L の階数が 22 より Ω は 21 次元射影空間の中の 2 次超曲面の開集合であり, 20 次元の複素多様体である.

注意 6.7 Ω は有界対称領域ではなく, 商 $\Omega/O(L)$ には解析空間の構造は入らない. また Ω は連結である (Beauville [Be3], VII, Lemma 2).

定義 6.8 印付き K3 曲面 (X, α_X) の同型類全体の集合を $\mathcal{M}$ とする. (X, α_X) に $\alpha_X(\omega_X)$ を対応させることで (集合としての) 写像

$$\lambda : \mathcal{M} \to \Omega \tag{6.2}$$

が得られる. λ を印付き K3 曲面の**周期写像** (period map) と呼ぶ.

$\omega \in \Omega$ が K3 曲面 X の周期になっているとする. このときトレリ型定理 6.1 とその系 6.2 は λ のファイバー $\lambda^{-1}(\omega)$ が X の印の取り方の集合であることを主張する. この写像の全射性を主張するのが次の定理である.

定理 6.9 Ω の任意の点 ω に対し, $\alpha_X(\omega_X) = \omega$ を満たす印付き K3 曲面 (X, α_X) が存在する.

注意 6.10 K3 曲面の完備な変形族を張り合わせて $\mathcal{M}$ に非特異な解析空間の構造を入れることができる. しかしながらこの空間はハウスドルフではない. ハウスドル

フでないことの具体例として Atiyah [At] による 4 次曲面の 3 次元族が知られている. 例えば [BHPV] の VIII 章 12 節に詳しく書かれている.

射影的 $K3$ 曲面の場合の周期領域も述べておく. L の原始的な元 h で $h^2 = 2d$ を満たすものを一つ固定する. h の L での直交補空間を L_{2d} と表す. L_{2d} は符号 $(2, 19)$ である. 補題 1.45 より L_{2d} の同型類は h の取り方によらない. 次数 $2d$ の偏極 $K3$ 曲面 (X, H) を考え, その上の 0 でない正則 2 形式 ω_X を一つ選んでおく. このとき補題 1.45 より格子の同型写像

$$\alpha_X : H^2(X, \mathbb{Z}) \to L, \quad \alpha_X(H) = h \tag{6.3}$$

が存在する. 組 (X, H, α_X) を**印付き偏極 $K3$ 曲面** (marked polarized $K3$ surface) と呼ぶ. 正則 2 形式 ω_X と H はカップ積に関して直交するから, $\alpha_X(\omega_X)$ は $L_{2d} \otimes \mathbb{C}$ の点である.

$$\Omega_{2d} = \{\omega \in \mathbb{P}(L_{2d} \otimes \mathbb{C}) \ : \ \langle \omega, \omega \rangle = 0, \ \langle \omega, \bar{\omega} \rangle > 0\} \tag{6.4}$$

と定めると, $\alpha_X(\omega_X)$ は Ω_{2d} の点となる. L_{2d} の階数が 21 より Ω_{2d} は 19 次元の複素多様体である. Ω_{2d} が 組 $((X, H), \alpha_X)$ の**周期領域** (period domain) である. Ω_{2d} は 5.1.2 項で述べたように二つの IV 型有界対称領域の非交和である.

$$\Gamma_{2d} = \{\gamma \in \mathrm{O}(L) \ : \ \gamma(h) = h\}$$

とおくと, $\Gamma_{2d} = \tilde{\mathrm{O}}(L_{2d})$ であり, $\mathrm{O}(L_{2d})$ の指数有限の部分群である. Ω_{2d} の二つの連結成分は Γ_{2d} の元で移りあう. Γ_{2d} は Ω_{2d} に真性不連続に作用しており, 特に商空間 Ω_{2d}/Γ_{2d} には複素解析空間の構造が入る (命題 5.5). $\mathcal{M}_{2d}$ を次数 $2d$ の偏極 $K3$ 曲面の同型類全体の集合とする. 次数 $2d$ の印付き偏極 $K3$ 曲面 (X, H, α_X) に対し, $\alpha_X(\omega_X) \in \Omega_{2d}$ が定まるが, その Ω_{2d}/Γ_{2d} への像は印 α_X の取り方に寄らず定まる. したがって写像

$$\lambda_{2d} : \mathcal{M}_{2d} \to \Omega_{2d}/\Gamma_{2d}$$

が得られる. この写像の単射性を主張するのが射影的な場合のトレリ型定理である.

注意 6.11 $\mathcal{M}_{2d}$ は代数的に構成でき,λ_{2d} は代数多様体としての射であることも知られている(7.3 節参照).

 射影的な場合,全射性に関しては少し注意が必要である.Ω_{2d} の点 ω に対して,印付き $K3$ 曲面 (X, α_X) で $\alpha_X(\omega_X) = \omega$ を満たすものが存在したとする.このとき $\alpha_X^{-1}(h)$ は X 上の因子 H で $H^2 = 2d$ を満たすもので代表される.もし任意の $\delta \in \Delta(X)$ に対し $\langle H, \delta \rangle \neq 0$ ならば,鏡映を施すことで H はアンプルとでき,偏極 $K3$ 曲面 (X, H) を得る.しかしながら $\langle H, \delta \rangle = 0$ となる場合が起こりえる.$H^2 > 0$ よりそのような δ は有限個である.偏極としてこのような H も許す必要がある.幾何学的には線形系 $|mH|$ は X 上の有限個の非特異有理曲線をつぶして得られる有理二重点を持った代数曲面の射影空間への埋め込みを与える.偏極としてこのような H も許し,偏極 $K3$ 曲面の定義を拡張しておくと,周期写像の全射性は次のように述べることができる.

定理 6.12 Ω_{2d} の任意の点 ω に対し,$\alpha_X(\omega_X) = \omega$ を満たす印付き偏極 $K3$ 曲面 (X, α_X) が存在する.

問 6.13 $K3$ 曲面 X 上の因子 H で $H^2 > 0$ であるものを考える.$\langle H, \delta \rangle = 0$ となる $\delta \in \Delta(X)$ 全体で生成されるネロン・セベリ格子 S_X の部分格子はルート格子であることを示せ.

6.2 周期写像の局所同型性(局所トレリ定理)

定義 6.14 X を任意の $K3$ 曲面,$\pi : \mathcal{X} \to B$ を系 5.18 で与えた X の変形族で $X = X_{t_0}$ ($t_0 \in B$) とし,底空間 B は可縮とする.このとき局所定数層 $R^2\pi_*(\mathbb{Z})$ は自明である.B 上の定数層 L との同型写像

$$\alpha : R^2\pi_*(\mathbb{Z}) \cong L$$

を取ることで複素解析族 π の各ファイバーを印付き $K3$ 曲面 (X_t, α_{X_t}) と考えることができる.ω_t を X_t 上の零でない正則 2 形式とすると,$\lambda(t) = \alpha_\mathbb{C}(\omega_{X_t})$

により正則写像
$$\lambda : B \to \Omega \tag{6.5}$$
が定まる. λ を複素解析族 π の**周期写像** (period map) と呼ぶ.

この写像の $t = t_0$ での微分
$$d\lambda_{t_0} : T_{t_0}(B) \to T_{\lambda(t_0)}(\Omega) \tag{6.6}$$
を調べる. ここで $T_x(M)$ は複素多様体 M の点 x での正則接空間とする.

補題 6.15 自然な同型写像
$$T_{\lambda(t_0)}(\Omega) \cong \mathrm{Hom}(H^{2,0}(X), H^{1,1}(X))$$
が存在する.

証明 まず $\ell \in \mathbb{P}(L \otimes \mathbb{C})$ に対し
$$T_\ell(\mathbb{P}(L \otimes \mathbb{C})) \cong \mathrm{Hom}(\ell, L \otimes \mathbb{C}/\ell) \tag{6.7}$$
であることを示す. ここで ℓ は $L \otimes \mathbb{C}$ の 1 次元部分空間と考えている. $\Delta = \{s \in \mathbb{C} : |s| < \varepsilon\}$ とすると, $\theta \in T_\ell(\mathbb{P}(L \otimes \mathbb{C}))$ に対し, 正則写像 $\gamma : \Delta \to \mathbb{P}(L \otimes \mathbb{C})$ で $\gamma(0) = \ell$, $(\frac{\partial}{\partial s}\gamma)(0) = \theta$ を満たすものが取れる. また $\gamma(s)$ に対応する $L \otimes \mathbb{C}$ の直線を ℓ_s で表す. $x \in \ell$ に対し γ の持ち上げ
$$\tilde{\gamma} : \Delta \to L \otimes \mathbb{C}$$
を $\tilde{\gamma}(0) = x$ となるように選び, $h(\theta) \in \mathrm{Hom}(\ell, L \otimes \mathbb{C}/\ell)$ を
$$h(\theta)(x) = \left(\frac{\partial}{\partial s}\tilde{\gamma}\right)(0) \bmod \ell$$
と定める. 別の γ の持ち上げ $\tilde{\gamma}_1$ を選んだとき,
$$\tilde{\gamma}(s) - \tilde{\gamma}_1(s) = s \cdot u(s)$$

6.2 周期写像の局所同型性（局所トレリ定理）

と表せる．ここで $u : \Delta \to L \otimes \mathbb{C}$ は正則写像で $u(s) \in \ell_s$ である．このとき

$$\left(\frac{\partial}{\partial s}\tilde{\gamma}\right)(0) - \left(\frac{\partial}{\partial s}\tilde{\gamma}_1\right)(0) = u(0) \in \ell$$

がなりたつから，$h(\theta)(x)$ は持ち上げの選び方にはよらない．$h(\theta)$ が零写像ならば $\theta = 0$ が従い，h は単射である．(6.7) の両辺の次元は一致しているので同型である．

次に $\ell \in \Omega$ とする．上の γ の持ち上げは斉次 2 次式 $\langle \tilde{\gamma}(s), \tilde{\gamma}(s) \rangle = 0$ を満たす．したがって $\langle \tilde{\gamma}(0), (\frac{\partial}{\partial s}\tilde{\gamma})(0) \rangle = 0$ がなりたち，特に $h(\theta)(x) \in \ell^\perp$ が従う．よって同型

$$T_\ell(\Omega) \cong \text{Hom}(\ell, \ell^\perp/\ell)$$

を得る．$\ell = \mathbb{C}\omega$ が $K3$ 曲面 $X = X_{t_0}$ 上の正則 2 形式に対応している場合，$\ell \cong H^{2,0}(X)$ であり，ホッジ分解 $H^2(X, \mathbb{C}) = H^{2,0}(X) \oplus H^{1,1}(X) \oplus H^{0,2}(X)$ を考えることで $\ell^\perp/\ell \cong H^{1,1}(X)$ が従い，補題の主張を得る．□

X を $K3$ 曲面，$\pi : \mathcal{X} \to B$ を X の変形族とする．系 5.18 より π は t_0 で完備な複素解析族でその小平・スペンサー写像は全単射であるとしてよい．

定理 6.16（局所トレリ定理） $t_0 \in B$ の近傍で周期写像 λ は同型写像である．

証明 接ベクトル $\frac{\partial}{\partial t} \in T_{t_0}(B)$ に対し，$b : \Delta \to B$ を正則写像で $b(0) = t_0$，$(\frac{\partial}{\partial s}b)(0) = \frac{\partial}{\partial t}$ を満たすものを選ぶ．$d\lambda_{t_0}(\frac{\partial}{\partial t}) \in T_{\lambda(t_0)}(\Omega)$ は

$$\left(\frac{\partial}{\partial s}\omega_{b(s)}\right)(0) \in \text{Hom}(H^{2,0}(X_{t_0}), H^{1,1}(X_{t_0}))$$

に対応している．各ファイバー $X_t = \pi^{-1}(t)$ $(t \in B)$ は可微分多様体としては X に同型であるから，X の複素多様体としての局所座標 $z = (z_1, z_2)$ を X_t の可微分多様体としての局所座標と考える．さらに $w_1 = w_1(z, t)$，$w_2 = w_2(z, t)$ を X_t の複素多様体としての局所座標で t に関して正則で $w_1(z, t_0) =$

$z_1, w_2(z, t_0) = z_2$ を満たすものが取れる（Kodaira, Nirenberg, Spencer [KNS] 参照）．ω_t を X_t 上の零でない正則 2 形式とすると，局所座標を用いて

$$\omega_t = \frac{1}{2} \sum_{i,j=1}^{2} \psi_{ij}(w,t) dw_i(z,t) \wedge dw_j(z,t) \tag{6.8}$$

と表せる．ここで $\psi_{ij}(w,t)$ は w_1, w_2, t に関する正則関数である．

局所座標による表示 (6.8) を用いると正則 2 形式を除いて

$$\left(\frac{\partial}{\partial s} \omega_{b(s)} \right)(0) = \sum_{i,j=1}^{2} \psi_{ij}(z, t_0) \bar{\partial} \left(\frac{\partial w_i(z,t)}{\partial t} \right)_{t=t_0} \wedge dz_j$$

がなりたつ．一方，小平・スペンサー写像による像 $\rho_{t_0}(\frac{\partial}{\partial t}) \in H^1(X_{t_0}, \Theta_{X_{t_0}})$ は補題 5.21 より

$$\sum_{i=1}^{2} \bar{\partial} \left(\frac{\partial w_i(z,t)}{\partial t} \right)_{t=t_0} \frac{\partial}{\partial z_i}$$

と表せる．同型写像 (5.7)

$$H^1(X_{t_0}, \Theta_{X_{t_0}}) \cong H^1(X_{t_0}, \Omega^1_{X_{t_0}}) \cong H^{1,1}(X_{t_0})$$

によるこの像は

$$\sum_{i,j=1}^{2} \psi_{ij}(z, t_0) \bar{\partial} \left(\frac{\partial w_i(z,t)}{\partial t} \right)_{t=t_0} \wedge dz_j$$

に他ならない．以上より，周期写像の微分 (6.6) は小平・スペンサー写像 ρ_{t_0} と同型写像 (5.7) との合成である：

$$\begin{array}{ccc} T_{t_0}(B) & \xrightarrow{d\lambda_{t_0}} & T_{\lambda(t_0)}(\Omega) \\ \downarrow \rho_{t_0} & \nearrow & \\ H^1(X_{t_0}, \Theta_{X_{t_0}}) & & \end{array}$$

小平・スペンサー写像が同型より $d\lambda_{t_0}$ も同型写像となり，定理の主張を得る．□

注意 6.17 局所トレリ定理は小平 [Kod2] で与えられた．

6.3 クンマー曲面のトレリ型定理

6.3.1 クンマー曲面上の 16 個の非特異有理曲線

複素トーラス $A = \mathbb{C}^2/\Gamma$ の位数 2 の自己同型 -1_A による商 $A/\{\pm 1_A\}$ の特異点解消で得られた極小曲面 $X = \mathrm{Km}(A)$ を A に付随したクンマー曲面と呼んだ. X は特異点解消で得られる 16 個の互いに交わらない非特異有理曲線 $E_1, \ldots, E_{16}$ を含んでいた. A の 16 個の位数 2 の点 $\frac{1}{2}\Gamma/\Gamma$ でのブローアップを $\tilde{\sigma}: \tilde{A} \to A$ と表すとき, $\tilde{\pi}: \tilde{A} \to X$ は $E_1, \ldots, E_{16}$ で分岐する二重被覆であり (4.3 節), 命題 3.9 から $\frac{1}{2}\sum_{i=1}^{16} E_i \in S_X$ がなりたつ. ここで S_X は X のネロン・セベリ格子である.

X を K3 曲面とし, 16 個の互いに交わらない非特異有理曲線 $E_1, \ldots, E_{16}$ を含んでいるとする. ここで X はクンマー曲面とは仮定しない. $I = \{1, \ldots, 16\}$ とし

$$Q_X = \left\{ K \subset I : \frac{1}{2} \sum_{i \in K} E_i \in S_X \right\} \tag{6.9}$$

と定める. 混乱がない場合, 簡単のため Q_X を Q と表す. X がクンマー曲面で $E_1, \ldots, E_{16}$ が上で述べたものならば $I \in Q$ である. Q の定義から次の補題がなりたつ.

補題 6.18 $K, K' \in Q$ に対して $K + K' = K \cup K' \setminus K \cap K'$ (対称差) と定める. このとき $K + K' \in Q$, すなわち Q は対称差で閉じている.

補題 6.19 $K \in Q$ とすると K に含まれる元の個数 $|K|$ は $0, 8$ または 16 である.

証明 $K \in Q, K \neq \emptyset$ とする. 命題 3.9 より因子 $\sum_{i \in K} E_i$ で分岐する二重被覆 $\pi: \tilde{X} \to X$ が存在する. E_i ($i \in K$) の逆像を $\tilde{E}_i$ とすると

$$-4 = 2(E_i)^2 = (\pi^*(E_i))^2 = (2\tilde{E}_i)^2$$

より $\tilde{E}_i$ は自己交点数 -1 の非特異有理曲線である. したがって $\tilde{E}_i$ をブローダウンする正則写像 $\sigma: \tilde{X} \to Y$ が存在し, Y は非特異な曲面となる. 定理

4.21 の証明を逆にたどることで，標準束 K_Y は自明であることが従う．さらに，$H^2(Y,\mathbb{R})$ の符号 $(b^+(Y), b^-(Y))$ に関して

$$b^+(Y) = b^+(\tilde{X}) \geq b^+(X) = 3 > 2p_g(Y)$$

がなりたつから，$b_1(Y)$ は偶数である（定理 3.5）．したがって曲面の分類を用いれば，Y は $K3$ 曲面か複素トーラスである．オイラー数は

$$e(Y) = e(\tilde{X}) - |K| = 2e(X) - \sum_{i \in K} e(E_i) - |K| = 48 - 3|K|$$

となる．複素トーラス，$K3$ 曲面のオイラー数はそれぞれ $0, 24$ であるから，$|K| = 8, 16$ を得る．□

系 6.20（クンマー曲面の特徴付け）　X を $K3$ 曲面とし，16 個の互いに交わらない非特異有理曲線 $E_1, \ldots, E_{16}$ を含んでいるとする．さらに

$$\frac{1}{2}\sum_{i=1}^{16} E_i \in S_X \tag{6.10}$$

がなりたつと仮定する．このとき同型を除いて一意的に複素トーラス A が存在し，X は A に付随したクンマー曲面で $E_1, \ldots, E_{16}$ は特異点解消で得られる非特異有理曲線である．

証明　補題 6.19 およびその証明より，$E_1, \ldots, E_{16}$ で分岐する二重被覆 $\pi: \tilde{X} \to X$ は 16 個の例外曲線を含んでおり，それらをブローダウンして得られる曲面 Y は複素トーラス A となる．二重被覆 π の被覆変換を ι とすると，$H^1(X, \mathbb{Z}) = 0$ より ι^* は $H^1(A, \mathbb{Z})$ に -1 倍写像で作用する．$A \cong H^0(A, \Omega_A^1)^*/H_1(A, \mathbb{Z})$ に注意すれば（4.5 節），主張を得る．□

注意 6.21　実は系 6.20 において，仮定 (6.10) は必要がないことも知られている．すなわち $I \in Q$ がなりたつことが証明できる（Nikulin [Ni1]）．

6.3.2　16 個の非特異有理曲線とアフィン幾何

定義 6.22　V を体 K 上の n 次元ベクトル空間とする．$a \in V$ に対し，平行移動 $t_a : V \to V$ が $t_a(x) = x + a$ $(x \in V)$ により定まる．これにより

6.3 クンマー曲面のトレリ型定理

V を n 次元アフィン空間 (affine space) と考える．通常，アフィン空間は $\mathbb{A}^n$ と表される．V の元をアフィン空間の点と呼び，V の k 次元部分空間 U の平行移動 $U+x$ $(x \in V)$ をアフィン空間の k 次元部分空間と呼ぶ．アフィン空間の 1 次元部分空間を**直線**，2 次元部分空間を**平面**，$n-1$ 次元部分空間を**超平面**と呼ぶ．アフィン空間に関しては，例えば，河田 [Ka] を参照されたい．

クンマー曲面の場合，16 個の非特異有理曲線 $\{E_i\}_{i \in I}$ は複素トーラス $A = \mathbb{C}^2/\Gamma$ の位数 2 の点の集合 $\frac{1}{2}\Gamma/\Gamma$ と 1 対 1 に対応しており，したがってその添字集合 I には $\mathbb{F}_2$ 上の 4 次元アフィン空間の構造が入る．$\mathbb{F}_2$ 上の 4 次元アフィン空間の超平面は 3 次元部分ベクトル空間 U の平行移動 $U+x$ であるが，3 次元部分ベクトル空間は 15 個であり，$U+x = U+y$ であることは $x - y \in U$ であるから，超平面の個数は 30 個である．

補題 6.23 X をクンマー曲面とする．このとき Q は $\emptyset, I$ および超平面全体からなる．特に $|Q| = 2^5$ である．

証明 X はクンマー曲面であるから，命題 3.9 より $I \in Q$ である．超平面 H に対し，H または $I \setminus H$ は原点を含むから，いずれかは 3 次元部分ベクトル空間である．補題 6.18 より $H \in Q$ と $I \setminus H \in Q$ は同値であるから，H は部分ベクトル空間とし，$I \setminus H \in Q$ を示せばよい．そのために因子 $\sum_{i \in I \setminus H} E_i$ で分岐する X の二重被覆となっている $K3$ 曲面の存在を示す．X は複素トーラス $A = \mathbb{C}^2/\Gamma$ に付随したクンマー曲面 $\mathrm{Km}(A)$ とする．$\tilde{A}$ を A の 16 個の位数 2 の点をブローアップした曲面とし，

$$\tilde{\pi}: \tilde{A} \to X$$

を 16 個の非特異有理曲線 $\{E_i\}_{i \in I}$ で分岐する二重被覆とする．3 次元部分ベクトル空間 $H \subset \frac{1}{2}\Gamma/\Gamma$ に対し，部分群 $\Gamma' \subset \Gamma$ で $\frac{1}{2}\Gamma'/\Gamma = H$ を満たすものが存在する．$A' = \mathbb{C}^2/\Gamma'$ とすると，射影

$$\tilde{p}: A' \to A$$

は不分岐二重被覆であり，$\tilde{p}(\frac{1}{2}\Gamma'/\Gamma') = H$ である．32 個の点 $\tilde{p}^{-1}(\frac{1}{2}\Gamma/\Gamma)$ で

A' をブローアップした曲面を $\hat{A}'$ とする．$-1_{A'}$ から引き起こされる $\hat{A}'$ の自己同型を $\hat{\iota}$ とし，$\hat{Y} = \hat{A}'/\langle\hat{\iota}\rangle$ とする．$\hat{Y}$ 上には $\hat{\iota}$ の固定点である A' の位数 2 の元 $\frac{1}{2}\Gamma'/\Gamma' = \tilde{p}^{-1}(H)$ に対応した自己交点数が -2 の 16 個の非特異有理曲線，および $\tilde{p}^{-1}(I \setminus H)$ の各点でのブローアップで得られた例外曲線の像として 8 個の自己交点数 -1 の非特異有理曲線が存在する．二重被覆 $\tilde{p}$ は二重被覆

$$p : \hat{Y} \to X$$

を引き起こすが，p は 8 個の自己交点数 -1 の非特異有理曲線でちょうど分岐している．よって命題 3.9 より $I \setminus H \in Q$ がなりたつ．ここで A' の 16 個の位数 2 の点でブローアップした曲面を $\tilde{A}'$ とし，$-1_{A'}$ から引き起こされる $\tilde{A}'$ の自己同型を ι とすると $Y = \tilde{A}'/\langle\iota\rangle$ は A' に付随したクンマー曲面である．$\hat{Y}$ 上の 8 個の例外曲線をブローダウンして得られる曲面が Y に他ならない．

$$\begin{array}{ccccc} \hat{A}' & \longrightarrow & A' & \longrightarrow & A \\ \downarrow & & \downarrow & & \downarrow \\ \hat{Y} & \longrightarrow & Y & \longrightarrow & X \end{array}$$

逆に $K \in Q$ で $|K| = 8$ とする．必要ならば $I \setminus K$ を考えることで，K は原点を含んでいると仮定してよい．K に対応する二重被覆

$$p : \hat{Y} \to X$$

をブローダウンして K3 曲面 Y が得られるが，非特異有理曲線 $\{E_i\}_{i \in I \setminus K}$ の逆像として Y は 16 個の互いに交わらない非特異有理曲線を含み，これらの和は S_Y で 2 で割れる．したがって Y は複素トーラス A' に付随したクンマー曲面であり，前半の状況が回復される．K は A' の位数 2 の点の準同型写像による像となり，したがって部分ベクトル空間であることが従う．□

定義 6.24 16 個の非特異有理曲線 $E_1, \ldots, E_{16}$ のコホモロジー類が生成する $H^2(X, \mathbb{Z})$ の部分格子 $\langle E_1, \ldots, E_{16}\rangle$ を考える．定理 1.32 を考慮すると，この部分格子は $H^2(X, \mathbb{Z})$ で原始的ではない．$\langle E_1, \ldots, E_{16}\rangle$ の拡大格子で

$H^2(X, \mathbb{Z})$ で原始的であるものを Π とする．このとき

$$\Pi = \left\{ \sum_{i=1}^{16} a_i E_i \in H^2(X, \mathbb{Z}) \ : \ a_i \in \mathbb{Q} \right\} \subset S_X$$

である．写像 $\gamma : Q \to \Pi/\langle E_1, \ldots, E_{16}\rangle$ を $K \in Q$ に対し

$$\gamma(K) = \frac{1}{2} \sum_{i \in K} E_i \mod \langle E_1, \ldots, E_{16}\rangle$$

により定義する．

補題 6.25 写像 γ は全単射である．

証明 $\gamma(K) = \gamma(K')$ ならば $\gamma(K + K') = 0$ より $K + K' = \emptyset$ となり単射が従う．一方，

$$x = \sum_{i=1}^{16} a_i E_i \in \Pi \quad (a_i \in \mathbb{Q})$$

とすると，$-2a_i = \langle x, E_i \rangle \in \mathbb{Z}$ より全射が従う．□

$X = \mathrm{Km}(A)$ をクンマー曲面とする．補題 6.23, 6.25 より $|\Pi/\langle E_1, \ldots, E_{16}\rangle| = 2^5$ であり，したがって

$$\det(\Pi) = \frac{2^{16}}{|\Pi/\langle E_1, \ldots, E_{16}\rangle|^2} = 2^6$$

が従う．Π の $H^2(X, \mathbb{Z})$ の中での直交補空間を $\Pi^\perp$ と表したが (1.1.1項)，定理 1.32 および $\det(H^2(X, \mathbb{Z})) = -1$ より

$$\det(\Pi^\perp) = -2^6$$

が従う．

複素トーラス A の 16 個の位数 2 の点でのブローアップを $\tilde{\sigma} : \tilde{A} \to A$，$\tilde{\pi} : \tilde{A} \to X$ を 16 個の例外曲線で分岐する二重被覆，ι をその被覆変換とする．準同型写像

$$q_* = \tilde{\pi}_* \circ \tilde{\sigma}^* : H^2(A, \mathbb{Z}) \to H^2(X, \mathbb{Z}) \tag{6.11}$$

を考える. $x \in H^2(A, \mathbb{Z})$ に対し $\tilde{\sigma}^*(x)$ は ι^* で不変であるから,

$$\tilde{\pi}^*\tilde{\pi}_*(\tilde{\sigma}^*(x)) = \tilde{\sigma}^*(x) + \iota^*(\tilde{\sigma}^*(x)) = 2\tilde{\sigma}^*(x)$$

を得る. したがって $x, y \in H^2(A, \mathbb{Z})$ に対し

$$4\langle\tilde{\sigma}^*(x), \tilde{\sigma}^*(y)\rangle = \langle\tilde{\pi}^*\tilde{\pi}_*(\tilde{\sigma}^*(x)), \tilde{\pi}^*\tilde{\pi}_*(\tilde{\sigma}^*(y))\rangle = 2\langle\tilde{\pi}_*(\tilde{\sigma}^*(x)), \tilde{\pi}_*(\tilde{\sigma}^*(x))\rangle$$

となる. 以上から

$$\langle q_*(x), q_*(y)\rangle = 2\langle x, y\rangle \quad (\forall x, y \in H^2(A, \mathbb{Z})) \tag{6.12}$$

がなりたつ. 特に q_* は単射であり, その像は $\Pi^\perp$ に含まれることが分かる. 一方, $H^2(A, \mathbb{Z})$ はユニモジュラー偶格子 $U^{\oplus 3}$ に同型であり (式 (4.11)), q_* は双線形形式を 2 倍するからその像は行列式が -2^6 である. したがって $q_*(H^2(A, \mathbb{Z})) = \Pi^\perp$ となる. 以上をまとめると次を得る.

系 6.26 $q_* : H^2(A, \mathbb{Z}) \to \Pi^\perp$ は (6.12) を満たす群の同型写像である. 特に格子の同型 $\Pi^\perp \cong U(2)^{\oplus 3}$ がなりたち, $q_*(H^2(A, \mathbb{Z}))$ は $H^2(X, \mathbb{Z})$ の原始的な部分格子である.

問 6.27 L を符号が $(3, 19)$ のユニモジュラー偶格子とする. このとき Π の L への任意の原始的な埋め込みに対し, その直交補空間 $\Pi^\perp$ は $U(2)^{\oplus 3}$ に同型であることを示せ.

以下の二つの補題はクンマー曲面のトレリ型定理の証明に用いられる.

補題 6.28 X, X' をクンマー曲面とし, それぞれの 16 個の非特異有理曲線を $\{E_i\}_{i \in I}, \{E'_{i'}\}_{i' \in I'}$, 零でない正則 2 形式を $\omega_X, \omega_{X'}$ とする. 格子の同型写像 $\phi : H^2(X, \mathbb{Z}) \to H^2(X', \mathbb{Z})$ が

(i) $\{E_i\}_{i \in I}$ を $\{E'_{i'}\}_{i' \in I'}$ に写す;
(ii) $\phi(\omega_X) \in \mathbb{C}\omega_{X'}$

を満たしているとする. このとき ϕ は添字集合のなすアフィン空間 I, I' の間のアフィン写像を引き起こす.

6.3 クンマー曲面のトレリ型定理

証明 条件 (ii) より $\phi(S_X) = S_{X'}$ である. したがって $\phi(Q_X) = Q_{X'}$ がなりたつ. 補題 6.23 より, ϕ は I の超平面を I' のそれに写す. 必要ならば平行移動を合成することで ϕ は原点を保っているとしてよい. このとき ϕ は 3 次元部分ベクトル空間を保ち, それらの交わりである 2 次元部分ベクトル空間も保つ. 2 次元部分ベクトル空間 P の元を $\{0, x, y, x+y\}$ とすると, $\phi(P) = \{0, \phi(x), \phi(y), \phi(x+y)\}$ であるから, $\phi(x+y) = \phi(x) + \phi(y)$ すなわち, ϕ は線形写像である. □

補題 6.29 X をクンマー曲面とする. 格子の同型 $\phi : H^2(X, \mathbb{Z}) \to H^2(X, \mathbb{Z})$ が次の性質を満たすとする.

(i) ϕ は 16 個の非特異有理曲線のコホモロジー類 $\{E_i\}_{i \in I}$ を保ち, 少なくとも一つの類を固定する.
(ii) $\phi \mid \Pi^\perp = 1_{\Pi^\perp}$.

このとき ϕ は恒等写像である.

証明 $\omega_X \in \Pi^\perp \otimes \mathbb{C}$ に注意すれば, 補題 6.28 より ϕ は添字集合からなるアフィン空間 I のアフィン変換を引き起こす. いま, 任意のアフィン平面 $P \subset I$ を取り,

$$\delta_P = \frac{1}{2} \sum_{i \in P} E_i \tag{6.13}$$

と定める. $K \in Q$ $(K \neq \emptyset, I)$ は I のアフィン超平面であったが, 超平面と平面の共通部分の元の個数は $0, 2, 4$ のいずれかであるから, $E_i^2 = -2$ に注意すると, $\delta_P \in \Pi^*$ が従う. 一方, 定理 1.32 より判別二次形式の同型

$$\Pi^*/\Pi \cong (\Pi^\perp)^*/\Pi^\perp$$

が存在するが, 条件 (ii) より ϕ は Π^*/Π に自明に作用する. したがって, 任意のアフィン平面 P に対して, $\delta_P \equiv \delta_{\phi(P)} \bmod \Pi$ がなりたつが, このためには, 補題 6.19 より, $P = \phi(P)$ または $P \cap \phi(P) = \{\emptyset\}$ でなければならない. さて, ϕ は I の原点 0 に対応した E_0 を固定しているとしてよい. アフィン平面 P が原点 0 を含んでいれば, $\phi(P)$ も原点を含み, したがって $\phi(P) = P$

を得る．原点と異なる任意の点 $i \in I$ を取り，$\{0, i\}$ で交わる二つのアフィン平面 P, P' を考える．このとき $\phi(i) \in \phi(P) \cap \phi(P') = P \cap P' = \{0, i\}$ より $\phi(i) = i$ が従う．よってアフィン変換 ϕ は恒等写像である．これから ϕ は $H^2(X, \mathbb{Z})$ の指数有限の部分格子 $\Pi \oplus \Pi^\perp$ に自明に作用するから，ϕ は $H^2(X, \mathbb{Z})$ に自明に作用する．□

6.3.3 アフィン幾何と複素トーラス

さて A を 2 次元複素トーラス，I を A の位数 2 の点の集合とし，$\tilde{A}$ を 16 個の位数 2 の点でのブローアップ，$X = \mathrm{Km}(A)$ とすると，可換図式

$$\begin{array}{ccc} \tilde{A} & \xrightarrow{\tilde{\sigma}} & A \\ \downarrow \tilde{\pi} & & \downarrow \pi \\ X & \xrightarrow{\sigma} & A/\{\pm 1_A\} \end{array}$$

が存在する．ここで $\tilde{\pi}, \tilde{\sigma}$ は前出の通りとし，π は商写像，σ は特異点の解消である．また $I \cong H_1(A, \mathbb{Z}/2\mathbb{Z})$，$I^* \cong H^1(A, \mathbb{Z}/2\mathbb{Z})$，$H^2(A, \mathbb{Z}) = \wedge^2 H^1(A, \mathbb{Z})$ であった．

補題 6.30 $u, v \in H^1(A, \mathbb{Z})$ に対し

$$u_2 = u \bmod 2, \quad v_2 = v \bmod 2 \in H^1(A, \mathbb{Z}/2\mathbb{Z})$$

とおく．さらに $u_2, v_2 \neq 0$, $u_2 \neq v_2$ と仮定し，$\mathrm{Ker}(u_2) \cap \mathrm{Ker}(v_2)$ の平行移動で得られる 2 次元アフィン部分空間を $P\, (\subset I)$ とする．このとき

$$q_*(u \wedge v) \equiv \sum_{i \in P} E_i \bmod 2$$

がなりたつ．ここで q_* は (6.11) で与えた単射準同型写像である．

証明 u, v が $H^1(A, \mathbb{Z})$ の基底の一部である場合に示せば十分である．A の複素構造の変形を考えることで A は二つの楕円曲線 E, F の直積 $E \times F$ とし，u, v が $H^1(F, \mathbb{Z})$ の基底の引き戻しであるとしてよい（例 4.24 参照）．このとき $u \wedge v$ は E で実現されており，P は E の位数 2 の元の集合に対応してい

6.3 クンマー曲面のトレリ型定理

る. さらに
$$(\tilde{\sigma})^*(u \wedge v) = \tilde{E} + \sum_{i \in P} \tilde{E}_i$$

がなりたつ. ここで $\tilde{E}_i \subset \tilde{A}$ は $i \in P$ 上の例外曲線, $\tilde{E}$ は E の狭義の引き戻しである. $\tilde{E}$ は $-1_A = (-1_E, -1_F)$ が引き起こす $\tilde{A}$ の自己同型で不変であるから
$$q_*(\tilde{E}) \in 2H^2(X, \mathbb{Z})$$

がなりたち, 補題の証明が終わる. □

補題 6.28 の状況を考える. 格子の同型写像 $\phi : H^2(X, \mathbb{Z}) \to H^2(X', \mathbb{Z})$ が引き起こすアフィン写像に平行移動を合成して得られる線形写像を
$$\tau : I = H_1(A, \mathbb{Z}/2\mathbb{Z}) \to I' = H_1(A', \mathbb{Z}/2\mathbb{Z})$$

とし, その双対を $\tau^* : H^1(A', \mathbb{Z}/2\mathbb{Z}) \to H^1(A, \mathbb{Z}/2\mathbb{Z})$ とする. 系 6.26 より ϕ は同型写像 $\psi : H^2(A, \mathbb{Z}) \to H^2(A', \mathbb{Z})$ を引き起こす. ψ が複素トーラスのトレリの定理 (定理 4.35) の条件 (ii) を満たすことを示す. そのために $\psi_2 = \psi \pmod 2$ とおき, 同型写像
$$\psi_2 : H^2(A, \mathbb{Z}/2\mathbb{Z}) \to H^2(A', \mathbb{Z}/2\mathbb{Z})$$

を考える. このとき次がなりたつ.

補題 6.31 $\psi_2 = (\tau^*)^{-1} \wedge (\tau^*)^{-1}$ がなりたつ.

証明 単射 $q_* : H^2(A, \mathbb{Z}) \to H^2(X, \mathbb{Z})$ が引き起こす写像
$$q_2 : H^2(A, \mathbb{Z}/2\mathbb{Z}) \to H^2(X, \mathbb{Z}/2\mathbb{Z})$$

は, q_* の像が原始的な部分格子であることから (系 6.26), 単射である. 可換図式

$$\begin{array}{ccc} H^2(A, \mathbb{Z}/2\mathbb{Z}) & \xrightarrow{\psi_2} & H^2(A', \mathbb{Z}/2\mathbb{Z}) \\ \downarrow q_2 & & \downarrow q_2' \\ H^2(X, \mathbb{Z}/2\mathbb{Z}) & \xrightarrow{\phi_2} & H^2(X', \mathbb{Z}/2\mathbb{Z}) \end{array}$$

を考え，任意の $u_2, v_2 \in H^1(A, \mathbb{Z}/2\mathbb{Z})$ に対し

$$\phi_2(q_2(u_2 \wedge v_2)) = q_2'((\tau^*)^{-1}(u_2) \wedge (\tau^*)^{-1}(v_2)) \tag{6.14}$$

を示せばよい．そのためには $u_2, v_2 \neq 0$, $u_2 \neq v_2$ のときに示せば十分である．補題 6.30 より

$$q_2(u_2 \wedge v_2) \equiv \sum_{i \in P} E_i \mod 2$$

が従う．ここで P は 2 次元部分空間 $\mathrm{Ker}(u_2) \cap \mathrm{Ker}(v_2)$ の平行移動である．よって $\phi_2(P) = P'$ とすると

$$\phi_2(q_2(u_2 \wedge v_2)) \equiv \sum_{i \in P'} E_i' \mod 2$$

がなりたつ．$u_2' = (\tau^*)^{-1}(u_2), v_2' = (\tau^*)^{-1}(v_2) \in H^1(A', \mathbb{Z}/2\mathbb{Z})$ とすると，τ は ϕ から引き起こされているから，P' は $\mathrm{Ker}(u_2') \cap \mathrm{Ker}(v_2') \subset I'$ の平行移動であり，ふたたび補題 6.30 から

$$q_2'(u_2' \wedge v_2') \equiv \sum_{i \in P'} E_i' \mod 2$$

が従う．よって (6.14) がなりたつ．□

6.3.4 クンマー曲面のトレリ型定理とその証明

定理 6.32 （クンマー曲面のトレリ型定理）　X, X' を $K3$ 曲面とし，X はクンマー曲面であるとする．格子の同型写像 $\phi: H^2(X, \mathbb{Z}) \to H^2(X', \mathbb{Z})$ が与えられ，次の二条件を満たしているとする．

(a)　$\phi(\omega_X) \in \mathbb{C}\omega_{X'}$,
(b)　$\phi(D(X)) = D(X')$.

このとき複素多様体としての同型写像 $\varphi: X' \to X$ で $\varphi^* = \phi$ を満たすものが存在する．

6.3 クンマー曲面のトレリ型定理

証明 $E_1, \ldots, E_{16}$ を X 上の 16 個の非特異有理曲線とする．条件 (b) より，ϕ は有効因子を保つから，$\phi(E_i)$ も有効因子である（補題 6.3）．$\phi(E_i)$ が既約であることを示す．$\phi(E_i)$ が可約とし，

$$\phi(E_i) = \sum_j m_j C_j, \, m_j \in \mathbb{N}$$

を既約分解とする．このとき ϕ^{-1} もケーラー錐を保つから，ふたたび補題 6.3 より

$$E_i = \sum_j m_j \phi^{-1}(C_j)$$

において $\phi^{-1}(C_j)$ も有効因子となる．したがって $\dim H^0(X, \mathcal{O}_X(E_i)) \geq 2$ となり $\dim H^0(X, \mathcal{O}_X(E_i)) = 1$ に反する（補題 4.13）．よって $\phi(E_i)$ は算術種数 0 の既約因子となり，したがって非特異有理曲線である．このようにして X' 上には互いに交わらない 16 個の非特異有理曲線 $E_i' = \phi(E_i)$ が存在して

$$\frac{1}{2} \sum_{i=1}^{16} E_i' \in S_{X'}$$

を満たすから，X' はクンマー曲面である（系 6.20）．X' は複素トーラス A' に付随したクンマー曲面であるとする．Π' を $E_1', \ldots, E_{16}'$ を含む $H^2(X', \mathbb{Z})$ の原始的な拡大格子，その直交補空間を $\Pi'^\perp$ とする．ϕ は $\Pi^\perp$ から $\Pi'^\perp$ への同型写像を引き起こすから，系 6.26 より同型写像 $\psi : H^2(A, \mathbb{Z}) \to H^2(A', \mathbb{Z})$ を引き起こす．ψ は正則 2 形式を保つ．さらに補題 6.31 より複素トーラスのトレリの定理（定理 4.35）の仮定が満たされていることが分かる．よって複素トーラスの同型 $\tilde{\varphi} : A' \to A$ で $\tilde{\varphi}^* = \pm \psi$ を満たすものが存在する．$\tilde{\varphi}^*, \psi$ は共に複素トーラスのケーラー類を保つから，$\tilde{\varphi}^* = \psi$ が従う．複素トーラス A の平行移動は $H^2(A, \mathbb{Z})$ に自明に作用する．必要ならば $\tilde{\varphi}$ に平行移動を合成することで，$\tilde{\varphi}$ は群の準同型としてよい．このとき $\tilde{\varphi}$ は同型写像 $\varphi : X' \to X$ を引き起こし，構成方法より $\varphi^* | \Pi^\perp = \phi | \Pi^\perp$ を満たしている．位数 2 の点による平行移動を合成することで $\varphi^*(E_1') = E_1$ としてよい．最後に $\varphi^* = \phi$ であることが補題 6.29 より従う．□

6.4 クンマー曲面の周期の稠密性

L を符号 $(3,19)$ のユニモジュラー偶格子とし，Ω は (6.1) で与えた $K3$ 曲面の周期領域とする．この節では特別なクンマー曲面の周期からなる集合が周期領域 Ω において至るところ稠密であることを示す．

$\omega \in \Omega$ に対し，$\mathrm{Re}(\omega), \mathrm{Im}(\omega)$ で生成される $L \otimes \mathbb{R}$ の部分空間を $E(\omega)$ と表した．このとき $E(\omega)$ は正定値の 2 次元実部分空間で $\{\mathrm{Re}(\omega), \mathrm{Im}(\omega)\}$ はその向きづけられた直交基底であった（関係式 (4.2)）．逆に，E を向きづけられた正定値 2 次元部分空間，x_E, y_E を E の向きづけられた直交基底で $x_E^2 = y_E^2$ を満たすものとすると，$\omega = x_E + \sqrt{-1} y_E$ は Ω の点を定める．いま，$G_2^+(L)$ を $L \otimes \mathbb{R}$ の向きづけられた正定値 2 次元部分空間からなる集合とする．このとき

$$\Omega \to G_2^+(L), \quad \omega \to E(\omega) \tag{6.15}$$

は全単射である．

$K3$ 曲面のピカール数は高々 20 であったが，ピカール数が 20 である $K3$ 曲面を**特異** (singular) $K3$ 曲面と呼ぶ．X を特異 $K3$ 曲面とすると，超越格子 T_X（定義 4.9）は階数 2 の正定値偶格子である．さらに X がクンマー曲面である場合，

$$\Pi^\perp \cong U(2)^{\oplus 3}$$

である（系 6.26）．$\Pi \subset S_X$ より $T_X \subset \Pi^\perp$ であり，したがって任意の $x \in T_X$ に対して

$$\langle x, x \rangle \equiv 0 \bmod 4$$

がなりたつ．この逆がなりたつことを示すのが次の定理である．

定理 6.33 T を階数 2 の正定値格子とし

$$\langle x, x \rangle \equiv 0 \mod 4 \quad (\forall x \in T) \tag{6.16}$$

がなりたつとする．このときクンマー曲面 X で $T_X \cong T$ を満たすものが存在する．

証明 条件 (6.16) より, $T(1/2)$ は偶格子である. 複素トーラス A でその超越格子 T_A が $T(1/2)$ に同型であるものを構成すれば, A に付随したクンマー曲面が求める X である (複素トーラスの超越格子も K3 曲面の場合 (定義 4.9) と同様に定義する). 命題 1.46 より $T(1/2)$ は $U^{\oplus 3}$ に原始的に埋め込める. Γ を階数 4 の自由アーベル群とし, $\wedge^2 \Gamma^* \cong U^{\oplus 3}$ に $T(1/2)$ を原始的に埋め込む. $T(1/2) \otimes \mathbb{R}$ の向きづけられた直交基底 x, y で $x^2 = y^2$ を満たすものに対し, $\omega = x + \sqrt{-1} y$ とすると $\mathbb{C}\omega \subset \wedge^2 \Gamma_{\mathbb{C}}^*$ はリーマン条件 (4.1) を満たすから, 等方的な 1 次元部分空間でありグラスマン多様体 $G(2, \Gamma_{\mathbb{C}}^*)$ の点を定める. したがって $\omega = \eta_1 \wedge \eta_2$ を満たす $\eta_1, \eta_2 \in \Gamma_{\mathbb{C}}^*$ が存在する. η_1, η_2 が生成する $\Gamma_{\mathbb{C}}^*$ の 2 次元部分空間を H とすると $\wedge^2 H = \mathbb{C}\omega$ となる. リーマン条件 (4.1) $\langle \omega, \bar{\omega} \rangle > 0$ から, $\eta_1 \wedge \eta_2 \wedge \bar{\eta}_1 \wedge \bar{\eta}_2 \neq 0$ が従う. よって $H \cap \bar{H} = \{0\}$ がなりたち, $\Gamma_{\mathbb{C}}^* = H \oplus \bar{H}$ を得る. ふたたび $\langle \omega, \bar{\omega} \rangle > 0$ より写像

$$\Gamma \to \mathbb{C}^2, \quad \gamma \to (\eta_1(\gamma), \eta_2(\gamma))$$

は埋め込みである. このとき複素トーラス $A = \mathbb{C}^2/\Gamma$ は, $H_1(A, \mathbb{Z}) \cong \Gamma$ を満たし, その超越格子 T_A は $T(1/2)$ と一致する. $\square$

稠密性の証明の準備として補題を用意する.

補題 6.34 自然数 m, n と格子 M を考える. 集合

$$\mathcal{R} = \{\mathbb{R}e \in \mathbb{P}(M \otimes \mathbb{R}) : e \text{ は } M \text{ の原始的な元で } \langle e, e \rangle \equiv m \mod n \text{ を満たす}\}$$

は空でないとする. このとき $\mathcal{R}$ は $\mathbb{P}(M \otimes \mathbb{R})$ の稠密な部分集合である.

証明 仮定より M は $\langle e_0, e_0 \rangle \equiv m \mod n$ を満たす原始的な元 e_0 を含んでいる. V を空でない $\mathbb{P}(M \otimes \mathbb{R})$ の開集合とする. M の原始的な元 e で生成される直線 $\mathbb{R}e \in V$ を取る. $e = \pm e_0$ ならば $\mathbb{R}e \in \mathcal{R} \cap V$ である. $e \neq \pm e_0$ の場合に, V に含まれる $\mathcal{R}$ の元の存在を示す. M の原始的な階数 2 の部分格子 $M' = M \cap (\mathbb{Q}e + \mathbb{Q}e_0)$ を考える. e は原始的であるから, M' の元 f を選んで e, f が M' の基底として取れる. $e_0 = ae + bf$ $(a, b \in \mathbb{Z})$ とすると, e_0 が原始的だから, $e_0 = \pm f$ (すなわち $a = 0, b = \pm 1$) または a と b は互いに

素である．よって任意の自然数 N に対し $e_N = e_0 + Nbe = (a+Nb)e + bf$ も原始的である．N が n の倍数とすると

$$\langle e_N, e_N \rangle \equiv \langle e_0, e_0 \rangle \equiv m \mod n$$

がなりたつ．また N を十分大きく選ぶと

$$\mathbb{R} e_N = \mathbb{R}\left(e + \frac{1}{Nb}e_0\right) \in V$$

となり，$e_N \in V \cap \mathcal{R}$ が従う．□

補題 6.35 条件 (6.16) を満たす階数 2 の格子が生成する $L \otimes \mathbb{R}$ の 2 次元部分空間全体のなす集合は $G_2^+(L)$ で稠密である．

証明 任意に与えた $P_0 \in G_2^+(L)$ のいくらでも近くに条件 (6.16) を満たす階数 2 の格子 T から定まる $P = T \otimes \mathbb{R} \in G_2^+(L)$ が存在することを示す．P_0 の直交基底を $\{e_1^0, e_2^0\}$ とする．また格子の直和分解 $L = U \oplus U \oplus U \oplus E_8 \oplus E_8$ を一つ取り，固定する．直和成分 U は長さ 4 の原始的な元を含んでいる（例えば，e, f を U の基底で $e^2 = f^2 = 0, \langle e, f \rangle = 1$ とすると，$e + 2f$ は長さ 4 の元である）．補題 6.34 より，原始的な元 $e_1 \in L$ で $\langle e_1, e_1 \rangle \equiv 4 \mod 8$ を満たし，かつ $\mathbb{R} e_1$ は $\mathbb{R} e_1^0$ にいくらでも近くに取れる．$\langle e_1, e_1 \rangle = 2m$ とする．補題 1.45 より，長さ $2m$ の L の元は $O(L)$ の作用で最初の成分 U の長さ $2m$ の元に写せる．これより e_1 の L での直交補空間 M は $U \oplus U \oplus E_8 \oplus E_8 \oplus \langle -2m \rangle$ に同型であり，特に M は原始的な長さ 64 の元を含むことが分かる（例えば $e + 32f$）．ふたたび補題 6.34 より，$\langle e_2, e_2 \rangle \equiv 0 \pmod{64}$ を満たす原始的な元 $e_2 \in M$ が存在し，$\mathbb{R} e_2$ は $\mathbb{R} e_2^0$ にいくらでも近くに取れる．選び方より e_1 と e_2 は直交しており，e_1^0, e_2^0 の長さは正であるから，e_1, e_2 は正定値部分空間 P を生成し，かつ P は P_0 にいくらでも近くに取れる．

$T = P \cap L$ が条件 (6.16) を満たすことを示せばよい．任意の $x \in T$ に対し，$\langle e_1, e_1 \rangle x - \langle e_1, x \rangle e_1 \in T$ は e_1 と直交しているから，e_2 の定数倍である．したがって，e_2 が M で原始的であることに注意すると，

$$\langle e_1, e_1 \rangle x = \langle e_1, x \rangle e_1 + n e_2$$

を満たす $n \in \mathbb{Z}$ が存在する．この両辺の長さを取ることで

$$\langle e_1, e_1\rangle^2 \langle x, x\rangle = \langle e_1, x\rangle^2 \langle e_1, e_1\rangle + n^2 \langle e_2, e_2\rangle \tag{6.17}$$

を得る．ここで $\langle e_1, x\rangle = 2^a \cdot k$ ($a \geq 0$, k は奇数) とすると, e_1, e_2 の選び方より，(6.17) の右辺の最初の項を割り切る 2 ベキは 2^{2+2a}, 第二の項は少なくとも 2^6 で割り切れる．したがって右辺を割り切る最大の 2 ベキは 2^6 以上か，または $2^{2\ell}$ ($\ell \in \mathbb{N}$) の形である．一方，左辺を割り切る最大の 2 ベキは, $\langle x, x\rangle = 2^b \cdot k'$ ($b \geq 1$, k' は奇数) とすると, 2^{4+b} である．両辺を比較することで $\langle x, x\rangle$ は 4 で割り切れることが従う．□

$\omega \in \Omega$ に対し,

$$S_\omega = \{x \in L \,:\, \langle x, \omega\rangle = 0\}, \quad T_\omega = S_\omega^\perp$$

とする．補題 6.35 より次の定理を得る．

定理 6.36 次の条件を満たす ω 全体のなす Ω の部分集合を $\mathcal{S}$ とする.

(i) $\mathrm{rank}(T_\omega) = 2$,
(ii) $x^2 \equiv 0 \mod 4$ ($\forall x \in T_\omega$).

このとき $\mathcal{S}$ は Ω の稠密な部分集合である．

注意 6.37 $x \in L$ を原始的な元で $x^2 \equiv 0 \mod 4$ を満たすとする．このとき L の元 y で次の条件を満たすものが $L \otimes \mathbb{R}$ の中に稠密に存在する：$M = (\mathbb{Q} \cdot x + \mathbb{Q} \cdot y) \cap L$ は L の原始的な階数 2 の部分格子で

$$z^2 \equiv 0 \mod 4 \quad (\forall z \in M)$$

を満たす．証明は補題 6.35 のそれにおいて $e_1^0 = x$, e_2^0 を e_1^0 に直交する $L \otimes \mathbb{R}$ の任意の元とおけばよい．

定理 6.33 および定理 6.36 より次を得る．

系 6.38 印付きクンマー曲面の周期全体は Ω において稠密である．

系 6.39 任意の $K3$ 曲面は変形で移り合う.

証明 局所トレリ定理 6.16 と系 6.38 より，任意の $K3$ 曲面はクンマー曲面に変形できる．複素トーラスは変形で移り合うから，クンマー曲面もそうであり，主張を得る．□

系 6.40 $K3$ 曲面は単連結である.

証明 $\mathbb{P}^3$ 内の非特異 4 次曲面はレフシェッツの超平面切断定理 3.8 より単連結である．よって系 6.39 より主張が従う．□

注意 6.41 系 6.39 は小平邦彦 [Kod2] による．小平はある楕円曲面構造を持つ $K3$ 曲面の周期が Ω において稠密であること，および楕円曲面構造を持つ $K3$ 曲面が互いに変形で移り合うことを示すことで系 6.39 を証明した．以下で，小平の稠密性に関する議論を紹介する．そのためにいくつか準備をする．まず定理 6.36 から次の補題が従う．

補題 6.42 集合 $\Omega \cap \mathbb{P}(L \otimes \mathbb{Q}(\sqrt{-1}))$ は Ω で至るところ稠密である.

補題 6.43 $\mu \in \Omega \cap \mathbb{P}(L \otimes \mathbb{Q}(\sqrt{-1}))$ に対し，$m \in \mathbb{P}(L \otimes \mathbb{Q})$ で
$$\langle \mu, m \rangle = \langle m, m \rangle = 0$$
を満たすものが存在する.

証明 $\mu = r + \sqrt{-1}s$ $(r, s \in L \otimes \mathbb{Q})$ とする．$\mu \in \Omega$ より，
$$\langle r, r \rangle = \langle s, s \rangle > 0, \quad \langle r, s \rangle = 0$$
が従う．L の部分格子 $(\mathbb{Q}r + \mathbb{Q}s) \cap L$ の直交補空間を考えれば，その符号は $(1, 19)$ であり，命題 1.24 より m の存在が分かる．□

ここで
$$\mathcal{E} = \{\omega \in \Omega : \langle \omega, m \rangle = 0, \langle m, m \rangle = 0 を満たす m \in \mathbb{P}(L \otimes \mathbb{Q}) がただ一つ存在する\}$$
とおく．

補題 6.44 $\mathcal{E}$ は Ω 内で稠密である.

証明 $m \in \mathbb{P}(L \otimes \mathbb{Q})$ に対し，
$$\Omega_m = \{\omega \in \Omega : \langle \omega, m \rangle = 0\}$$

と定める. Ω の任意の開集合 U に対し, 命題 6.42 より $\omega \in U \cap \mathbb{P}(L \otimes \mathbb{Q}(\sqrt{-1}))$ が存在する. さらに補題 6.43 より $m \in \mathbb{P}(L \otimes \mathbb{Q})$ で $\langle m, m \rangle = 0$ かつ $\omega \in \Omega_m$ を満たすものが存在する. したがって $U \cap \Omega_m$ は Ω_m の空でない開集合である. 一方, $m \neq n \in \mathbb{P}(L \otimes \mathbb{Q})$ に対し, $\Omega_m \cap \Omega_n$ は Ω_m の超平面である. よって

$$U \cap \left(\Omega_m \setminus \sum_{n \neq m} \Omega_n \right)$$

は空でなく, $\omega \in \mathcal{E}$ が従う. □

印付き $K3$ 曲面 (X, α_X) の周期 ω_X が条件 $\alpha_X(\omega_X) \in \mathcal{E}$ を満たしているときの幾何学的な意味を考える. まず m は L の原始的な元としてよい. $\langle \alpha_X(\omega_X), m \rangle = 0$ より, S_X の原始的な元 e で $\alpha_X(e) = m$ となるものが存在する. さらに $\alpha_X(\omega_X) \in \mathcal{E}$ より, ω_X に直交する S_X の元は e の定数倍である. すなわち $S_X = \mathbb{Z}e$ がなりたつ. $e^2 = 0$ より X は代数的ではない (X は命題 4.11 の (2) に対応する $K3$ 曲面である). X 上の直線束 L で $c_1(L) = e$ を満たすものを考える. 補題 4.16 の証明より

$$\dim H^0(X, \mathcal{O}_X(L)) + \dim H^0(X, \mathcal{O}_X(-L)) \geq 2$$

が従う. 必要ならば L を $-L$ で置き換えることで, $\dim H^0(X, \mathcal{O}_X(L)) > 0$ として良い. $S_X = \mathbb{Z}e$ を考慮すると, $\dim H^0(X, \mathcal{O}_X(L)) = 2$ を得る. 線形系 $|L|$ は固定因子を持たず, $e^2 = 0$ より基点もない. したがって正則写像

$$\Phi_{|L|} : X \to \mathbb{P}^1$$

を得る. 一般のファイバーは楕円曲線であり, $C^2 \neq 0$ なる曲線 C は存在しないので, 特異ファイバーは既約, すなわち I_1 型または II 型である ($K3$ 曲面上の楕円曲面構造に関しては 9.2.2 項で再考する).

このような楕円曲面構造を持つ印付き $K3$ 曲面 X の周期が Ω 内で稠密であることを主張するのが補題 6.44 である. 局所トレリ定理 (定理 6.16) を用いると, 任意の $K3$ 曲面はこのような $K3$ 曲面 X に変形できる. X は代数的でなく, 楕円曲面としては切断を持たない. このとき X は例 5.10 で与えた複素解析族 $\mathcal{Y}$ に属する $K3$ 曲面に変形できることが知られている (小平 [Kod2]). 以上から系 6.39 が従う.

注意 6.45 ピカール数が 20 の $K3$ 曲面を特異 $K3$ 曲面と呼んだ. 特異 $K3$ 曲面の集合は, その超越格子を対応させることで, 階数 2 の正定値偶格子全体の集合 $\mathcal{Q}$ の $\mathrm{SL}(2, \mathbb{Z})$ による商 $\mathcal{Q}/\mathrm{SL}(2, \mathbb{Z})$ と 1 対 1 の対応があることが知られている. $\mathcal{Q}$ の元

$$T = \begin{pmatrix} 2a & b \\ b & 2c \end{pmatrix} \quad (a, b, c \in \mathbb{Z}, \ a, c > 0, \ b^2 - 4ac < 0)$$

に対し,
$$\tau_1 = \frac{-b+\sqrt{b^2-4ac}}{2a}, \quad \tau_2 = \frac{b+\sqrt{b^2-4ac}}{2}$$
とおくことで，楕円曲線
$$E_i = \mathbb{C}/\mathbb{Z} + \mathbb{Z}\tau_i \quad (i=1,2)$$
が定まる．このとき複素トーラス $A = E_1 \times E_2$ に付随したクンマー曲面 $\mathrm{Km}(A)$ のある二重被覆として特異 $K3$ 曲面 X が構成できることが知られている．超越格子の関係
$$T_X(2) \cong T_{\mathrm{Km}(A)} \cong T_A(2) \cong T(2)$$
から $T_X \cong T$ が従い，上の対応の全射性が得られる．単射性は $K3$ 曲面のトレリ型定理から従う．この対応は塩田と猪瀬 [SI] による．

6.5 変形のもとでのケーラー錐の振る舞い

$K3$ 曲面の変形族 $\pi : \mathcal{X} \to B$ を考える．π は完備でその小平・スペンサー写像は全単射であるとする．また底 B は可縮とし，$t \in B$ に対し $X_t = \pi^{-1}(t)$, $X = X_0$ $(0 \in B)$ とする．B 上の定数層 L との同型写像
$$\alpha : R^2\pi_*(\mathbb{Z}) \cong L$$
を取り，この同型で同一視することで，
$$D(X_t) \subset P^+(X_t) \subset H^{1,1}(X_t, \mathbb{R}) \subset L \otimes \mathbb{R}$$
を得る．すなわち固定された空間 $L \otimes \mathbb{R}$ 内に B で連続的にパラメータ付けられた部分空間 $H^{1,1}(X_t, \mathbb{R})$ が与えられている．この節ではケーラー錐の和集合
$$\bigcup_{t \in B} D(X_t) \subset \bigcup_{t \in B} H^{1,1}(X_t, \mathbb{R})$$
が開集合であることを示す．

まず
$$\widetilde{\Omega} = \{(\omega, \kappa) \in \Omega \times (L \otimes \mathbb{R}) \ : \ \langle \omega, \kappa \rangle = 0, \ \langle \kappa, \kappa \rangle > 0\} \tag{6.18}$$

6.5 変形のもとでのケーラー錐の振る舞い

とおく. また

$$\Delta = \{\delta \in L : \langle \delta, \delta \rangle = -2\}, \quad \Delta_\omega = \{\delta \in \Delta : \langle \delta, \omega \rangle = 0\} \quad (\omega \in \Omega) \quad (6.19)$$

とし, 鏡映 $\{s_\delta : \delta \in \Delta\}$ で生成される $O(L)$ の部分群を $W(L)$ とする. さらに

$$\widetilde{\Omega}^\circ = \{(\omega, \kappa) \in \widetilde{\Omega} : \text{任意の } r \in \Delta_\omega \text{ に対して } \langle r, \kappa \rangle \neq 0\} \quad (6.20)$$

と定める. $\omega \in \Omega$ に対し, $E(\omega)$ で $\{\mathrm{Re}(\omega), \mathrm{Im}(\omega)\}$ を基底とする向きづけられた部分空間を表した. $(\omega, \kappa) \in \widetilde{\Omega}$ に対し, 基底 $\{\mathrm{Re}(\omega), \mathrm{Im}(\omega), \kappa\}$ で生成される $L \otimes \mathbb{R}$ の向きづけられた 3 次元部分空間を $E(\omega, \kappa)$ と表す. $E(\omega, \kappa)$ は正定値である. $G_3^+(L \otimes \mathbb{R})$ を $L \otimes \mathbb{R}$ 内の向きづけられた正定値 3 次元部分空間のなすグラスマン多様体とする. このとき次がなりたつ.

補題 6.46 集合

$$\mathcal{F} = \{E \in G_3^+(L \otimes \mathbb{R}) : E \text{ はある } \delta \in \Delta \text{ に直交する }\}$$

は $G_3^+(L \otimes \mathbb{R})$ の閉集合である.

証明 $\mathcal{F}$ の補集合 $G_3^+(L \otimes \mathbb{R}) \setminus \mathcal{F}$ が開集合であることを示す. 直交群 $O(L \otimes \mathbb{R})$ は $G_3^+(L \otimes \mathbb{R})$ に推移的に作用しており, $E \in G_3^+(L \otimes \mathbb{R})$ の固定部分群は $O(E) \times O(E^\perp)$ である. ここで E は正定値, その直交補空間 $E^\perp$ は負定値であるので, それらの直交群はコンパクトである. これから $O(L \otimes \mathbb{R})$ の $G_3^+(L \otimes \mathbb{R})$ への作用は固有である. したがってその離散部分群 $W(L)$ の作用も固有である. よって $W(L)$ の作用は真性不連続であり (定義 2.4), これから $G_3^+(L \otimes \mathbb{R}) \setminus \mathcal{F}$ の任意の点 E に対してその近傍 $U \subset G_3^+(L \otimes \mathbb{R})$ が存在して, $w(U) \cap U = \emptyset$ が全ての $w \in W(L)$ に対してなりたつ (E の近傍 V が存在して, $w(V) \cap V \neq \emptyset$ である w は有限個となるようにできる. このような w を $w_1, \ldots, w_k$ とする. $w_i(E) \neq E$ より E の近傍 V_i で $w_i(V_i) \cap V_i = \emptyset$ を満たすものが存在する. そこで E の近傍を $U = V \cap V_1 \cap \cdots \cap V_k$ とすれば良い). E が鏡映 s_δ で固定されるのは E が δ と直交するときに限ることに注意すれば, $U \subset G_3^+(L \otimes \mathbb{R}) \setminus \mathcal{F}$ がなりたつ. □

$(\omega, \kappa) \in \widetilde{\Omega} \setminus \widetilde{\Omega}^\circ$ であることは $E(\omega, \kappa) \in \mathcal{F}$ であることと同値である．したがって次を得る．

系 6.47 $\widetilde{\Omega}^\circ$ は $\widetilde{\Omega}$ の開集合である．

ここでこの節の最初の状況に戻る．周期写像の局所同型性（定理 6.16）により B は Ω の開集合としてよい．このとき

$$\bigcup_{t \in B} P^+(X_t)$$

は $\widetilde{\Omega} \cap (B \times L \otimes \mathbb{R})$ の連結成分で $\widetilde{\Omega}$ の開集合である．ケーラー錐の和集合

$$\mathcal{D}(\mathcal{X}) = \bigcup_{t \in B} D(X_t) \subset \widetilde{\Omega}$$

を考える．

補題 6.48 $\mathcal{D}(\mathcal{X})$ は $\widetilde{\Omega}$ の開集合である．

証明 $X = X_0$ のケーラー錐の点 $x_0 \in D(X_0)$ を一つ固定する．また X_0 のケーラー類 $\kappa_0 \in D(X_0)$ を一つ選ぶ．x_0 と κ_0 を結ぶ線分 $[x_0\ \kappa_0]$ は $D(X_0)$ に含まれている．系 6.47 より，線分 $[x_0\ \kappa_0]$ の $\widetilde{\Omega}$ での開近傍 $\mathcal{K}$ で

$$\mathcal{K} \subset \widetilde{\Omega}^\circ$$

を満たすものが存在する．このとき $\mathcal{K} \cap H^{1,1}(X_0, \mathbb{R}) \subset D(X_0)$ としてよい．$\bigcup_{t \in B} H^{1,1}(X_t, \mathbb{R})$ は局所的には直積 $B \times \mathbb{R}^{20}$ と同相なので，任意の $t \in B$ に対し $\mathcal{K} \cap H^{1,1}(X_t, \mathbb{R})$ は連結，かつ

$$\mathcal{K} \cap H^{1,1}(X_t, \mathbb{R}) \subset P^+(X_t)$$

とできる．一方，ケーラー類は変形で保たれることから（小平・スペンサー [KS2], III, 定理 15），B を十分小さく取り直すことで $\mathcal{K} \cap H^{1,1}(X_t, \mathbb{R})$ $(\forall t \in B)$ はケーラー類を含んでいるとしてよい．以上より任意の $t \in B$ に対して

$$\mathcal{K} \cap H^{1,1}(X_t, \mathbb{R}) \subset D(X_t)$$

と $\mathcal{K}$ を取ることができる．よって $\mathcal{K} \subset \mathcal{D}(\mathcal{X})$ となり補題の証明が終わる．□

6.5 変形のもとでのケーラー錐の振る舞い

ここで定理 6.1 の状況を考える.すなわち X, X' を K3 曲面, $\phi : H^2(X, \mathbb{Z}) \to H^2(X', \mathbb{Z})$ を格子の同型写像で周期とケーラー錐を保っていると仮定する.

$$\pi : \mathcal{X} \to B, \quad \pi' : \mathcal{X}' \to B'$$

をそれぞれ X, X' の変形族で $X = \pi^{-1}(0), X' = \pi'^{-1}(0')$ $(0 \in B, 0' \in B')$, B, B' は可縮とする.さらに π, π' は完備で小平・スペンサー写像は全単射とする. B' 上の定数層 L との同型写像

$$\alpha : R^2 \pi'_*(\mathbb{Z}) \cong L,$$

および ϕ の拡張

$$\Phi : R^2 \pi_*(\mathbb{Z}) \cong R^2 \pi'_*(\mathbb{Z})$$

を取る. α および $\alpha \circ \Phi$ により周期写像

$$\lambda : B \to \Omega, \quad \lambda' : B' \to \Omega$$

が得られるが,周期写像の局所同型性(定理 6.16)より $B = B'$, $0 = 0'$ としてよい. $t \in B$ に対し $X_t = \pi^{-1}(t), X'_t = \pi'^{-1}(t)$ とする. Φ から引き起こされる格子の同型 $H^2(X_t, \mathbb{Z}) \to H^2(X'_t, \mathbb{Z})$ を ϕ_t で表す.このとき次がなりたつ.

定理 6.49 t が 0 に十分近ければ ϕ_t は X_t のケーラー錐を X'_t のそれに写す.

証明 Φ は B 上の同相写像

$$\bigcup_{t \in B} H^{1,1}(X_t, \mathbb{R}) \to \bigcup_{t \in B} H^{1,1}(X'_t, \mathbb{R})$$

を引き起こす.よって主張は補題 6.48 より従う. □

6.6　$K3$ 曲面のトレリ型定理の証明

6.6.1　同型写像の極限

次が $K3$ 曲面のトレリ型定理の証明の鍵となる.

定理 6.50　定理 6.49 と同じ状況を考える. さらに B の稠密な部分集合 K が存在して, ϕ_t $(t \in K)$ は複素多様体の同型写像 $\varphi_t : X'_t \to X_t$ から引き起こされていると仮定する. このとき同型写像 $\varphi : X' \to X$ で $\varphi^* = \phi$ を満たすものが存在する.

証明　この定理をいくつかの補題に分けて示す. まず次の Bishop [Bi] による結果を用いる.

命題 6.51　点列 $t_1, t_2, \ldots \in K$ は基点 0 に収束しているとする. $\Gamma_i \subset X_{t_i} \times X'_{t_i}$ を同型写像 φ_{t_i} のグラフとする. $X \times X'$ のエルミート計量に関して Γ_i の体積が有界であると仮定する. このとき必要ならば $\{t_i\}$ の部分列を選ぶことで, Γ_i は $X \times X'$ の 2 次元複素解析的部分集合 Γ_0 に収束する.

次の補題の証明に $K3$ 曲面がケーラーであることを本質的に用いる.

補題 6.52　Γ_i の体積は有界である.

証明　B を十分小さく取ることで X_t, X'_t のケーラー計量で $t \in B$ に関して連続的であるものが存在する (小平・スペンサー [KS2], III, 定理 15). ケーラー計量に付随したケーラー形式をそれぞれ κ_t, κ'_t とする. このとき κ_t, κ'_t は $t \in B$ に関して連続である. $X_t \times X'_t$ から第一成分, 第二成分への射影をそれぞれ p_1, p_2 とする. このとき Γ_i の体積 $\mathrm{vol}(\Gamma_i)$ は

$$\mathrm{vol}(\Gamma_i) = \int_{\Gamma_i} (p_1^*(\kappa_{t_i}) + p_2^*(\kappa'_{t_i}))^2$$

で与えられる. Γ_i は写像

$$\varphi_{t_i} \times 1_{X'_{t_i}} : X'_{t_i} \to X_{t_i} \times X'_{t_i}$$

の像であるから

$$\mathrm{vol}(\Gamma_i) = \int_{X'_{t_i}} ((\varphi_{t_i})^* \kappa_{t_i} + \kappa'_{t_i})^2 = \int_{X_{t_i}} (\kappa_{t_i})^2 + \int_{X'_{t_i}} (\kappa'_{t_i})^2 + 2\int_{X'_{t_i}} \varphi_{t_i}^*(\kappa_{t_i}) \wedge \kappa'_{t_i}$$

を得る．この最右辺の最初の二項は B 上の連続関数であるから 0 の近傍で有界である．第三項は同型写像 φ_{t_i} が K 上にしか定義されていないので有界性は自明ではない．ここで計量がケーラーであることを用いる．すなわちケーラー形式が閉形式でありコホモロジー群での扱いができる．ケーラー形式 κ に対し，そのコホモロジー類を $[\kappa]$ と表すとする．このとき

$$\int_{X'_{t_i}} \varphi_{t_i}^*(\kappa_{t_i}) \wedge \kappa'_{t_i} = [\varphi_{t_i}^*(\kappa_{t_i})] \cdot [\kappa'_{t_i}] = [\phi_{t_i}(\kappa_{t_i})] \cdot [\kappa'_{t_i}]$$

で，これは $t \in B$ の連続関数であるから 0 の近傍で有界となる．以上で補題 6.52 の証明が終わる．□

補題 6.52 および命題 6.51 により φ_{t_i} のグラフ Γ_i の極限 Γ_0 が複素解析的集合として存在し，そのコホモロジー類は $[\phi] \in H^4(X \times X', \mathbb{Z})$ と一致する．

補題 6.53 このとき

$$\Gamma_0 = \Delta_0 + \sum a_{ij} \, C_i \times C'_j, \quad a_{ij} \in \mathbb{Z}, \, a_{ij} \geq 0$$

がなりたつ．ここで Δ_0 は X と X' の間の同型写像のグラフであり，$C_i \subset X$, $C'_j \subset X'$ は既約曲線である．

証明 $p: X \times X' \to X$, $p': X \times X' \to X'$ をそれぞれ射影とする．コホモロジー類 $z \in H^4(X \times X', \mathbb{Z})$ は次のように線形写像

$$z^*: H^*(X, \mathbb{Z}) \to H^*(X', \mathbb{Z})$$

を引き起こす．まず $x \in H^i(X, \mathbb{Z})$ に対し，$p^*(x) \in H^i(X \times X', \mathbb{Z})$ とのカップ積により $\langle p^*(x), z \rangle \in H^{i+4}(X \times X', \mathbb{Z})$ を得る．このギシン写像 (Gysin map)

$$p'_*: H^{i+4}(X \times X', \mathbb{Z}) \to H^i(X', \mathbb{Z})$$

による像が $z^*(x)$ である.

さて Γ_0 の既約成分 Z は次のいずれかである.

(a) $p(Z) = X$, $p'(Z) = X'$ である.
(b) $p(Z)$ および $p'(Z)$ は共に曲線である.
(c) $p(Z) = X$, $p'(Z)$ は点である.
(c') $p(Z)$ は点であり $p'(Z) = X'$ である.
(d) $p(Z) = X$, $p'(Z)$ は曲線である.
(d') $p(Z)$ は曲線であり $p'(Z) = X'$ である.

ここで 2 次元の解析的部分集合 $Z \subset X \times X'$ が $p_*(Z) = p \cdot 1 \in H^0(X, \mathbb{Z})$, $p'_*(Z) = q \cdot 1' \in H^0(X', \mathbb{Z})$ を満たすとき, Z を (p, q) 型と呼ぶ. ただし $1, 1'$ はそれぞれ $H^0(X, \mathbb{Z}), H^0(X', \mathbb{Z})$ の生成元とする. 同型写像のグラフ Γ_i は $(1, 1)$ 型であるから, その極限 Γ_0 も $(1, 1)$ 型である. Z が上の $(a), \ldots, (d')$ の場合, $(0, 0)$ 型であるのは (b) だけである. また (a) 以外の場合, 写像 $[Z]^*(x) = p'_*(\langle p^*(x), [Z]\rangle)$ は曲線あるいは点のコホモロジー群を経由するから, $H^{2,0}(X)$ を 0 に写す. Γ_0^* は $H^{2,0}(X)$ から $H^{2,0}(X')$ への同型を引き起こすから, (a) のタイプの成分が Γ_0 に少なくとも一つ現れる. それを Δ_0 と表す. Γ_0 は $(1, 1)$ 型であることから (a) のタイプの成分は Δ_0 がただ一つ現れ, かつ $(1, 1)$ 型である. これから $(c), (c'), (d), (d')$ のタイプの既約成分は現れないことも従う. また Δ_0 から X, X' それぞれへの射影は次数 1 で双有理写像となる. 最後に K3 曲面は極小であり, K3 曲面の間の双有理同型写像は双正則であることから Δ_0 は X と X' の間の同型写像のグラフとなる. □

補題 6.54 補題 6.53 において $a_{ij} = 0$ がなりたつ.

証明 同型写像 Δ_0 で同一視することで $X = X'$, Δ_0 は恒等写像のグラフと仮定してよい. $\kappa \in H^2(X, \mathbb{R})$ をケーラー類とすると

$$\phi(\kappa) = [\Gamma_0]^*(\kappa) = \kappa + \sum_{i,j} a_{ij} \langle C_i, \kappa \rangle C'_j$$

において $\langle C_i, \kappa \rangle > 0$ である. ϕ はカップ積を保つから $\langle \phi(\kappa), \phi(\kappa) \rangle - \langle \kappa, \kappa \rangle =$

6.6 $K3$ 曲面のトレリ型定理の証明

0 であり，これから

$$\sum_{i,j} a_{ij} \langle C_i, \kappa \rangle \langle C'_j, \phi(\kappa) + \kappa \rangle = \langle \phi(\kappa) - \kappa, \phi(\kappa) + \kappa \rangle = 0$$

が従う．ここで $\phi(\kappa) + \kappa$ はケーラー類であるから $\langle C'_j, \phi(\kappa) + \kappa \rangle > 0$ である．よって $a_{ij} = 0$ が従う．□

以上で定理 6.50 の証明が終わる．□

注意 6.55 本書では $K3$ 曲面はケーラー多様体であること（Siu の定理）を認めて議論を進めている．Siu [Si] による $K3$ 曲面がケーラーであることの証明は，X をケーラーとし X' はケーラーを仮定しない場合に，ある計量が存在して補題 6.52 が成立することを示すことである．あとは同じ証明で定理 6.50 の主張が示せる．結局，X' はケーラー $K3$ 曲面 X と同型であることを導くことができ，X' もケーラーであることの証明が終わる．

6.6.2 $K3$ 曲面のコホモロジー群に自明に作用する自己同型

定理 6.1 の同型写像の一意性は次の定理から従う．

定理 6.56 X を $K3$ 曲面，g を X の自己同型で $H^2(X, \mathbb{Z})$ に自明に作用しているとする．このとき g は恒等写像である．

証明 まず g は位数有限であることをみる．X の自己同型群 $\mathrm{Aut}(X)$ は複素リー群で，そのリー環が $H^0(X, \Theta_X)$ に同型となる．補題 5.17 より $H^0(X, \Theta_X) = 0$ であるから $\mathrm{Aut}(X)$ は離散群である．$G \subset \mathrm{Aut}(X)$ を $H^2(X, \mathbb{Z})$ に自明に作用する自己同型からなる部分群とする．定理 6.50 を用いれば G はコンパクトであることが示せる．以上から G は有限群であることが従う．

さて $g \neq 1_X$ とし，g の位数を n とする．$p \in X$ を g の固定点とする．g の接空間 $T_p(X)$ への作用は非自明である．このことは式 (5.4) で示したように p のまわりの適当な座標で g の作用が線形となるようにできることから従う．一方，g は正則 2 形式を保つこと，および $\Omega^2_{X,p} \cong \wedge^2 T_p(X)^*$ に注意すれば，g の $T_p(X)$ への作用の行列式は 1 である．g は位数有限であるから g の

$T_p(X)$ への作用は対角化でき，$\begin{pmatrix} \epsilon & 0 \\ 0 & \epsilon^{-1} \end{pmatrix}$ とできる．ここで ϵ は 1 の原始 n 乗根である．特に g の固定点は存在すれば孤立点からなり，したがって有限個である．一方，g の固定点の個数はレフシェッツの固定点定理（例えば，上野 [U]）より

$$\sum_{i=0}^{4}(-1)^i \operatorname{trace} g^* \mid H^i(X, \mathbb{C})$$

に一致し，24 であることが従う．

ここで商曲面 $Y = X/\langle g \rangle$ を考える．Y は g の固定点に対応する点で A_{n-1} 型有理二重点（注意 4.22 参照）を持つことが次のようにして分かる．固定点 p のまわりの局所座標 (x,y) で $g^*(x) = \epsilon x$, $g^*(y) = \epsilon^{-1} y$ を満たすものが取れる．$u = x^n$, $v = y^n$, $w = xy$ とすると，Y は p の像のまわりで局所的に $uv = w^n$ で与えられている．原点は特異点であるが，これは A_{n-1} 型有理二重点と呼ばれる（注意 4.22 参照）．その極小な特異点の解消を $f: Y' \to Y$ とする．g は $H^2(X, \mathbb{Z})$ に自明に作用しているから，特に正則 2 形式を保つ．したがって Y の特異点を除いた開集合上に至るところ消えない正則 2 形式が引き起こされる．有理二重点の性質（注意 4.22 参照）より，この正則 2 形式は Y' 上の至るところ消えない正則 2 形式に拡張できる．よって Y' は標準束が自明であり，曲面の分類から複素トーラス，$K3$ 曲面あるいは小平曲面となる．一方，特異点の解消で各特異点上に少なくとも一つ例外曲線が存在し，$H^2(Y', \mathbb{Z})$ の独立なクラスを与える．特異点は 24 個であったから，rank $H^2(Y', \mathbb{Z}) \geq 24$ を得るが，これは複素トーラス，$K3$ 曲面，小平曲面の 2 次のベッチ数は高々 22 であることに反する．□

注意 6.57 定理 6.56 は最初に代数的な場合に Piatetski-Shapiro, I. R. Shafarevich [PS] により示された．定理 6.56 の証明で，後半の商曲面 $X/\langle g \rangle$ を考える代わりに，レフシェッツの正則固定点定理を用いる方法もある（[BHPV]，命題 11.3）．

6.6.3　$K3$ 曲面のトレリ型定理の証明

定理 6.1（$K3$ 曲面のトレリ型定理）の証明を与える．

6.6 K3 曲面のトレリ型定理の証明

証明 定理 6.49 の状況を考える．ϕ_t は正則 2 形式を保っている．さらに定理 6.49 よりケーラー錐を保っている．一方，系 6.38 よりクンマー曲面の周期は Ω において稠密であった．したがって基点 0 に収束する点列 $\{t_n\} \subset B$ で $\lambda(t_n)$ がクンマー曲面の周期であるものが取れる．クンマー曲面のトレリ型定理 6.32 より同型写像

$$\varphi_{t_n} : X'_{t_n} \to X_{t_n}$$

で $\varphi^*_{t_n} = \phi_{t_n}$ を満たすものが存在する．定理 6.50 を適用することで，同型写像 $\varphi : X' \to X$ で $\varphi^* = \phi$ を満たすものが存在する．最後に定理 6.56 より φ の一意性が従い，トレリ型定理の証明が終わる．□

注意 6.58 本章のトレリ型定理の証明は Burns, Rapoport [BR] によるが，Barth, Hulek, Peters, Van de Ven [BHPV], Beauville [Be3] も参考にした．

以下で Piatetski-Shapiro, Shafarevich [PS] による偏極 K3 曲面のトレリ型定理の証明の道筋を述べておく．この場合，次数 $2d$ の印付き偏極 K3 曲面 (X, H, α_X) からなる族が構成できる．

まず次数 $2d$ の偏極 K3 曲面 X を考える．必要ならば H の代わりに $3H$ を考えることで H は $X \subset \mathbb{P}^n$ の超平面切断とできる (Saint-Donat [Sai])．$P(k) = \chi(\mathcal{O}(kH))$ をヒルベルト多項式 (Hilbert polynomial) とするヒルベルトスキーム (Hilbert Scheme) の開集合 $\mathfrak{M}$ とその上の次数 $2d$ の非特異 K3 曲面の族

$$\mathcal{Z} \subset \mathbb{P}^n \times \mathfrak{M} \xrightarrow{\pi} \mathfrak{M} \tag{6.21}$$

が存在する．$x \in \mathfrak{M}$ に対し $\pi^{-1}(x) \subset \mathbb{P}^n$ を Z_x と表す．Z_x の法束 (normal bundle) を $\mathcal{N}_{\mathbb{P}^n/Z_x}$ とすると，$\mathfrak{M}$ が x で非特異であることと $H^1(Z_x, \mathcal{N}_{\mathbb{P}^n/Z_x}) = 0$ であることは同値である．今の場合，Z_x が K3 曲面であることから $H^1(Z_x, \mathcal{N}_{\mathbb{P}^n/Z_x}) = 0$ が示され $\mathfrak{M}$ は非特異であることが従う．$\mathfrak{M}$ の連結成分を考えることで始めから $\mathfrak{M}$ は連結であるとする．$\mathfrak{M}$ の適当な不分岐被覆への族の引き戻しを考え，その射影変換群 $\mathrm{PGL}(n, \mathbb{C})$ による商を取ることで次を得る．

定理 6.59 複素多様体 $\mathcal{X}, \widetilde{\mathfrak{M}}$ と正則写像 $\pi : \mathcal{X} \to \widetilde{\mathfrak{M}}$ で，次の性質を満たすものが存在する．

(1) $t \in \widetilde{\mathfrak{M}}$ に対しファイバー $\pi^{-1}(t)$ は次数 $2d$ の印付き偏極 K3 曲面である．
(2) 任意の次数 $2d$ の印付き偏極 K3 曲面は π のファイバーに現れる．
(3) $\dim \widetilde{\mathfrak{M}} = 19$ であり，π に付随した周期写像 $\tilde{\lambda}_{2d} : \widetilde{\mathfrak{M}} \to \Omega_{2d}$ は局所同型である．

周期写像 $\tilde{\lambda}_{2d}$ の単射性を示せば良い.クンマー曲面の周期の稠密性(系 6.38)はこの場合にもなりたつ.実際,定理 6.36 の証明の鍵となる補題 6.35 の証明は L の直和因子に $U \oplus U$ が現れることを用いているが,L_{2d} もこの性質を満たしている.したがって,$\tilde{\lambda}_{2d}$ の局所同型性およびクンマー曲面のトレリ型定理(定理 6.32)から Ω_{2d} の稠密な部分集合上で $\tilde{\lambda}_{2d}$ が単射となる.これと次の補題から $\tilde{\lambda}_{2d}$ の単射性が従う.

補題 6.60　複素多様体 U, V と正則写像 $f : U \to V$ で f は局所同型とする.V の稠密な部分集合 Z で各点 $z \in Z$ の逆像 $f^{-1}(z)$ は 1 点であるとする.このとき f は単射である.

問 6.61　補題 6.60 の証明を与えよ.

第7章 ◇ $K3$ 曲面の周期写像の全射性

$K3$ 曲面の周期写像の全射性の証明を紹介する．印付き $K3$ 曲面 (X, α_X) の正則 2 形式 ω_X とケーラー類 κ_X から $L \otimes \mathbb{R}$ の正定値 3 次元部分空間 $E(\omega_X, \kappa_X)$ が定まる．このとき $E(\omega_X, \kappa_X)$ の任意の分解 $E(\omega_X, \kappa_X) = E \oplus \mathbb{R}\kappa$ に対し，印付きケーラー $K3$ 曲面 Y で κ は Y のケーラー類に，E は Y の周期 ω_Y から定まる $E(\omega_Y)$ に対応するものが存在する．これにはヤウ (Yau) によるカラビ予想の解決が用いられる．この事実と代数的な $K3$ 曲面の周期の稠密性から全射性が証明される．最後に射影的な $K3$ 曲面の周期写像の全射性の証明の概略も紹介する．

7.1 印付きケーラー $K3$ 曲面の周期写像

$\omega \in \Omega$ に対し，

$$H^{1,1}_\omega = \{x \in L \otimes \mathbb{R} : \langle \omega, x \rangle = 0\}, \quad \Delta_\omega = \{\delta \in L : \langle \delta, \delta \rangle = -2, \ \langle \delta, \omega \rangle = 0\}$$

と定め，P^+_ω を $\{x \in H^{1,1}_\omega : \langle x, x \rangle > 0\}$ の連結成分の一つ，W_ω を鏡映 $\{s_\delta : \delta \in \Delta_\omega\}$ で生成される鏡映群，$H_\delta = \{x \in P^+_\omega : \langle x, \delta \rangle = 0\}$ とおく．

$$P^+_\omega \setminus \bigcup_{\delta \in \Delta_\omega} H_\delta$$

の連結成分が W_ω の P^+_ω への作用に関する基本領域である（定理 2.9）．

定義 7.1 $K3$ 曲面 X と格子の同型写像 $\alpha_X : H^2(X, \mathbb{Z}) \to L$ および X のケーラー類 $\kappa_X \in D(X)$ の三つ組み (X, α_X, κ_X) を**印付きケーラー** $K3$ **曲面** (marked Kähler $K3$ surface) と呼ぶ．印付きケーラー $K3$ 曲面の同型類の集合を $\widetilde{\mathcal{M}}$ と表す．印付きケーラー $K3$ 曲面 (X, α_X, κ_X) に対し

$$(\alpha_X(\omega_X), \alpha_X(\kappa_X)) \in \widetilde{\Omega}^\circ$$

が定まる. ここで
$$\widetilde{\Omega}^\circ = \{(\omega, \kappa) \in \widetilde{\Omega} \ : \ 任意のr \in \Delta_\omega に対して \langle r, \kappa \rangle \neq 0\}$$
であった ((6.20) 参照). このようにして定義 6.8 で与えた周期写像 λ の精密化である印付きケーラー $K3$ 曲面の周期写像

$$\tilde{\lambda} : \widetilde{\mathcal{M}} \to \widetilde{\Omega}^\circ \tag{7.1}$$

が得られる.

$K3$ 曲面のトレリ型定理 (定理 6.1) より $\tilde{\lambda}$ の単射性が従う. 周期写像 λ の全射性を示すためには $\tilde{\lambda}$ が全射であることを示せば良い.

7.2 $K3$ 曲面の周期写像の全射性

$(\omega, \kappa) \in \widetilde{\Omega}^\circ$ に対し, $\mathrm{Re}(\omega), \mathrm{Im}(\omega)$ で生成される $L \otimes \mathbb{R}$ 内の部分空間を $E(\omega)$ と表した. (4.2) より $E(\omega)$ は正定値 2 次元部分空間である. κ は ω に直交しているから $E(\omega) \oplus \mathbb{R}\kappa$ は $L \otimes \mathbb{R}$ 内の正定値 3 次元部分空間 $E(\omega, \kappa)$ を定め, $\{\mathrm{Re}(\omega), \mathrm{Im}(\omega), \kappa\}$ はその直交基底である. $L \otimes \mathbb{R}$ 内の向きづけられた正定値 3 次元部分空間全体の集合を $G_3^+(L \otimes \mathbb{R})$ とすると, 写像

$$\pi : \widetilde{\Omega}^\circ \to G_3^+(L \otimes \mathbb{R}), \quad (\omega, \kappa) \mapsto E(\omega, \kappa) \tag{7.2}$$

が得られる.

いま, (X, α_X, κ_X) を印付きケーラー $K3$ 曲面とし

$$E(\omega_X, \kappa_X) = \pi(\alpha_X(\omega_X), \alpha_X(\kappa_X)) \in G_3^+(L \otimes \mathbb{R})$$

とおく. $\langle \omega, \omega \rangle = 0$, $\langle \omega, \bar{\omega} \rangle > 0$ を満たす零でない $\omega \in E(\omega_X, \kappa_X) \otimes \mathbb{C}$ を取ると, $E(\omega)$ は正定値であり $\omega \in \Omega$ であることが従う. $E(\omega)$ の $E(\omega_X, \kappa_X)$ 内での直交補空間が κ で生成されているとする. $E(\omega_X, \kappa_X)$ が印付きケーラー $K3$ 曲面の周期とケーラー類に対応していることから, L の長さ -2 の元 δ で

7.2 K3曲面の周期写像の全射性

$E(\omega_X, \kappa_X)$ と直交するものは存在しない.これに注意すれば $(\omega, \kappa) \in \widetilde{\Omega}^\circ$ がなりたつ.このとき
$$(\omega, \kappa) \in \mathrm{Im}(\tilde{\lambda}),$$
すなわち次の定理がなりたつ.

定理 7.2 $(\omega, \kappa) \in \widetilde{\Omega}^\circ$ に対し,$(\omega, \kappa) \in \mathrm{Im}(\tilde{\lambda})$ ならば,$\pi^{-1}(\pi(\omega, \kappa)) \subset \mathrm{Im}(\tilde{\lambda})$ である.すなわち $\tilde{\lambda}$ の像は式 (7.2) で与えた π のファイバーの和集合である.

この定理の証明にはヤウ (S.T. Yau) のカラビ予想 (Calabi conjecture) に関する結果が用いられる.証明はトドロフ (Todorov [To]) の他,Beauville [Be3],Barth, Hulek, Peters, Van de Ven [BHPV], 浪川 [Na1] を参照されたい.

定理 7.2 を用いて全射性の証明を完成させる.全射性の証明は三段階に分けて述べる.

補題 7.3 $(\omega, \kappa) \in \widetilde{\Omega}^\circ$ を取る.$E(\omega, \kappa) \cap L$ が原始的な階数 2 の格子 M で
$$\langle x, x \rangle \equiv 0 \bmod 4 \quad (\forall x \in M) \tag{7.3}$$
を満たすものを含むならば $(\omega, \kappa) \in \mathrm{Im}(\tilde{\lambda})$ である.

証明 定理 7.2 より $M \subset E(\omega)$ と仮定して補題を証明すれば十分である.このとき定理 6.33 より印付き K3 曲面 (X, α_X) で $\alpha_X(\omega_X) = \omega$ を満たすものが存在する.必要ならば α_X の代わりに鏡映群 $W(X)$ の元 w との合成 $w \circ \alpha_X$ を考えることで $\alpha_X^{-1}(\kappa) \in D(X)$ としてよい.ケーラー錐 $D(X)$ の中の $\mathbb{Q}$ 上定義された元はアンプル類であり,特にケーラー類である.今の場合,$E(\omega)$ が $\mathbb{Q}$ 上定義されているから,$H^{1,1}(X, \mathbb{R})$ も $\mathbb{Q}$ 上定義され,したがって $D(X)$ の中の $\mathbb{Q}$ 上定義された元は稠密である.よってケーラー類の集合はケーラー錐の中で稠密である.一方,ケーラー類の正の定数倍および和はケーラー類だからケーラー類の集合は凸錐である.以上より $D(X)$ の元は全てケーラー類となり,$\alpha_X^{-1}(\kappa)$ もケーラー類である.よって $(\omega, \kappa) \in \mathrm{Im}(\tilde{\lambda})$ を得る.□

補題 7.4 $(\omega,\kappa) \in \widetilde{\Omega}^\circ$ を取る. $E(\omega,\kappa) \cap L$ が原始的な元 x で
$$\langle x,x \rangle \equiv 0 \bmod 4 \tag{7.4}$$
を満たすものを含むならば $(\omega,\kappa) \in \mathrm{Im}(\tilde{\lambda})$ である.

証明 定理 7.2 より $x \in E(\omega)$ と仮定して補題を証明すれば十分である. $D \subset P_\omega^+$ を W_ω の基本領域で $\kappa \in D$ とする. 注意 6.37 より $L \otimes \mathbb{R}$ の開集合 $D \times E(\omega)$ の元 y で, $M = L \cap (\mathbb{Q}x + \mathbb{Q}y)$ が条件 (7.3) を満たす L の階数 2 の原始的部分格子となるものが稠密に存在する. $y \in E(\omega)$ ならば補題 7.3 より主張を得る. $y \notin E(\omega)$ ならば, y の D への射影を η とすると $E(\omega,\eta)$ は M を含み, さらにこのような η は D 内に稠密に存在する. 補題 7.3 より印付きケーラー K3 曲面 $(X_\eta, \alpha_{X_\eta}, \kappa_\eta)$ が存在して
$$\tilde{\lambda}(X_\eta, \alpha_{X_\eta}, \kappa_\eta) = (\omega, \eta)$$
がなりたつ. K3 曲面のトレリ型定理（系 6.2）より X_η は η の取り方にはよらず, ある K3 曲面 X に同型である. したがって $(\{\omega\} \times D) \cap \mathrm{Im}(\tilde{\lambda})$ は $\{\omega\} \times D$ の中で稠密かつ凸錐であり, 結局 $\{\omega\} \times D \subset \mathrm{Im}(\tilde{\lambda})$ がなりたつ. □

定理 7.5 $\tilde{\lambda}$ は全射である.

証明 $(\omega,\kappa) \in \widetilde{\Omega}^\circ$ を取る. $D \subset P_\omega^+$ を $\kappa \in D$ を満たす W_ω の基本領域とする. $E(\omega)$ が条件 (7.4) を満たす原始的な元 x を含めば, 主張は補題 7.4 より従う. そうでなければ補題 6.34 より $D \times E(\omega)$ に含まれる L の原始的な元 x で条件 (7.4) を満たすものが稠密に存在する. x の D への射影を η とすると $x \in E(\omega,\eta)$ であり, このような η は D 内で稠密である. 補題 7.4 より $(\omega,\eta) \in \mathrm{Im}(\tilde{\lambda})$ が従う. よって $(\{\omega\} \times D) \cap \mathrm{Im}(\tilde{\lambda})$ は $\{\omega\} \times D$ の中で稠密かつ凸錐であり, 結局 $\{\omega\} \times D \subset \mathrm{Im}(\tilde{\lambda})$ がなりたつ. □

注意 7.6 周期写像の全射性（定理 7.5）は Todorov [To] による. 上で与えた証明は Looijenga [Lo] を参考にした.

注意 7.7 次数 $2d$ の偏極 K3 曲面の周期領域 Ω_{2d} の各点 ω に対し, 定理 7.5 より印付き偏極 K3 曲面 (X, H, α_X) が存在して $\alpha_X(\omega_X) = \omega$ を満たす. 定理 6.12 の

直前で注意したように $H = \alpha_X^{-1}(h)$ はアンプル類とは限らず，線形系 $|mH|$ による X の射影モデルは有理二重点を許す曲面まで考える必要がある．

7.3 射影的 $K3$ 曲面の周期写像の全射性の証明の概略

ここでは射影的な $K3$ 曲面の周期写像の全射性の証明の概略を述べる．まず $K3$ 曲面の退化について準備する．

$$\Delta = \{t \in \mathbb{C} : |t| < \varepsilon\}, \quad \Delta^* = \{t \in \mathbb{C} : 0 < |t| < \varepsilon\}$$

とする．正則写像

$$\pi : \mathcal{X} \to \Delta$$

が $K3$ 曲面の**半安定退化** (semi-stable degeneration) であるとは，次の条件を満たすときをいう：

(1) $\mathcal{X}$ はケーラー多様体，π は固有かつ平坦な正則写像である，
(2) X_t ($\forall t \in \Delta^*$) は非特異 $K3$ 曲面，
(3) $X_0 = \sum_{i=1}^k S_i$ を X_0 の既約成分への分解とすると S_i は被約かつ非特異な曲面であり，$i \neq j$ ならば S_i と S_j は正規交叉である．

このとき次の定理が本質的である．

定理 7.8 $\pi : \mathcal{X} \to \Delta$ を $K3$ 曲面の半安定退化とする．このとき次の可換図式が存在する：

$$\begin{array}{ccc} \mathcal{X} & \xrightarrow{\varphi} & \mathcal{X}' \\ \downarrow \pi & & \downarrow \pi' \\ \Delta & = & \Delta \end{array}$$

ここで $\pi' : \mathcal{X}' \to \Delta$ は $K3$ 曲面の半安定退化で標準束 $K_{\mathcal{X}'}$ は自明であり，φ は双有理写像で Δ^* 上では同型写像である．

以下，半安定退化 $\pi : \mathcal{X} \to \Delta$ は $K_{\mathcal{X}}$ が自明とする．$K_{\mathcal{X}} = 0$ および添加公式より $\omega_{X_0} = (K_{\mathcal{X}} + X_0)|X_0 = 0$ である．ここで ω_{X_0} は X の双対化層

(dualizing sheaf) である．$X_0 = \sum_{i=1}^{k} S_i$ を既約成分への分解とする．ふたたび添加公式より

$$K_{S_i} = S_i|S_i = -\sum_{j \neq i} S_j|S_i = -\sum_{j \neq i} D_{ij}$$

である．ここで $D_{ij} = S_i \cap S_j$ は仮定から非特異曲線である．これより X_0 が可約のとき，X_0 が連結であることに注意すれば，S_i は線織面である．X_0 の双対図形 Σ を次のように定める．X_0 の各既約成分に対し頂点を，二つの既約成分の交わりとして現れる既約曲線に線分を，三つの既約成分が交わる点に面を対応させる．二つの頂点は対応する既約成分が交わるとき，その交わりに現れる既約曲線に対応した線分で結ぶ．このようにして得られた図形を Σ とする．またモノドロミー表現 (monodromy representation) と呼ばれる基本群の表現

$$\phi : \pi_1(\Delta^*) \to \mathrm{GL}(H^2(X_t, \mathbb{Z}))$$

が存在する．$\pi_1(\Delta^*)$ の生成元 γ に対し $T = \phi(\gamma)$, $N = \log(T) = (T-I) - (T-I)^2/2$ とする．このとき N はベキ零であることが知られている (Griffiths [G], §4)．

定理 7.9 X_0 は次のいずれかである．

(I) X_0 は非特異 $K3$ 曲面であり，$N = 0$ である．

(II) $X_0 = S_1 + S_2 + \cdots + S_n$ $(n \geq 2)$ と分解する．ここで S_i は S_{i-1}, S_{i+1} とだけ交わり，$E_i = S_{i-1} \cap S_i$ は非特異楕円曲線である．ただし S_1, S_n はそれぞれ S_2, S_{n-1} とだけ交わる．S_1, S_n は有理曲面，それ以外の S_i は楕円曲線 E_i 上の線織面である．双対図形 Σ は次で与えられる．

$$\underset{S_1}{\circ}\!\!-\!\!\underset{S_2}{\circ}\!\!-\cdots-\!\!\underset{S_n}{\circ}$$

この場合 $N \neq 0$, $N^2 = 0$ である．

(III) $X_0 = \sum_{i=1}^{k} S_i$ の既約成分 S_i は全て有理曲面であり，双対図形は球面 S^2 の多角形分割である．この場合 $N^2 \neq 0, N^3 = 0$ である．

7.3 射影的 K3 曲面の周期写像の全射性の証明の概略

周期写像の全射性の証明に戻る.

$$\mathcal{Z} \subset \mathbb{P}^n \times \mathfrak{M} \to \mathfrak{M} \tag{7.5}$$

を (6.21) で与えた次数 $2d$ の非特異 K3 曲面の族とする. $\mathfrak{M}$ は準射影的な複素多様体である. 族 (7.5) に付随した周期写像

$$\lambda_{2d} : \mathfrak{M} \to \Omega_{2d}/\Gamma_{2d} \tag{7.6}$$

が引き起こされる (6.1 節で述べた λ_{2d} は, $\mathfrak{M}$ の射影変換群 $\mathrm{PGL}(n,\mathbb{C})$ による商を取った空間 $\mathcal{M}_{2d}$ 上に引き起こされるもので, 本節の λ_{2d} とは異なる). $\lambda_{2d}(\mathfrak{M})$ は Ω_{2d}/Γ_{2d} の中の至るところ稠密な部分集合である.

$$\begin{array}{ccc} \mathcal{Z} & \subset & \overline{\mathcal{Z}} \\ \downarrow & & \downarrow \\ \mathfrak{M} & \subset & \overline{\mathfrak{M}} \end{array}$$

を族 $\mathcal{Z} \to \mathfrak{M}$ のコンパクト化とする. ここで $\overline{\mathcal{Z}}, \overline{\mathfrak{M}}$ は射影多様体であり, 広中の特異点解消定理より, $\overline{\mathfrak{M}} \setminus \mathfrak{M}$ は正規交叉因子であるとしてよい. Ω_{2d}/Γ_{2d} のベイリー・ボレルのコンパクト化 $\overline{\Omega_{2d}/\Gamma_{2d}}$ を考える. 5.1.2 項で述べたこのコンパクト化の性質 (注意 5.6) から周期写像 λ_{2d} は正則写像

$$\bar{\lambda}_{2d} : \overline{\mathfrak{M}} \to \overline{\Omega_{2d}/\Gamma_{2d}}$$

に拡張できる. $\overline{\mathfrak{M}}$ と $\overline{\Omega_{2d}/\Gamma_{2d}}$ はどちらもコンパクトであり, $\lambda_{2d}(\mathfrak{M})$ は $\overline{\Omega_{2d}/\Gamma_{2d}}$ で至るところ稠密であるから, $\bar{\lambda}_{2d}$ は全射である. 任意の点 $\omega \in \Omega_{2d}$ の Ω_{2d}/Γ_{2d} への像を $[\omega]$ とする. $\bar{\lambda}_{2d}^{-1}([\omega])$ の点 x を通る非特異曲線 $C \subset \overline{\mathfrak{M}}$ で $C \cap \mathfrak{M} \neq \emptyset$ を満たすものを取る. $\bar{\lambda}_{2d}$ を C に制限することで正則写像

$$\bar{\lambda}_C : C \to \overline{\Omega_{2d}/\Gamma_{2d}}$$

を得る. x の近傍 $\Delta = \{t \in \mathbb{C} : |t| < \varepsilon\} \subset C$ を取る. x は $t = 0$ で与えられているとする. $\overline{\mathcal{Z}} \to \overline{\mathfrak{M}}$ から族

$$\pi : \mathcal{X} \to \Delta$$

が得られるが,ファイバー $X_t = \pi^{-1}(t)$ ($\forall t \in \Delta^* = \{t \in \mathbb{C} : 0 < |t| < \varepsilon\}$) は非特異 K3 曲面となるように Δ を選んでおく. 広中の特異点解消理論より X_0 は正規交叉因子と仮定してよい. 周期写像 $\bar{\lambda}_C$ を制限することで正則写像

$$\lambda_{\Delta^*} : \Delta^* \to \Omega_{2d}/\Gamma_{2d}$$

が得られるが, $\bar{\lambda}_C(0) = [\omega] \in \Omega_{2d}/\Gamma_{2d}$ より,λ_{Δ^*} は正則写像

$$\lambda_\Delta : \Delta \to \Omega_{2d}/\Gamma_{2d}$$

に拡張される.λ_{Δ^*} の Δ への拡張が Ω_{2d}/Γ_{2d} への写像であるためには T が位数有限であることが知られている (Griffiths [G], Theorem 4.11 の Remark). さらにマンフォード (D. Mumford) [KKMS] の半安定簡約定理 (semi-stable reduction theorem) より,必要ならば基底変換 $\Delta' \to \Delta$, $s \to t = s^m$ を考えることで,$\pi : \mathcal{X} \to \Delta$ は K3 曲面の半安定退化で $T = I$ としてよい. ここで定理 7.8 により,族 $\pi : \mathcal{X} \to \Delta$ はモノドロミーを変えずに $K_\mathcal{X} = 0$ を満たすようにできる. このとき定理 7.9 から X_0 は非特異であり,ω は非特異 K3 曲面の周期となる. 最後に $\alpha_{X_0}^{-1}(h)$ が X_0 上の因子 H_0 で代表され,(X_0, H_0) が定理 6.12 の意味での偏極 K3 曲面となることを示す. 以上が射影的な場合の全射性の証明の概略である.

注意 7.10 定理 7.8, 定理 7.9 および全射性の証明は Kulikov [Ku1], [Ku2] による. Kulikov は定理 7.8 において π の射影性を仮定していたが, Persson, Pinkham [PP] がこの定理の射影性を必要としない証明を与えた.

注意 7.11 楕円曲線の特異ファイバーについては 3.3 節で紹介したが, 特異ファイバーの各成分が被約で正規交叉であるのは I_n ($n \geq 0$) の場合である. I_0 型が定理 7.9 の (I) に, I_n 型 ($n \geq 1$) が (II), (III) に対応している.

注意 7.12 Ω_{2d}/Γ_{2d} は次数 $2d$ の偏極 K3 曲面のモジュライ空間と呼ばれるもので楕円曲線の $H^+/\mathrm{SL}(2, \mathbb{Z})$ に相当する. この双有理構造に関しては次数が小さければ**単有理** (unirational) であり,特に小平次元は $-\infty$ であることが知られている(向井 [Muk2]). ここで代数多様体が単有理であるとは,射影空間からの支配的な有理写像が存在するときをいう. 一方,次数が大きくなれば小平次元はモジュライ空間の次元に一致すること,すなわちモジュライ空間は**一般型** (general type) であることが最近示された (Gritsenko, Hulek, Sankaran [GHS]). 後者の証明には IV 型有界対称領域上の保型形式論 (Borcherds [Bor2]) が使われる.

第8章 ◇ トレリ型定理の自己同型への応用

トレリ型定理の応用として $K3$ 曲面の自己同型について述べる．まず射影的 $K3$ 曲面の自己同型群のネロン・セベリ格子とその鏡映群を用いた記述を与える．次に射影的 $K3$ 曲面の自己同型の超越格子への作用は有限巡回群であることを示す．これらの系として一般の非特異 4 次曲面の自己同型群は自明であることを導く．また有限群が射影的 $K3$ 曲面の自己同型として実現されるための条件を与える．最後に $K3$ 曲面の位数 2 の自己同型の分類を紹介する．

8.1 射影的 $K3$ 曲面の自己同型群

トレリ型定理の応用として射影的 $K3$ 曲面 X の自己同型群 $\mathrm{Aut}(X)$ の構造について述べる．S_X を X のネロン・セベリ格子，$\mathrm{O}(S_X)$ をその直交群，$A(X)$ をアンプル錐（アンプル錐については注意 4.19 を参照せよ）とする．さらに

$$\mathrm{Aut}(A(X)) = \{\phi \in \mathrm{O}(S_X) \,:\, \phi(A(X)) = A(X)\}$$

と定める．トレリ型定理から $\mathrm{Aut}(X)$ は周期とアンプル錐を保つ格子 $H^2(X, \mathbb{Z})$ の直交群の部分群である．周期を保つことから，準同型写像 $\mathrm{Aut}(X) \to \mathrm{O}(S_X)$ が得られるが，さらにアンプル錐を保つことから，準同型写像

$$\rho : \mathrm{Aut}(X) \to \mathrm{Aut}(A(X)) \tag{8.1}$$

を得る．系 2.16 より

$$\mathrm{Aut}(A(X)) \cong \mathrm{O}(S_X)/\{\pm 1\} \cdot W(X)$$

がなりたつ．

定理 8.1 ρ の核および余核は有限群である.

証明 X が射影空間 $\mathbb{P}^N$ に埋め込まれているとし, H をその超平面切断とする. 核 $\mathrm{Ker}(\rho)$ は S_X に自明に作用するので, H を固定する. よって $\mathrm{Ker}(\rho)$ は $\mathbb{P}^N$ の射影変換より引き起こされており代数群となるが, $\mathrm{Ker}(\rho)$ は離散群 (定理 6.56 の証明参照) であるから有限群となる. 次に

$$G = \mathrm{Ker}\{\mathrm{O}(S_X) \to \mathrm{O}(q_{S_X})\} \cap \mathrm{Aut}(A(X))$$

を考える. $\mathrm{O}(q_{S_X})$ は有限群だから G は $\mathrm{Aut}(A(X))$ の指数有限の部分群である. G は $\mathrm{O}(S_X)$ の部分群であるが, $A_{S_X} = S_X^*/S_X$ に自明に作用しているので, G の超越格子 T_X への作用を自明なもので定義すると, 系 1.33 より G は $H^2(X,\mathbb{Z})$ への作用に拡張できる. このとき G は正則 2 形式 $\omega_X \in T_X \otimes \mathbb{C}$ を保ち, 定義からアンプル錐も保つ. よって $K3$ 曲面のトレリ型定理 (定理 6.1) より G は X の自己同型として実現できる. □

系 8.2 $\mathrm{Aut}(X)$ が有限群であることと $W(X)$ が $\mathrm{O}(S_X)$ の指数有限の部分群であることは同値である.

問 8.3 $\mathrm{Aut}(X)$ が有限群である階数 2 のネロン・セベリ格子 S_X の例をあげよ.

注意 8.4 定理 8.1 は I. Piatetski-Shapiro, I. R. Shafarevich [PS] による. [PS] の 7 節には F. Severi による自己同型群が位数無限となる例などが書かれている. 一方, 自己同型群 $\mathrm{Aut}(X)$ が有限群となる $K3$ 曲面のネロン・セベリ格子の分類は V. Nikulin [Ni4], [Ni6] によりなされた. ただし階数 2 の場合は I. Piatetski-Shapiro, I. R. Shafarevich [PS], §7, 階数 4 の場合は E. Vinberg [V2] による.

8.2 自己同型群の超越格子への作用

X を $K3$ 曲面, ω_X を 0 でない正則 2 形式とする. 最初は X を射影的とは仮定しない. X の自己同型は X 上の正則 2 形式 ω_X を保つから, $g \in \mathrm{Aut}(X)$ に対し

$$g^*(\omega_X) = \gamma(g) \cdot \omega_X \tag{8.2}$$

8.2 自己同型群の超越格子への作用

により零でない定数 $\gamma(g) \in \mathbb{C}^*$ が定まる．これから準同型写像

$$\gamma : \mathrm{Aut}(X) \to \mathbb{C}^* \tag{8.3}$$

が得られる．

定義 8.5 X の自己同型 $g \in \mathrm{Aut}(X)$ は $g \in \mathrm{Ker}(\gamma)$ のときシンプレクティック (symplectic) であるという．$\mathrm{Aut}(X)$ の部分群 G がシンプレクティックとはその任意の元がそうであるときをいう．

問 8.6 例 4.24 で与えたクンマー曲面とその楕円曲面構造

$$\pi : \mathrm{Km}(E \times F) \to \mathbb{P}^1$$

を考える．π は 4 個の切断を持っていた．切断の一つ s_0 を固定し，s_0 と非特異ファイバーとの交わりをその楕円曲線の原点と考える．別の切断 s は楕円曲線の平行移動を，したがってクンマー曲面の双有理自己同型 t を引き起こす．このとき t はシンプレクティックな自己同型であることを示せ．

シンプレクティックな自己同型とそうでないものは性質が大きく異なる．例えば次がなりたつ．

命題 8.7 G を $K3$ 曲面 X の自己同型からなる有限群とする．

(1) G がシンプレクティックならば X/G の極小モデルは $K3$ 曲面である．
(2) G がシンプレクティックでなければ X/G は有理曲面またはエンリケス曲面である．

証明 (1) Y を X/G の非特異極小モデルとする．$x \in X$ に対し，G_x を x の固定部分群とする．G がシンプレクティックならば G_x の固定点 x の接空間への作用は $\mathrm{SL}(2, \mathbb{C})$ の有限部分群による $\mathbb{C}^2$ への自然な作用と同型であることが分かる（例えば定理 6.56 の証明参照）．注意 4.22 で述べたことから，X/G の特異点は有理二重点であることが従う．有理二重点の性質（注意 4.22）より，G で不変な X 上の正則 2 形式は Y 上の 0 とならない正則 2 形式を引き起こし，K_Y は自明となる．$b_1(X) = 0$ より $b_1(Y) = 0$ が従い，Y は $K3$ 曲面となる．

(2) この場合, G で不変な X 上の正則 2 形式は 0 だけである. したがって Y を X/G の非特異極小モデルとすると $p_g(Y) = 0$ がなりたつ. $K3$ 曲面はケーラーであることから Y もケーラーとなり, あとは曲面の分類 (3.2 節) を用いればよい. □

● **例 8.8** 補題 6.23 の証明で構成した $K3$ 曲面の間の二重被覆 (有理写像) $Y \to X$ は, Y の位数 2 のシンプレクティックな自己同型による商写像と特異点の解消を合成して得られている. 一方, $\mathbb{P}^2$ の非特異な 6 次曲線で分岐する二重被覆として得られる $K3$ 曲面の場合 (例 4.1), その被覆変換はシンプレクティックでない位数 2 の自己同型である.

以下では X が射影的な場合にシンプレクティックでない自己同型の性質を述べる. X を射影的 $K3$ 曲面とする. 自己同型群 $\mathrm{Aut}(X)$ はネロン・セベリ格子 S_X を保つから, その直交補空間である超越格子 T_X に作用する. 以下, $\mathrm{Aut}(X)$ の T_X への作用の性質を調べる. S_X の階数を r とすると X が射影的と仮定しているので,

$$S_X \text{ の符号は } (1, r-1) \quad (1 \leq r \leq 20)$$

である (命題 4.11). したがって T_X の符号は $(2, 20-r)$ である. ω_X を 0 でない X 上の正則 2 形式とすると $E(\omega_X) = \langle \mathrm{Re}(\omega_X), \mathrm{Im}(\omega_X) \rangle$ は $T_X \otimes \mathbb{R}$ の 2 次元正定値部分空間であった (4.1 節参照). $T_X \otimes \mathbb{R}$ の符号は $(2, 20-r)$ であるから, $E(\omega_X)$ の $T_X \otimes \mathbb{R}$ 内での直交補空間 $E(\omega_X)^\perp$ は負定値である. $E(\omega_X)$ と $E(\omega_X)^\perp$ は共に定値よりそれらの直交群 $\mathrm{O}(E(\omega_X)), \mathrm{O}(E(\omega_X^\perp))$ はコンパクトである. $\mathrm{Aut}(X)$ を T_X に制限したものを $\mathrm{Aut}(X)|T_X$ と表す. $\mathrm{Aut}(X)|T_X$ は $E(\omega_X)$ および $E(\omega_X)^\perp$ を保つから, $\mathrm{Aut}(X)|T_X \subset \mathrm{O}(E(\omega_X)) \times \mathrm{O}(E(\omega_X^\perp))$ がなりたつ. 一方, $\mathrm{O}(T_X)$ は $\mathrm{O}(T_X \otimes \mathbb{R})$ の離散部分群である. よって $\mathrm{Aut}(X)|T_X$ は離散部分群とコンパクト集合の交わりに含まれ, 有限群である. したがって (8.3) で与えた準同型写像 γ の像も有限群となる. 特に $g \in \mathrm{Aut}(X)$ に対し $\gamma(g)$ は 1 のべき根であり, γ の像は乗法群 $\mathbb{C}^*$ の有限部分群であるから巡回群である.

問 8.9 乗法群 $\mathbb{C}^*$ の有限部分群は巡回群であることを示せ.

8.2 自己同型群の超越格子への作用

問 8.10 $\mathbb{P}^5$ の斉次座標を $x = (x_1, \ldots, x_6)$ とし,

$$X = \left\{ x \in \mathbb{P}^5 : \sum_{i=1}^{6} x_i = \sum_{i=1}^{6} x_i^2 = \sum_{i=1}^{6} x_i^3 = 0 \right\}$$

とおく.

(1) X は $K3$ 曲面であることを示せ.
(2) 座標の置換から引き起こされる対称群 $\mathfrak{S}_6$ が自己同型として X に作用しているが, この部分群である交代群 $\mathfrak{A}_6$ は X にシンプレクティックに作用していることを示せ.

補題 8.11 $g \in \mathrm{Ker}(\gamma)$ は T_X に自明に作用する.

証明 $x \in T_X$ に対し,

$$\langle x, \omega_X \rangle = \langle g^*(x), g^*(\omega_X) \rangle = \langle g^*(x), \omega_X \rangle$$

より $x - g^*(x) \in (\omega_X)^\perp \cap H^2(X, \mathbb{Z}) = S_X$ を得る. $x \in T_X$ より $x - g^*(x) \in T_X \cap S_X$ となるが, S_X は非退化であるから (命題 4.11), $S_X \cap T_X = 0$ がなりたち, したがって $g^*(x) = x$ を得る. □

補題 8.12 $g \in \mathrm{Aut}(X)$ は $g^*|T_X \neq 1$ を満たしているとする. このとき g^* は $T_X \otimes \mathbb{Q}$ の 0 でない元を固定しない.

証明 $x \in T_X \otimes \mathbb{Q}$ で $g^*(x) = x$ を満たすものが存在すると仮定する. このとき

$$\langle x, \omega_X \rangle = \langle g^*(x), g^*(\omega_X) \rangle = \langle x, \gamma(g) \cdot \omega_X \rangle$$

であるが, $g|T_X \neq 1$ より $\gamma(g) \neq 1$ であり (補題 8.11), したがって $\langle x, \omega_X \rangle = 0$, すなわち $x \in S_X \otimes \mathbb{Q} \cap T_X \otimes \mathbb{Q} = \{0\}$ より $x = 0$ を得る. □

系 8.13 $\mathrm{Aut}(X)|T_X$ は有限巡回群である. その位数を m とすると, $\mathbb{Q}$ 上の表現

$$\mathrm{Aut}(X) \to \mathrm{O}(T_X \otimes \mathbb{Q})$$

は次数が $\varphi(m)$ の既約表現の直和である. ここで φ はオイラー関数である. 特に $\varphi(m)$ は T_X の階数を割り切る.

証明 補題 8.11 より $\mathrm{Aut}(X)|T_X$ は γ の像に同型であり，したがって有限巡回群である．その生成元を g^* とすると $(g^*)^k$ $(k < m)$ は $T_X \otimes \mathbb{Q}$ の 0 でない元は固定しない（補題 8.12）．したがって $g^*|T_X$ の固有値は全て 1 の原始 m 乗根である．さらに g^* は $\mathbb{Q}$ 乗定義されているから，共役な 1 の原始 m 乗根はすべて固有値に現れる．これから補題が従う．□

系 8.14 $\mathrm{Aut}(X)|T_X$ の位数を m とすると，$m \leq 66$ がなりたつ．

証明 T_X の階数は高々 20 であることから従う．□

- **例 8.15** 次式
$$y^2 = x^3 + t^{12} - t, \quad g(x, y, t) = (\zeta_3 \zeta_{11}^4 x, -\zeta_{11}^6 y, \zeta_{11} t)$$
で与えられる楕円曲面は非特異 $K3$ 曲面であり，その自己同型 g は系 8.14 の等号 $m = 66$ の例を与えるものである．ただし ζ_k は 1 の原始 k 乗根とする．

- **例 8.16** $X \subset \mathbb{P}^3$ を非特異 4 次曲面とする．ネロン・セベリ格子を S_X とすると
$$1 \leq \mathrm{rank}(S_X) \leq 20$$
がなりたつ．ここでは $\mathrm{rank}(S_X) = 1$ の非特異 4 次曲面を考え，その自己同型群 $\mathrm{Aut}(X)$ が自明であることを示す．超平面切断のコホモロジー類を $h \in S_X$ とする．$\langle h, h \rangle = 4$ であるから，h は原始的で，S_X は h で生成される正定値の格子である．任意の $g \in \mathrm{Aut}(X)$ は S_X を保つが，S_X の階数が 1 であることから $g^* | S_X = 1$ または -1 である．$g^* | S_X = -1$ ならば $g^*(h) = -h$ となり矛盾を得る．したがって $g^* | S_X = 1$ となる．これと補題 8.11 により $\mathrm{Ker}(\gamma)$ は $S_X \oplus T_X$ に自明に作用する．$S_X \oplus T_X$ は $H^2(X, \mathbb{Z})$ の指数有限の部分群より，$\mathrm{Ker}(\gamma)$ は $H^2(X, \mathbb{Z})$ に自明に作用し，したがって定理 6.56 より，$\mathrm{Ker}(\gamma) = 1$ を得る．以上より $\mathrm{Aut}(X)$ は有限巡回群である．有限巡回群 $\mathrm{Aut}(X)$ の位数を m とすると，系 8.13 より $\varphi(m)$ は T_X の階数を割り切る．$\mathrm{rank}(S_X) = 1$ と仮定しているから，$\mathrm{rank}(T_X) = 21$ が従う．もし $m > 2$ ならば $\varphi(m)$ は偶数であり矛盾を得る．よって $m \leq 2$ を得る．もし $m = 2$ ならば $\mathrm{Aut}(X)$ の生成元 g は $g^* | S_X = 1, g^* | T_X = -1$ を満たしている．一

方, 系 1.33 および $g^* \mid S_X = 1$ より g^* の $T_X^*/T_X \cong S_X^*/S_X$ への作用は自明である. 補題 1.45 より $H^2(X, \mathbb{Z})$ の長さ 4 の元は全て直交群 $\mathrm{O}(H^2(X, \mathbb{Z}))$ の元で写り合う. したがって

$$T_X \cong U \oplus U \oplus E_8 \oplus E_8 \oplus \langle -4 \rangle \tag{8.4}$$

を得る. 直和分解 (8.4) に現れる成分 $\langle -4 \rangle$ の生成元を u とすると, $\frac{1}{4}u \bmod T_X$ が T_X^*/T_X の生成元である. これから -1_{T_X} は T_X^*/T_X には自明に作用できないことが従う. よって $m = 1$ である. 以上から次を得る.

命題 8.17 X を非特異 4 次曲面でネロン・セベリ格子の階数は 1 とする. このとき $\mathrm{Aut}(X) = \{1\}$ である.

注意 8.18 上の命題と同様にしてネロン・セベリ格子の階数が 1 である K3 曲面 X の自己同型群は次の通りである.
(1) $S_X \cong \langle 2m \rangle$ $(m \neq 1)$ ならば $\mathrm{Aut}(X) = \{1\}$,
(2) $S_X \cong \langle 2 \rangle$ ならば $\mathrm{Aut}(X) \cong \mathbb{Z}/2\mathbb{Z}$.

問 8.19 $S_X \cong \langle 2 \rangle$ の場合, $\mathrm{Aut}(X) \cong \mathbb{Z}/2\mathbb{Z}$ であることを示せ.

●**例 8.20** 非特異 4 次曲面も特殊なものになると自己同型群は大きくなる. 例えばフェルマー型 4 次曲面

$$F_4 = \{x_1^4 + x_2^4 + x_3^4 + x_4^4 = 0\}$$

には射影変換として $(\mathbb{Z}/4\mathbb{Z})^3 \cdot \mathfrak{S}_4$ が作用している. ここで $\mathfrak{S}_4$ は $\mathbb{C}^4$ の線形変換

$$(x_1, x_2, x_3, x_4) \to (x_{\sigma(1)}, x_{\sigma(2)}, x_{\sigma(3)}, x_{\sigma(4)}), \quad \sigma \in \mathfrak{S}_4 \tag{8.5}$$

から引き起こされる射影変換. $(\mathbb{Z}/4\mathbb{Z})^3$ は $\mathbb{C}^4$ の線形変換

$$(x_1, x_2, x_3, x_4) \to (x_1, \sqrt{-1}^a \cdot x_2, \sqrt{-1}^b \cdot x_3, \sqrt{-1}^c \cdot x_4), \quad (a, b, c \in \mathbb{Z}) \tag{8.6}$$

から引き起こされる射影変換である.

F_4 は 48 個の直線を含んでいる. 例えば ζ_8 を 1 の原始 8 乗根とするとき,

$$\ell_1 : x_1 = \zeta_8 x_2, \quad x_3 = \zeta_8 x_4, \quad \ell_2 : x_1 = \zeta_8^3 x_2, \quad x_3 = \zeta_8^3 x_4$$

は F_4 上の互いに交わらない 2 直線 ℓ_1, ℓ_2 を与える．

問 8.21 フェルマー型 4 次曲面 F_4 は 48 個の直線を含むことを示せ．

問 8.22 $X \subset \mathbb{P}^3$ を非特異な 4 次曲面とし，X は互いに交わらない 2 本の直線 ℓ_1, ℓ_2 を含んでいるとする．$p \in X$ は ℓ_1, ℓ_2 上にない点とする．このとき p を通り ℓ_1, ℓ_2 の両方に交わる直線がただ一つ存在することを示せ．

問 8.22 の直線を ℓ とし，$\ell \cap X = \{\ell_1 \cap \ell, \ell_2 \cap \ell, p, q\}$ とする．p に対し q を対応させることで X の位数 2 の自己同型が得られる．この自己同型は射影変換から引き起こされない．このようにしてフェルマー型 4 次曲面 F_4 も射影変換から引き起こされない自己同型を持つ．さらに F_4 の自己同型群は無限群であることが知られている．

注意 8.23 この節の結果は主に V. Nikulin [Ni3] による．シンプレクティックな自己同型からなる有限アーベル群はニクーリン (Nikulin [Ni3]) により分類され，一般の有限群の場合は向井茂 ([Muk1]) により分類された．さらに向井は位数有限のシンプレクティックな自己同型のコホモロジー環 $H^*(X,\mathbb{Q})$ への作用の指標が，散在型有限単純群の一つであるマシュー群 M_{23} の 24 点集合への自然な作用の指標と一致することを見いだし，K3 曲面の有限シンプレクティック自己同型群は M_{23} の（ある性質を満たす）部分群であることを示した．

8.3 有限群が自己同型として実現されるための条件

ここでは後の応用のため，有限群 G が射影的 K3 曲面 X の自己同型として実現される必要十分条件を述べる．まず G は格子 $H^2(X,\mathbb{Z})$ に忠実に作用しているとする．簡単のため $H^2(X,\mathbb{Z})$ を L と表す．L の部分集合 L^G, L_G を次のように定義する．

$$L^G = \{x \in L \,:\, g(x) = x, \, \forall g \in G\}, \quad L_G = (L^G)^\perp. \quad (8.7)$$

ここで G が X に自己同型として作用していると仮定する．アンプル類 h に対し $\sum_{g \in G} g^*(h)$ は G-不変なアンプル類である．したがって $L^G \cap P^+(X) \neq \emptyset$ がなりたつ．G がシンプレクティックであれば 超越格子 T_X に自明に作用しているから（補題 8.11），L^G は符号 $(3, n)$ の格子であり，L_G は負定値の

格子となる．一方，G がシンプレクティックでない場合，G は T_X の元を固定しないから，L^G は符号 $(1,n)$ の格子となり，L_G は符号 $(2,19-n)$ の格子である．

補題 8.24　X は射影的と仮定し，$G \subset \mathrm{O}(L)$ を有限部分群とする．このとき適当な $w \in W(X)$ による共役 $w^{-1} \circ G \circ w$ が X に自己同型として作用するための必要十分条件は次で与えられる：

(1)　G は X 上の正則 2 形式を保つ；
(2)　$L^G \cap P^+(X) \neq \{0\}$;
(3)　$L_G \cap S_X$ は長さ -2 の元を含まない．

証明　G が X の自己同型として作用しているとする．このとき (1) は自明である．また上で述べたように (2) もなりたつ．$L_G \cap S_X$ が長さ -2 の元 δ を含んでいるとする．このとき

$$\sum_{g \in G} g^*(\delta) \in L_G \cap L^G$$

がなりたつ．リーマン・ロッホの定理より δ は有効因子と仮定してよい（補題 4.16）．自己同型は有効因子を保つから，$\sum_{g \in G} g^*(\delta)$ は G-不変な零でない有効因子である．一方，上で述べたように G が X に自己同型で作用している場合，L^G, L_G は共に非退化であり，特に $L^G \cap L_G = \{0\}$ がなりたつ．これは $\sum_{g \in G} g^*(\delta) \neq 0$ に反する．

逆に条件 (1), (2), (3) がなりたっていると仮定する．$W(X)$ は X 上の正則 2 形式に自明に作用しているから（注意 4.18），$W(X)$ の元による G の共役を取っても条件 (1) は保たれる．したがって $w^{-1} \circ G \circ w$ がケーラー錐を保つような $w \in W(X)$ の存在を示せばトレリ型定理より主張を得る．仮定 (2) より $L^G \cap P^+(X) \neq \{0\}$ であるが，仮定 (3) より $L^G \cap P^+(X)$ は $W(X)$ の部屋の面に含まれない．実際，もし含まれたとすると，ある $\delta \in \Delta(X)$ が存在して $L^G \subset \delta^\perp$ がなりたつ．これは $\delta \in L_G$ を意味し，矛盾を得る．したがって定理 2.9 より，$w^{-1}(L^G) \cap D(X) \neq \{0\}$ を満たす $w \in W(X)$ が存在する．このとき $x \in L^G$ に対し $(w^{-1} \circ G \circ w)(w^{-1}(x)) = w^{-1}(x)$ より $w^{-1} \circ G \circ w$

はケーラー錐を保つ. □

この節は浪川 [Na2] を参考にした.

8.4　$K3$ 曲面の位数 2 の自己同型

最後に $K3$ 曲面の位数 2 の自己同型について述べておく. 以下では $K3$ 曲面 X は射影的である必要はない. X の位数 2 の自己同型 g に対しては

$$g^*(\omega_X) = \pm\omega_X$$

がなりたつ. $g^*(\omega_X) = \omega_X$ の場合がシンプレクティックな自己同型である. g が固定点 $p \in X$ を持つとする. p の接空間 $T_p(X)$ への作用は g が位数有限より対角化でき

$$g^*(\omega_X) = \omega_X \text{ のとき } \begin{pmatrix} -1 & 0 \\ 0 & -1 \end{pmatrix}, \quad g^*(\omega_X) = -\omega_X \text{ のとき } \begin{pmatrix} 1 & 0 \\ 0 & -1 \end{pmatrix}$$

である (定理 6.56 の証明を参照せよ). 以上から次を得る.

補題 8.25　$g \in \mathrm{Aut}(X)$ の位数は 2 とし, 固定点を持つとする. このとき g がシンプレクティックならばその固定点は孤立点であり, g がシンプレクティックでなければその固定点集合は非特異曲線である.

問 8.26　g を $K3$ 曲面の位数有限のシンプレクティックな自己同型とする. このとき g は必ず X 上に固定点を持つことを示せ.

位数 2 の自己同型は次のように完全に分類されている. 証明は述べられないがその結果を以下に述べておく. X を $K3$ 曲面, $g \in \mathrm{Aut}(X)$ を位数 2 の自己同型とし,

$$L_\pm = \{x \in H^2(X, \mathbb{Z}) : g^*(x) = \pm x\}$$

と定める. $L_\pm$ は 2-初等格子である.

問 8.27　$L_\pm$ は 2-初等格子であることを示せ.

8.4 $K3$ 曲面の位数 2 の自己同型

命題 8.28　g をシンプレクティックな位数 2 の自己同型とする.

(1) g の固定点は 8 点からなる.
(2) L_- は $E_8(2)$ に同型である.

命題 8.29　g をシンプレクティックでない位数 2 の自己同型とし, g の固定点の集合を F とする. また 2-初等格子 L_+ の不変量を $(r = t_+ + t_-, l, \delta)$ とする (命題 1.39). このとき次のいずれかがなりたつ.

(1) $F = \emptyset$. このとき $(r, l, \delta) = (10, 10, 0)$ であり, L_+ は $U(2) \oplus E_8(2)$ に同型である.
(2) F は二つの互いに交わらない非特異楕円曲線からなる. このとき $(r, l, \delta) = (10, 8, 0)$ であり, L_+ は $U \oplus E_8(2)$ に同型である.
(3) $F = C + E_1 + \cdots + E_k$ である. ここで C は種数 g の非特異曲線, $E_1, \ldots, E_k$ は非特異有理曲線であり, (r, l) は

$$g = \frac{22 - r - l}{2}, \quad k = \frac{r - l}{2}$$

を満たす. さらに F のコホモロジー類が L_+ において 2 で割り切れるための必要十分条件が $\delta = 0$ で与えられる.

注意 8.30　命題 8.28 の証明はニクーリン (V. Nikulin) [Ni3] を, 命題 8.29 は [Ni4] を参照のこと.

第9章 ◇ エンリケス曲面

　　$K3$ 曲面のトレリ型定理と周期写像の全射性の応用として，エンリケス曲面のトレリ型定理と周期写像の全射性について述べる．さらにエンリケス曲面上の非特異有理曲線や楕円曲線について述べ，一般のエンリケス曲面の自己同型群の記述を与える．最後にエンリケス曲面の具体例を与える．

9.1　エンリケス曲面の周期理論

9.1.1　エンリケス曲面と被覆 $K3$ 曲面

　Y をエンリケス曲面とする．3.2 節で述べたように，その定義は $p_g(Y) = q(Y) = 0$ で $K_Y^{\otimes 2}$ が自明である曲面である．これから $c_1(Y)^2 = 0$ であり，ネーターの公式

$$c_1(Y)^2 + c_2(Y) = 12(p_g(Y) - q(Y) + 1)$$

から $c_2(Y) = 12$ である．定理 3.5 より

$$h^{1,0}(Y) = h^{0,1}(Y) = h^{2,0}(Y) = h^{0,2}(Y) = 0, \quad h^{1,1}(Y) = 10$$

を得る．さらに定理 3.5 より $b^+(Y) = 1$ であり，したがってエンリケス曲面は代数的である．C を Y 上の既約曲線とする．このとき添加公式（定理 3.3）とリーマン・ロッホの定理（定理 3.1）より

$$C^2 = 2p_a(C) - 2, \quad \dim H^0(Y, \mathcal{O}(C)) \geq \frac{1}{2}C^2 + 1 = p_a(C)$$

がなりたつ．特に $C^2 \geq -2$ がなりたち，等号 $C^2 = -2$ が成立するのは C が非特異有理曲線のときである．また C^2 は偶数であるから Y は極小である．以上をまとめると次を得る．

9.1 エンリケス曲面の周期理論

命題 9.1　エンリケス曲面は極小な代数曲面である.

注意 9.2　$K3$ 曲面との違いとして, 長さ -2 の因子 D および $-D$ は共に有効因子でない場合が起こりえる.

命題 9.3　Y をエンリケス曲面とする. このとき Y の基本群は $\mathbb{Z}/2\mathbb{Z}$ であり, Y の普遍被覆は $K3$ 曲面である. 逆に $K3$ 曲面 X が固定点を持たない位数 2 の自己同型 σ を持つとする. このとき商曲面 $X/\langle\sigma\rangle$ はエンリケス曲面である.

証明　位数 2 の捻れ元 K_Y に対応する不分岐二重被覆

$$\pi : X \to Y$$

が存在する. このとき $e(X) = 2e(Y) = 24$ であり $K_X = \pi^*(K_Y^{\otimes 2})$ は自明である. ネーターの公式より $q(X) = 0$ が従い, X は $K3$ 曲面である. $K3$ 曲面は単連結であること (系 6.40) から補題の前半がなりたつ.

逆に X を $K3$ 曲面, σ を固定点を持たない位数 2 の自己同型とし, $Y = X/\langle\sigma\rangle$ とすると Y は非特異な極小曲面である. $\pi^*(K_Y) = K_X = 0$ より $K_Y^{\otimes 2} = 0$ を得る. $K3$ 曲面はケーラーより, Y は小平次元が 0 のケーラー極小曲面である. そのような曲面はアーベル曲面, 超楕円曲面, $K3$ 曲面またはエンリケス曲面であり, 不変量 (p_g, q) は順番に $(p_g, q) = (1, 2), (0, 1), (1, 0), (0, 0)$ となる (3.2 節). 今の場合, $2c_1(Y)^2 = c_1(X)^2 = 0$ および $2c_2(Y) = c_2(X) = 24$ とネーターの公式より, $p_g(Y) - q(Y) + 1 = 1$ が従う. よって Y はエンリケス曲面である. □

● **例 9.4**　X を $\mathbb{P}^5$ 内の三つの 2 次超曲面の交叉

$$X : Q_{i,1}(x_0, x_1, x_2) + Q_{i,2}(x_3, x_4, x_5) = 0 \quad (i = 1, 2, 3)$$

とする. ここで $(x_0, x_1, x_2, x_3, x_4, x_5)$ は $\mathbb{P}^5$ の斉次座標, $Q_{i,j}$ は 3 変数の斉次 2 次式である. X は非特異と仮定する. このとき X は $K3$ 曲面である (例 4.1). $\mathbb{P}^5$ の位数 2 の射影変換

$$\sigma : (x_0, x_1, x_2, x_3, x_4, x_5) \to (x_0, x_1, x_2, -x_3, -x_4, -x_5)$$

の固定点集合は二つの平面 $\{x_0 = x_1 = x_2 = 0\}$, $\{x_3 = x_4 = x_5 = 0\}$ である．ここで

$$\{Q_{1,i} = 0\} \cap \{Q_{2,i} = 0\} \cap \{Q_{3,i} = 0\} = \emptyset \quad (i=1,2)$$

と仮定する．σ は X の位数 2 の自己同型 σ を引き起こすが，仮定より固定点を持たず，商空間 $Y = X/\langle\sigma\rangle$ はエンリケス曲面である．4.4 節の式 (4.6) で与えた三つの超曲面は上の条件を満たしている．このことから種数 2 の曲線 C に付随したクンマー曲面 $\mathrm{Km}(C)$ はエンリケス曲面の被覆 $K3$ 曲面になっていることが分かる．

問 9.5 例 9.4 で与えたエンリケス曲面は何次元の族をなすか答えよ．

補題 9.6 Y をエンリケス曲面とする．このとき次がなりたつ：

$$\mathrm{Pic}(Y) \cong H^2(Y, \mathbb{Z}) \cong \mathbb{Z}^{\oplus 10} \oplus \mathbb{Z}/2\mathbb{Z}.$$

証明 $c_2(Y) = 12, q(Y) = 0$ より $b_2(Y) = 10$ を得る．命題 9.3 より $H_1(Y, \mathbb{Z}) = \mathbb{Z}/2\mathbb{Z}$ が従う．よって $H^2(Y, \mathbb{Z}) \cong \mathbb{Z}^{10} \oplus \mathbb{Z}/2\mathbb{Z}$ がなりたつ．コホモロジーの完全系列 (3.2) と $p_g(Y) = q(Y) = 0$ から $\mathrm{Pic}(Y) \cong H^2(Y, \mathbb{Z})$ が従う．□

命題 9.7 Y をエンリケス曲面とする．このとき次がなりたつ：

$$\dim H^0(Y, T_Y) = \dim H^2(Y, T_Y) = 0, \quad \dim H^1(Y, T_Y) = 10.$$

証明 Y 上の正則ベクトル場は Y の普遍被覆 $\pi: X \to Y$ 上の正則ベクトル場を引き起こすことに注意すると，補題 5.17 より $H^0(Y, T_Y) = 0$ が従う．一方，セール双対性より $H^2(Y, T_Y) \cong H^0(Y, K_Y \otimes \Omega_Y^1)$ がなりたつ．もしこれが 0 でなければ，$H^0(X, \Omega_X^1) = H^0(X, \pi^*(K_Y \otimes \Omega_Y^1)) \neq 0$ を得るが，これは $q(X) = 0$ に矛盾する．最後に階数 2 のベクトル束 T_Y に関するリーマン・ロッホの定理（例えば [BHPV], I 章 5 節）

$$\sum_i (-1)^i \dim H^i(Y, T_Y) = 2(p_g(Y) - q(Y) + 1) + c_1(Y)^2 - c_2(Y)$$

より $H^1(Y, T_Y) = 10$ が従う．□

9.1 エンリケス曲面の周期理論

定理 5.14 と定理 5.15 より次を得る.

系 9.8 エンリケス曲面は 10 次元の完備な複素解析族を持つ.

定義 9.9 Y をエンリケス曲面とする. $H^2(Y, \mathbb{Z})_f$ を $H^2(Y, \mathbb{Z})$ の捻れ部分群による商とする.

補題 9.10 Y をエンリケス曲面とする. このとき $H^2(Y, \mathbb{Z})_f$ は交点形式により格子となり $U \oplus E_8$ に同型である.

証明 命題 9.1 と補題 9.6 より $H^2(Y, \mathbb{Z})$ は既約曲線の類で生成されている. 既約曲線 C に対し $C^2 = C^2 + C \cdot K_Y = 2p_a(C) - 2$ がなりたち, したがって, この格子は偶格子である. ポアンカレ双対性よりユニモジュラーであり, $b^+(Y) = 1$ より符号は $(1,9)$ である. よって定理 1.27 より $U \oplus E_8$ に同型である. □

Y をエンリケス曲面とし, $\pi: X \to Y$ を不分岐二重被覆とする. X は $K3$ 曲面である (命題 9.3). $L_X = H^2(X, \mathbb{Z})$ とおくと $L_X \cong U^{\oplus 3} \oplus E_8^{\oplus 2}$ である (定理 4.5). σ を π の被覆変換とし,

$$L_X^+ = \{x \in L_X \ : \ \sigma^*(x) = x\}, \quad L_X^- = \{x \in L_X \ : \ \sigma^*(x) = -x\} \quad (9.1)$$

と定めると, L_X^+ と L_X^- は L_X の中で互いに直交補空間である.

補題 9.11 $L_X^+ \cong U(2) \oplus E_8(2)$, $L_X^- \cong U \oplus U(2) \oplus E_8(2)$.

証明 $y, y' \in H^2(Y, \mathbb{Z})$ に対し $\langle \pi^*(y), \pi^*(y') \rangle = 2\langle y, y' \rangle$ がなりたつことと, 補題 9.10 より

$$L_X^+ \cong U(2) \oplus E_8(2)$$

が従う. 明らかに

$$A_{L_X^+} \cong (\mathbb{Z}/2\mathbb{Z})^{10}$$

がなりたつ. 定理 1.32 より $A_{L_X^-} \cong (\mathbb{Z}/2\mathbb{Z})^{10}$ である. 一方, $\mathrm{rank}(L_X^-) = 12$ であり, したがって命題 1.37 より L_X^- の同型類は $q_{L_X^-}$ で定まる.

$$q_{U\oplus U(2)\oplus E_8(2)} \cong -q_{U(2)\oplus E_8(2)} = -q_{L_X^+} \cong q_{L_X^-}$$

より $L_X^- \cong U \oplus U(2) \oplus E_8(2)$ がなりたつ. □

注意 9.12 σ は命題 8.29 の (1) の場合である.

定義 9.13 L を符号が $(3, 19)$ のユニモジュラー偶格子とする. L の直和分解

$$L = U \oplus U \oplus U \oplus E_8 \oplus E_8$$

を一つ固定し, x_i を i 番目の U の成分, y_j を j 番目の E_8 の成分とする. 格子の自己同型 ι とその不変部分格子を

$$\iota(x_1, x_2, x_3, y_1, y_2) = (-x_1, x_3, x_2, y_2, y_1), \tag{9.2}$$

$$L^+ = \{x \in L \,:\, \iota^*(x) = x\}, \quad L^- = \{x \in L \,:\, \iota^*(x) = -x\} \tag{9.3}$$

と定義すると,

$$L^+ \cong U(2) \oplus E_8(2), \quad L^- \cong U \oplus U(2) \oplus E_8(2)$$

が成り立つ.

補題 9.14 σ^* の L_X への作用と ι の L への作用は共役である.

証明 L_X と L の同型を一つ固定し, これらを同一視する. 同型写像 $\varphi : L_X^+ \to L^+$ を一つとる. このとき系 1.33 の条件 (2) を満たす同型写像 $\psi : L_X^- \to L^-$ の存在が, 自然な写像

$$\mathrm{O}(L^-) \to \mathrm{O}(q_{L^-})$$

の全射性 (命題 1.37) から従う. よって系 1.33 より (φ, ψ) は同型写像 $\tilde{\varphi} : L \to L$ に拡張できる. このとき $\tilde{\varphi}^{-1} \circ \iota \circ \tilde{\varphi} = \sigma$ を得る. □

問 8.27 より L^+, L^- は 2-初等偶格子である. 命題 1.39 より次もなりたつ.

補題 9.15　任意の L^+ および L^- の自己同型は L の自己同型に拡張できる．すなわち制限写像
$$\mathrm{O}(L) \to \mathrm{O}(L^\pm)$$
は全射である．

定義 9.16　$L, L^\pm, \iota$ は定義 9.13 の通りとし，$M = L^+(1/2) \cong U \oplus E_8$ とする．Y をエンリケス曲面，$\pi: X \to Y$ を不分岐二重被覆，σ を被覆変換とする．格子の同型
$$\alpha_Y : H^2(Y, \mathbb{Z})_f \to M$$
を一つ取る．α_Y は格子の同型
$$\tilde{\alpha}_Y : L_X^+ \to L^+$$
を引き起こすが，補題 9.15 より $\tilde{\alpha}_Y$ は格子の同型
$$\alpha_X : L_X = H^2(X, \mathbb{Z}) \to L$$
で $\alpha_X \circ \sigma^* = \iota \circ \alpha_X$ を満たすものに拡張できる．このようにして得られたエンリケス曲面 Y と格子の同型の組 (Y, α_X) を**印付きエンリケス曲面** (marked Enriques surface) と呼ぶ．

9.1.2　エンリケス曲面の周期と周期領域

エンリケス曲面の周期と周期領域を定義する．(Y, α_X) を印付きエンリケス曲面，ω_X を X 上の零でない正則 2 形式とする．$p_g(Y) = 0$ より X 上には σ-不変な正則 2 形式は存在せず，したがって
$$\sigma^*(\omega_X) = -\omega_X, \tag{9.4}$$
すなわち $\omega_X \in L_X^- \otimes \mathbb{C}$ を得る．そこで
$$\Omega(L^-) = \{\omega \in \mathbb{P}(L^- \otimes \mathbb{C}) : \langle \omega, \omega \rangle = 0,\ \langle \omega, \bar{\omega} \rangle > 0\} \tag{9.5}$$

と定めると，$\alpha_X(\omega_X) \in \Omega(L^-)$ が定まる．L^- の符号が $(2,10)$ であるから，$\Omega(L^-)$ は二つの IV 型有界対称領域 の非交和である（5.1 節参照）．

$$\Gamma = \mathrm{O}(L^-) \tag{9.6}$$

とおく．$\Omega(L_-)$ の二つの連結成分は Γ の元で写り合う．Γ は $\Omega(L^-)$ に真性不連続に作用しており，その商 $\Omega(L^-)/\Gamma$ は複素解析空間の構造が入り，準射影的でもある（5.1.2 項参照）．

定義 9.17 $\alpha_X(\omega_X) \in \Omega(L^-)$ を印付きエンリケス曲面の**周期** (period)，$\Omega(L^-)$ を**周期領域** (period domain) と呼ぶ．エンリケス曲面 Y に対し

$$\alpha_X(\omega_X) \bmod \Gamma \in \Omega(L^-)/\Gamma$$

は印の取り方によらず定まる．$\mathcal{M}_E$ をエンリケス曲面の同型類からなる集合とすると写像

$$p : \mathcal{M}_E \to \Omega(L^-)/\Gamma \tag{9.7}$$

が得られるが，p をエンリケス曲面の**周期写像**と呼ぶ．

$K3$ 曲面の場合と異なり，必ずしも $\Omega(L^-)$ の点がエンリケス曲面の周期に対応はしていない．このことを次に見ていく．L^- は直和成分に U を含んでいるから，長さ -2 の元 δ を含んでいる．いま，δ に直交する $\omega \in \Omega(L^-)$ を考える．$K3$ 曲面の周期写像の全射性より，印付き $K3$ 曲面 (X, α_X) で $\alpha_X(\omega_X) = \omega$ を満たすものが存在する．格子の同型写像

$$\iota_X = \alpha_X^{-1} \circ \iota \circ \alpha_X : H^2(X, \mathbb{Z}) \to H^2(X, \mathbb{Z})$$

は $\iota_X(\omega_X) = -\omega_X$ より正則 2 形式を保つ．一方，$\delta_X = \alpha_X^{-1}(\delta)$ とすると $\langle \delta_X, \omega_X \rangle = 0$ より δ_X は因子の類であり，$\delta_X^2 = -2$ より δ_X は有効因子と仮定してよい．一方で $\delta \in L_-$ より $\iota_X(\delta_X) = -\delta_X$ となる．もし ι_X が自己同型から引き起こされているとすると有効因子を保たなければならず，矛盾を得る．以上から次を得る（補題 8.24 も参照せよ）．

9.1 エンリケス曲面の周期理論

補題 9.18 印付きエンリケス曲面 Y の周期 $\alpha_X(\omega_X)$ は L^- の長さ -2 の元に直交しない.

定義 9.19 $\delta \in L^-$, $\delta^2 = -2$ に対し $\mathcal{H}_\delta = \{\omega \in \Omega(L^-) \ : \ \langle \omega, \delta \rangle = 0\}$ とし

$$\mathcal{H} = \bigcup_{\delta \in L^-,\ \delta^2 = -2} \mathcal{H}_\delta \tag{9.8}$$

と定める. すると補題 9.18 より印付きエンリケス曲面 Y の周期 $\alpha_X(\omega_X)$ は $\Omega(L^-) \setminus \mathcal{H}$ に含まれる. 特に周期写像 (9.7) は

$$p : \mathcal{M}_E \to (\Omega(L^-) \setminus \mathcal{H})/\Gamma \tag{9.9}$$

と精密化される. エンリケス曲面のトレリ型定理は p が単射であることに他ならず, また周期写像の全射性は (9.9) の全射性を意味する.

9.1.3 エンリケス曲面のトレリ型定理

エンリケス曲面のトレリ型定理の証明の準備を行う.

定義 9.20 Y をエンリケス曲面とする. $H^2(Y, \mathbb{R})$ は符号が $(1, 9)$ であったから

$$P(Y) = \{x \in H^2(Y, \mathbb{R}) \ : \ \langle x, x \rangle > 0\}$$

は二つの連結成分からなるが, アンプル類を含む方を $P^+(Y)$ と表す.

$$\Delta(Y)^+ = \{\delta \in H^2(Y, \mathbb{Z}) \ : \ \delta \text{ は長さ} -2 \text{の有効因子の類}\}$$

とおく. $\Delta(Y)^+$ の元 δ に対して $H^2(Y, \mathbb{Z})$ の鏡映

$$s_\delta(x) = x + \langle x, \delta \rangle \delta, \quad x \in H^2(Y, \mathbb{Z})$$

が定まる. 鏡映全体 $\{s_\delta \ : \ \delta \in \Delta(Y)^+\}$ で生成される群を $W(Y)$ で表し, さらに

$$D(Y) = \{x \in P(Y)^+ \ : \ \langle x, \delta \rangle > 0, \ \forall \delta \in \Delta(Y)^+\}$$

とすると，$D(Y)$ は $W(Y)$ の $P^+(Y)$ の作用に関する基本領域である（定理 2.9）．アンプル類に関する中井の判定法とシュワルツの不等式より，$D(Y) \cap H^2(Y, \mathbb{Z})$ は Y のアンプル因子の集合に他ならないことが分かる．

注意 9.21 $K3$ 曲面の場合には S_X の長さ -2 の元全体を $\Delta(X)$ と定めると分解 $\Delta(X) = \Delta(X)^+ \cup \Delta(X)^-$ が得られた（定義 4.15）．注意 9.2 で述べたように，エンリケス曲面の場合，長さ -2 の因子は必ずしも有効因子ではなく，$\Delta(Y)^+$ の定義にそれを加える必要がある．後の 9.2.1 項で示すが，$\Delta(Y)^+ = \emptyset$ も起こりえる．$K3$ 曲面の場合，ネロン・セベリ格子は $K3$ 曲面 X に依存するが，長さ -2 の有効因子（非特異有理曲線）はネロン・セベリ格子で決定される．一方，エンリケス曲面のネロン・セベリ格子はすべて同型であるが，長さ -2 の有効因子（非特異有理曲線）の存在はエンリケス曲面 Y に依存する．

$\pi: X \to Y$ をエンリケス曲面 Y の普遍被覆とし σ をその被覆変換とする．$K3$ 曲面 X のケーラー錐を $D(X)$ とする．このとき次がなりたつ：

補題 9.22 $\pi^*(D(Y)) = L_X^+ \otimes \mathbb{R} \cap D(X)$．

証明 右辺が左辺に含まれることは明らかである．$x = \pi^*(y) \in \pi^*(D(Y))$ を取る．$\tilde{\delta}$ を X 上の非特異有理曲線のコホモロジー類するとき，$\langle x, \tilde{\delta} \rangle > 0$ を示せば良い．非特異有理曲線の自己同型は必ず固定点を持つ．一方，σ は固定点を持たないから $\sigma^*(\tilde{\delta})$ と $\tilde{\delta}$ は相異なる既約曲線のコホモロジー類である．よって $\langle \sigma^*(\tilde{\delta}), \tilde{\delta} \rangle \geq 0$ を得る．もし $\langle \sigma^*(\tilde{\delta}), \tilde{\delta} \rangle = 0$ ならば $\delta \in \Delta(Y)^+$ が存在して $\pi^*(\delta) = \sigma^*(\tilde{\delta}) + \tilde{\delta}$ がなりたつ．このとき $\langle x, \tilde{\delta} \rangle = \langle \sigma^*(x), \sigma^*(\tilde{\delta}) \rangle = \langle x, \sigma^*(\tilde{\delta}) \rangle$ より

$$2\langle x, \tilde{\delta} \rangle = \langle x, \tilde{\delta} + \sigma^*(\tilde{\delta}) \rangle = \langle \pi^*(y), \pi^*(\delta) \rangle = 2\langle y, \delta \rangle > 0$$

を得る．$\langle \sigma^*(\tilde{\delta}), \tilde{\delta} \rangle > 0$ の場合，σ が固定点を持たないことから，$\langle \sigma^*(\tilde{\delta}), \tilde{\delta} \rangle$ は偶数である．このことに注意すれば，$(\tilde{\delta} + \sigma^*(\tilde{\delta}))^2 \geq 0$ であり，補題 2.3 より $\langle x, \tilde{\delta} + \sigma^*(\tilde{\delta}) \rangle > 0$ が得られる．□

定理 9.23 （エンリケス曲面のトレリ型定理） Y, Y' をエンリケス曲面とし，X, X' をそれぞれの被覆 $K3$ 曲面とする．格子の同型写像

$$\phi: H^2(Y,\mathbb{Z}) \to H^2(Y',\mathbb{Z})$$

で次の $(a), (b)$ を満たすものが与えられているとする.

(a) ϕ は格子の同型 $\tilde{\phi}: H^2(X,\mathbb{Z}) \to H^2(X',\mathbb{Z})$ で $\tilde{\phi}(\omega_X) \in \mathbb{C}\omega_{X'}$ を満たすものに拡張できる.

(b) $\phi(D(Y)) = D(Y')$.

このとき複素多様体としての同型写像 $\varphi: Y' \to Y$ で $\varphi^* = \phi$ を満たすものが存在する.

証明 補題 9.22 と K3 曲面のトレリ型定理（定理 6.1）より同型写像 $\tilde{\varphi}: X' \to X$ で $\tilde{\varphi}^* = \tilde{\phi}$ を満たすものが存在する. σ を被覆 $X \to Y$ の被覆変換, σ' を $X' \to Y'$ のそれとする. このとき $\tilde{\phi} \circ \sigma^* = (\sigma')^* \circ \tilde{\phi}$ なので K3 曲面のトレリ型定理より $\tilde{\varphi} \circ \sigma' = \sigma \circ \tilde{\varphi}$ が従う. よって $\tilde{\varphi}$ は同型写像 $\varphi: Y' \to Y$ で $\varphi^* = \phi$ を満たすものを引き起こす. □

注意 9.24 エンリケス曲面の場合には $H^2(Y,\mathbb{Z})$ に自明に作用する自己同型が存在する（注意 9.39 参照）. したがってトレリ型定理において φ の一意性はなりたたないことが起こる.

系 9.25 Y, Y' をエンリケス曲面とし, X, X' をそれぞれの被覆 K3 曲面とする. 格子の同型写像 $\phi: H^2(Y,\mathbb{Z}) \to H^2(Y',\mathbb{Z})$ が与えられ, ϕ は格子の同型 $\tilde{\phi}: H^2(X,\mathbb{Z}) \to H^2(X',\mathbb{Z})$ で $\tilde{\phi}(\omega_X) \in \mathbb{C}\omega_{X'}$ を満たすものに拡張できるとする. このとき Y と Y' は同型である. 特に (9.7) で与えた周期写像 p は単射である.

9.1.4 エンリケス曲面の周期写像の全射性

次に周期写像の全射性を示す.

定理 9.26 （エンリケス曲面の周期写像の全射性） $\omega \in \Omega(L^-) \setminus \mathcal{H}$ とする. このとき印付きエンリケス曲面 (Y, α_X) で $\alpha_X(\omega_X) = \omega$ を満たすものが存在する.

証明 $K3$ 曲面の周期写像の全射性（定理 7.5）より印付き $K3$ 曲面 (X, α_X) が存在して $\alpha_X(\omega_X) = \omega$ を満たす．格子の同型写像

$$\iota_X = \alpha_X^{-1} \circ \iota \circ \alpha_X : H^2(X, \mathbb{Z}) \to H^2(X, \mathbb{Z})$$

は $\omega \notin \mathcal{H}$ に注意すると補題 8.24 の条件を満たす．したがって $w \in W(X)$ が存在して $w^{-1} \circ \iota_X \circ w$ は X の自己同型 σ で実現される．σ が固定点を持たないことを示せば $Y = X/\langle\sigma\rangle$ はエンリケス曲面で求めるものを得る．

そこで σ が固定点 p を持つと仮定する．定義より σ はシンプレクティクでない位数 2 の自己同型であり，補題 8.25 よりその固定点集合は非特異曲線であることが分かる．σ の固定点集合が非特異既約曲線 $C_1, \ldots, C_n$ の非交和 $C_1 + \cdots + C_n$ であるとする．$Y = X/\langle\sigma\rangle$ とすると固定点が非特異曲線であるから Y は非特異な曲面である．自然な写像 $\pi : X \to Y$ は C_i の像 $\bar{C}_i$ で分岐する二重被覆であり，$\bar{C}_1 + \cdots + \bar{C}_n \in |-2K_Y|$ から Y は有理曲面となる．$2\bar{C}_i^2 = \pi^*(\bar{C}_i)^2 = (2C_i)^2 = 4C_i^2$ より，$\bar{C}_i^2$ は偶数である．さらに Y は極小曲面である．実際，非特異曲線 $C \subset Y$ で $C^2 = -1$ であるものが存在するなら，$C \neq \bar{C}_i$ であり，$\pi^*(C)^2 = 2C^2 = -2$ となるが，これは $L^+ \cong U(2) \oplus E_8(2)$ が長さ -2 の元を含まないことに反する．よって有理曲面 Y は極小であり，そのオイラー数 $e(Y)$ は 3 または 4 である．一方，レフシェッツの固定点定理（例えば上野 [U] を参照せよ）より

$$\sum_{i=1}^{n} e(C_i) = \sum_{k=0}^{4} (-1)^k \operatorname{trace}(\sigma^* \mid H^k(X, \mathbb{Z})) = 2 + 10 - 12 = 0$$

がなりたつ．$\pi : X \to Y$ は $\bar{C}_1 + \cdots + \bar{C}_n$ で分岐する二重被覆であるから，

$$24 = e(X) = 2 \cdot e(Y) - \sum_{i=1}^{n} e(C_i)$$

を得る．したがって $e(Y) = 12$ となり，矛盾を得る．以上より σ は固定点を持たず，Y はエンリケス曲面である．□

注意 9.27

(i) エンリケス曲面のトレリ型定理と周期写像の全射性は堀川 [Ho2] による．本節の証明は浪川 [Na2] を参考にした．

(ii) L^- の長さ -2 の元の集合に $\Gamma = \mathrm{O}(L^-)$ は推移的に作用することが示せる．特に $\mathcal{H}/\Gamma$ は $\Omega(L^-)/\Gamma$ 内の既約な超曲面である（浪川 [Na2]）．
(iii) 商空間 $(\Omega(L^-) \setminus \mathcal{H})/\Gamma$ はエンリケス曲面のモジュライ空間と呼ばれる．ここでは偏極を考えておらず，このモジュライ空間の代数的な構成は知られていない．$\Omega(L^-)/\Gamma$ は有理多様体であること，すなわち $\mathbb{P}^{10}$ と双有理同値であることが知られている（金銅 [Kon2]）．
(iv) $\Omega(L^-)$ 上の保型形式 Ψ で零因子 (Ψ) が重複度を込めて $\mathcal{H}$ に一致するものの存在が知られている（Borcherds [Bor1]）．このことは $(\Omega(L^-) \setminus \mathcal{H})/\Gamma$ が準アフィン多様体であることを意味する．ここで保型形式の定義を与えておく．

$$\Omega(L^-)^* = \{\omega \in L^- \otimes \mathbb{C} : \langle \omega, \omega \rangle = 0, \langle \omega, \bar{\omega} \rangle > 0\}$$

とおく．自然な写像 $\Omega(L^-)^* \to \Omega(L^-)$ は $\mathbb{C}^*$-束である．$\Gamma \subset \mathrm{O}(L^-)$ を指数有限の部分群とする．このとき $\Omega(L^-)$ 上の Γ に関する**重さ k の（正則）保型形式** (an automorphic form of weight k) とは正則関数

$$F : \Omega(L^-)^* \to \mathbb{C}$$

で次の二条件を満たすものをいう：
(1) $F(g(\omega)) = F(\omega), \forall g \in \Gamma$.
(2) $F(\alpha \omega) = \alpha^{-k} F(\omega), \forall \alpha \in \mathbb{C}^*$.
この場合，1 変数の保型形式の場合の無限遠点（尖点）での正則性の条件は必要ない．Borcherds の例は IV 型有界対称領域上の保型形式の代数幾何への応用として初めてのものである（具体的な例という意味で）．この例はある一般カッツ・ムーディー代数の分母公式に由来する．

9.2 エンリケス曲面上の非特異有理曲線と楕円曲線

9.2.1 エンリケス曲面上の非特異有理曲線

まず一般のエンリケス曲面は非特異有理曲線を含まないことを示す．そのために非特異有理曲線を含むための条件を考える．Y をエンリケス曲面，$\pi : X \to Y$ をその被覆 K3 曲面，σ を被覆変換とする．$C \subset Y$ を非特異有理曲線とする．このとき C は単連結だから $\pi^*(C)$ は K3 曲面 X 上の二つの交わらない非特異有理曲線 C^+ と C^- の非交和である．$\sigma(C^\pm) = C^\mp$ より $C^+ + C^- \in L_X^+$, $C^+ - C^- \in L_X^-$ がなりたつ．正則 2 形式 ω_X は曲線の類とは直交しているので $\langle \omega_X, C^+ - C^- \rangle = 0$ である．また

$$(C^+ \pm C^-)^2 = -4, \quad \frac{C^+ + C^-}{2} + \frac{C^+ - C^-}{2} = C^+$$

がなりたつ．これを考慮して

$$\delta^\pm \in L^\pm, \quad (\delta^\pm)^2 = -4, \quad \frac{\delta^+ + \delta^-}{2} \in L \tag{9.10}$$

を満たす $\delta^\pm$ を考える．L_- の長さ -4 の元 δ_- で (9.10) を満たす δ_+ が存在するもの全体の集合を $\mathcal{R}$ とし，

$$\mathcal{N}_{\delta_-} = \{\omega \in \Omega(L^-) : \langle \omega, \delta_- \rangle = 0\}, \quad \mathcal{N} = \sum_{\delta_- \in \mathcal{R}} \mathcal{N}_{\delta_-}$$

とする．もし $\langle \delta^-, \omega_X \rangle = 0$ ならば，δ^- は因子で代表され，$\frac{\delta^+ + \delta^-}{2} \in L_X$ は長さ -2 より，有効因子と仮定してよい．σ は X の自己同型であるから $\sigma(\frac{\delta^+ + \delta^-}{2}) = \frac{\delta^+ - \delta^-}{2}$ も長さ -2 の有効因子である．よってそれらの和である δ^+ も有効因子であり，Y は長さ -2 の有効因子を含むことが従う．Y が非特異有理曲線を含まないならば有効因子の長さは非負であるから，今の場合，Y は非特異有理曲線を含む．以上より次がなりたつ．

命題 9.28 エンリケス曲面が非特異有理曲線を含むための必要十分条件は，その周期が $\mathcal{N}$ に含まれることである．

次にエンリケス曲面が非特異有理曲線をどの程度含んでいるかを表すルート不変量と呼ばれる概念を紹介する．Y をエンリケス曲面，$\pi: X \to Y$ をその被覆 K3 曲面，σ を被覆変換とする．L_X^- の符号は $(2, 10)$ であり，$\mathrm{Re}(\omega_X)$ と $\mathrm{Im}(\omega_X)$ は $L_X^- \otimes \mathbb{R}$ の正定値 2 次元部分空間を生成する．したがって (9.10) を満たす δ^- で ω_X と直交するもの全体で生成される L_X^- の部分格子は負定値である．$\delta_1^\pm, \delta_2^\pm$ が (9.10) を満たすとき，$\langle \delta_1^+ + \delta_1^-, \delta_2^+ + \delta_2^- \rangle \in 4\mathbb{Z}$ かつ $\langle \delta_1^+, \delta_2^+ \rangle \in 2\mathbb{Z}$ であるから

$$\langle \delta_1^-, \delta_2^- \rangle \in 2\mathbb{Z}$$

がなりたつ．したがって (9.10) を満たし ω_X に直交する δ^- 全体で生成される L_X^- の部分格子はあるルート格子 R の双線形形式を 2 倍して得られる格子

9.2 エンリケス曲面上の非特異有理曲線と楕円曲線

$R(2)$ に同型である．写像

$$d : \frac{1}{2}R(2)/R(2) \to (L_X^+)^*/L_X^+ \tag{9.11}$$

を

$$d\left(\frac{\delta^-}{2} \mod R(2)\right) = \frac{\delta^+}{2} \mod L_X^+$$

と定義し，$\mathrm{Ker}(d)$ を K と表す．K は 2-初等有限アーベル群である．組 (R,K) をエンリケス曲面の**ルート不変量** (root invariant) と呼ぶ．K の意味を考える．$K \neq 0$ とし $\alpha \in K, \alpha \neq 0$ とする．$R(2)$ の定義より $\beta \in (L_X^+)^*$ で $\alpha+\beta \in L_X$ を満たすものが存在するが，$\beta = d(\alpha) = 0$ より $\beta \in L_X^+$，したがって $\alpha \in L_X^-$ となる．このことは L_X^- に含まれる $R(2)$ の自明でない拡大格子の存在を意味する（1.1.3 項参照）．

注意 9.29 ルート不変量は Nikulin [Ni5] により導入された．

9.2.2 エンリケス曲面上の楕円曲線

エンリケス曲面上の楕円曲線について調べる．まず代数的 $K3$ 曲面の場合を見ておく．

定理 9.30 X を代数的 $K3$ 曲面，F を X 上の原始的な有効因子で

(1) $F^2 = 0$,
(2) 任意の既約曲線 C に対し $C \cdot F \geq 0$

を満たしているものとする．このとき完備線形系 $|F|$ に含まれる楕円曲線が存在する．

証明 まず完備線形系 $|F|$ は既約曲線を含むことを示す．そのために $|F|$ の元 D で

$$D = \sum_{i=1}^{r} m_i C_i \quad (m_i > 0, \ r \geq 2, \ C_i \neq C_j, \ i \neq j)$$

の形のもの考える．ここで C_i は既約曲線である．$D^2 = 0$ および $D \cdot C_i \geq 0$ より $D \cdot C_i = 0$ を得る．さらに $C_i \cdot C_j \geq 0$ $(i \neq j)$ より，$C_i^2 \leq 0$ を得る．$C_i^2 = 0$ となる成分を含む D の存在を示す．X は射影空間 $\mathbb{P}^N$ に埋め込まれているとし，H を超平面切断とする．$H \cdot D = \sum m_i H \cdot C_i$ であるから，C_i の次数 $H \cdot C_i$ は有界である．次数が有界の非特異有理曲線は有限個であるが，一方，リーマン・ロッホの定理（定理3.1）より $\dim |F| \geq 1$ が従い，特に $|F|$ は無限個の元を含む．したがって $C_i^2 = 0$ となる成分を含む $D \in |F|$ が存在する．それを改めて

$$D = mE + D' \quad (m \geq 1, \ E^2 = 0, \ E \neq D')$$

と表す．ここで D' の既約成分には E は現れないとする．このとき F の仮定から，$D^2 = 0$, $D' \cdot E = D \cdot E \geq 0$, $D \cdot D' \geq 0$ が従い，

$$2mE \cdot D' + (D')^2 = 0, \quad mE \cdot D' + (D')^2 \geq 0$$

がなりたつ．これから

$$E \cdot D' = (D')^2 = 0$$

を得る．これは $D' \neq 0$ ならば $D' = kE$ を意味し，D' の取り方に反する．したがって $D' = 0$ すなわち $mE \in |F|$ が示せた．F は原始的より $m = 1$ が従う．線形系 $|E|$ は $E^2 = 0$ より基点を持たず，ベルティニ (Bertini) の定理（例えば [GH], p.137）より $|E|$ は非特異曲線を含み，添加公式より楕円曲線である．□

問 9.31 X を $K3$ 曲面，H をアンプル因子で $H^2 = 2d$ とする．自然数 N に対し，$H \cdot C \leq N$ を満たす非特異有理曲線 C の個数は有限であることを示せ．

系 9.32 $K3$ 曲面 X が楕円曲面の構造を持つための必要十分条件は S_X に 0 でない因子 F で $F^2 = 0$ を満たすものが存在することである．

証明 $F = mF'$ ならば，F の代わりに F' を考えることで，F は原始的であるとしてよい．系 6.2 の証明より，$W(X)$ の元 w が存在して $w(F) \in \bar{D}(X)$ とできる．ここで $\bar{D}(X)$ はケーラー錐 $D(X)$ の閉包である．このとき $w(F)$

は定理 9.30 の条件を満たしており，$|w(F)|$ は楕円曲線 E を含んでいる．リーマン・ロッホの定理（定理 3.1）より

$$\dim H^0(X, \mathcal{O}(E)) \geq \frac{1}{2}E^2 + p_g(X) - q(X) + 1 = 2$$

がなりたつ．また $E^2 = 0$ より $\mathcal{O}_X(E)|_E = \mathcal{O}_E$ が従う．よって完全系列

$$0 \to \mathcal{O}_X \to \mathcal{O}_X(E) \to \mathcal{O}_X(E)|_E \to 0$$

に付随したコホモロジー完全系列は，

$$0 \to H^0(X, \mathcal{O}_X) \to H^0(X, \mathcal{O}_X(E)) \to H^0(E, \mathcal{O}_E) \to 0$$

となり，$\dim H^0(X, \mathcal{O}_X(E)) = 2$ を得る．$E^2 = 0$ より完備線形系 $|E|$ は基点を持たず，楕円曲面の構造 $\varphi_{|E|} : X \to \mathbb{P}^1$ を定める．□

命題 1.24 より次を得る．

系 9.33 ピカール数が 5 以上の代数的 $K3$ 曲面は楕円曲面の構造を持つ．

楕円曲面構造を持つ $K3$ 曲面は特別なものである．例えば代数的 $K3$ 曲面でネロン・セベリ格子の階数が 1 の場合は，楕円曲面の構造は持たない．

ここでエンリケス曲面に話を戻す．エンリケス曲面のネロン・セベリ格子は階数 10 であり，0 でない等方的元を常に含む．このことから次がなりたつ．

命題 9.34 Y をエンリケス曲面とする．このとき

(1) Y は楕円曲面の構造を持つ．
(2) $\pi : Y \to \mathbb{P}^1$ を楕円曲面とする．このとき π はちょうど二つの重複ファイバー $2F_1, 2F_2$ を持ち，$K_Y = F_1 - F_2$ がなりたつ．

証明 $H^2(Y, \mathbb{Z})_f \cong U \oplus E_8$ であるから（補題 9.6, 9.10），Y 上の原始的な因子 F で $F^2 = 0$ を満たすものが存在する．必要ならば，定義 9.20 で述べた非特異有理曲線に付随した鏡映を施すことで，任意の既約曲線に対し $\langle F, C \rangle \geq 0$ がなりたつとしてよい．$\pi : X \to Y$ を被覆 $K3$ 曲面とし，σ を被覆変換とす

る. このとき補題 9.22 より $\pi^*(F)$ は定理 9.30 の条件を満たす. 完備線形系 $|\pi^*(F)|$ に付随した楕円曲面 $\varphi: X \to \mathbb{P}^1$ は, $\pi^*(F)$ が σ で不変であるから, Y 上の楕円曲面の構造

$$\psi: Y \to \mathbb{P}^1$$

を引き起こす. よって主張 (1) を得る. (2) を示す. まず σ は φ の底 $\mathbb{P}^1$ に位数 2 の自己同型として作用することを示す. もし底に自明に作用しているとすると, σ は各ファイバーを保つ. σ は固定点を持たないから, 非特異ファイバーには平行移動で作用している. 底方向に自明に, かつ, ファイバー方向に平行移動で作用しているから, σ は正則 2 形式に自明に作用するが, これは等式 (9.4) に反する. よって σ は底に位数 2 の自己同型として作用する. $\mathbb{P}^1$ の位数 2 の自己同型は固定点を二つ持つ. この固定点上のファイバーを D_1, D_2 とすると, $\sigma(D_i) = D_i \ (i=1,2)$ より $F_1 = \pi(D_1), F_2 = \pi(D_2)$ は重複ファイバーで $|2F_1| = |2F_2|$ が楕円曲面の構造を定める. F_1 と F_2 は線形同値ではないから $F_1 - F_2$ は $\mathrm{Pic}(Y)$ の位数 2 の捻れ元であり, $K_Y = F_1 - F_2$ がなりたつ. $\square$

さて e, f を格子 U の基底で $e^2 = f^2 = 0, \langle e, f \rangle = 0$ を満たすもの, $\{r_1, \ldots, r_8\}$ を 1.1.1 項で与えたルート格子 E_8 の基底とする. このとき $\{e, f, r_1, \ldots, r_8\}$ は格子 $U \oplus E_8$ の基底である. いま,

$$w_1 = e, \quad w_2 = f, \quad w_i = e + f + r_1 + \cdots + r_{i-2} \quad (3 \leq i \leq 10)$$

と定めると $\langle w_i, w_j \rangle = 1 - \delta_{ij}$ がなりたつ. ここで δ_{ij} はクロネッカーのデルタである.

系 9.35 エンリケス曲面 Y は非特異有理曲線を含まないとする. このとき 10 個の既約曲線 $E_1, \ldots, E_{10}$ で

$$p_a(E_i) = 1, \quad \langle E_i, E_j \rangle = 1 \quad (i \neq j)$$

を満たすものが存在する. 各 $|2E_i|$ は Y 上の楕円曲面の構造を定める.

証明 上で与えた $w_1, \ldots, w_{10}$ は $\langle w_i, w_j \rangle = 1 \ (i \neq j)$ より原始的である. Y は非特異有理曲線を含まないから $D(Y) = P^+(Y)$ がなりたつ. 必要ならば

9.2 エンリケス曲面上の非特異有理曲線と楕円曲線

-1 倍することで, $w_1, \ldots, w_{10}$ は有効因子でネフとしてよい. このとき, これらの $K3$ 曲面への引き戻しは定理 9.30 の条件を満たし, $K3$ 曲面上の楕円曲面の構造を定める. よって命題 9.34 の証明から主張を得る. □

● **例 9.36** 例 9.4 で与えたエンリケス曲面上には楕円曲面の構造が入ることを見る. 二組の 2 次曲線の族

$$\{t_1 Q_{1,j} + t_2 Q_{2,j} + t_3 Q_{3,j} = 0\}_{(t_1,t_2,t_3) \in \mathbb{P}^2}, \quad j = 1, 2$$

を考え,

$$\det(t_1 Q_{1,j} + t_2 Q_{2,j} + t_3 Q_{3,j}) = 0 \tag{9.12}$$

と定める. 式 (9.12) は t_1, t_2, t_3 に関して 1 次式を成分とする 3 次正方行列の行列式なので, $\mathbb{P}^2$ 内の 3 次曲線 C_j を定める. この 3 次曲線上の点 (t_1, t_2, t_3) に対応する 2 次曲線は二つの直線の和になっている. $C_1 \cap C_2$ の点は二組の 2 次曲線が共に二直線の和に分解しているものに対応している. 簡単のため, $Q_{1,1}, Q_{1,2}$ がそのような 2 次曲線を与えているとする. このとき $Q_{1,1} + Q_{1,2} = 0$ で与えられる $\mathbb{P}^5$ の 2 次超曲面 Q は階数 4 の対称行列に対応しており, 二組の 3 次元部分空間のなす 1 次元の族を含んでいる. 例えば

$$Q_{1,1} + Q_{1,2} = x_0 x_1 + x_3 x_4$$

とすると

$$P_{a,b} = \{a x_0 + b x_3 = b x_1 - a x_4 = 0\} \quad ((a,b) \in \mathbb{P}^1)$$

が Q に含まれる 3 次元部分空間の一つの族である.

$$E_{a,b} = X \cap P_{a,b} = P_{a,b} \cap \{Q_{2,1} + Q_{2,2} = 0\} \cap \{Q_{3,1} + Q_{3,2} = 0\}$$

は $\mathbb{P}^3 = P_{a,b}$ 内の二つの 2 次曲面の交叉であり, $(a,b) \in \mathbb{P}^1$ が一般の点ならば $E_{a,b}$ は非特異で, 添加公式より楕円曲線である. このようにして族

$$\{E_{a,b}\}_{(a,b) \in \mathbb{P}^1}$$

は X 上の楕円曲面の構造を与える. σ は 3 次元部分空間の族 $\{P_{a,b}\}_{(a,b)\in\mathbb{P}^1}$ を保つから，この楕円曲面の構造はエンリケス曲面 $Y = X/\langle\sigma\rangle$ 上のそれを引き起こす.

問 9.37 上で与えた Y 上の楕円曲面が重複ファイバーをちょうど二つ持つことを確かめよ.

注意 9.38 定理 9.30 は Piatetski-Shapiro, Shafarevich [PS] による.

9.3 エンリケス曲面の自己同型群

エンリケス曲面のトレリ型定理の応用としてエンリケス曲面の自己同型群について述べる．特に一般のエンリケス曲面の自己同型群が無限群になることを紹介する．これは代数的 $K3$ 曲面では起こらないエンリケス曲面特有の現象である．一般的な代数的 $K3$ 曲面のピカール数は 1 であり，注意 8.18 で述べたようにピカール数が 1 の $K3$ 曲面の自己同型群は $\{1\}$ または $\mathbb{Z}/2\mathbb{Z}$ であった．

Y をエンリケス曲面，$\pi : X \to Y$ を被覆 $K3$ 曲面，σ を被覆変換とする. X, Y の自己同型群をそれぞれ $\mathrm{Aut}(X), \mathrm{Aut}(Y)$ と表す. X は Y の普遍被覆であるから

$$\mathrm{Aut}(Y) \cong \{g \in \mathrm{Aut}(X) \ : \ g \circ \sigma = \sigma \circ g\}/\{1, \sigma\} \qquad (9.13)$$

がなりたつ．自己同型群のコホモロジー群への作用

$$\rho : \mathrm{Aut}(Y) \to \mathrm{O}(H^2(Y, \mathbb{Z})) \qquad (9.14)$$

を考える．$K3$ 曲面の場合と同様にして（定理 6.56, 命題 9.7），$\mathrm{Ker}(\rho)$ は有限群である.

注意 9.39 エンリケス曲面の場合には $\mathrm{Ker}(\rho)$ は自明とは限らない．また

$$\rho' : \mathrm{Aut}(Y) \to \mathrm{O}(H^2(Y, \mathbb{Q}))$$

の $\mathrm{Ker}(\rho')$ も自明でないことが起こる．このようなエンリケス曲面と $\mathrm{Ker}(\rho), \mathrm{Ker}(\rho')$ は分類されている（向井，浪川 [MuN], [Muk3]）．9.4.1 項の問 9.46 を参照.

9.3 エンリケス曲面の自己同型群

$K3$ 曲面の場合（定理 8.1）と同様にして，エンリケス曲面のトレリ型定理 9.23 より次の系を得る．ただし $W(Y)$ は $\mathrm{O}(H^2(Y,\mathbb{Z})_f)$ の正規部分群とは限らないので若干の修正が必要となる（Dolgachev [Do1] 参照）．

系 9.40 ρ の像 $\mathrm{Im}(\rho)$ と $W(Y)$ が生成する $\mathrm{O}(H^2(Y,\mathbb{Z})_f)$ の部分群を $G(Y)$ と表す．このとき $W(Y)$ は $G(Y)$ の正規部分群であり $G(Y)$ は $\mathrm{O}(H^2(Y,\mathbb{Z})_f)$ の指数有限の部分群である．

$K3$ 曲面の場合にはネロン・セベリ格子 S_X は X に依存したが，エンリケス曲面 Y の場合 $H^2(Y,\mathbb{Z})$ は Y に依存せず全て同型である．一方，$W(X) = W(S_X)$ は S_X で決まるが，エンリケス曲面上の長さ -2 の因子は必ずしも有効因子とは限らず，$W(Y)$ は Y に依存する．

系 9.41 $\mathrm{Aut}(Y)$ が有限群であることは $[\mathrm{O}(H^2(Y,\mathbb{Z})_f) : W(Y)] < \infty$ と同値である．

次に Y をエンリケス曲面で，その被覆 $K3$ 曲面 X のネロン・セベリ格子 S_X は階数が最小，すなわち $\mathrm{rank}(S_X) = 10$ の場合を考える．トレリ型定理と周期写像の全射性より，このようなエンリケス曲面は 10 次元の族をなす．またこの場合，$L_X^+ \subset S_X$ かつ L_X^+ および S_X は L_X の原始的部分格子であるから $S_X = L_X^+$ となる．したがって $\mathrm{Aut}(X)$ の全ての元は σ と可換である．よって式 (9.13) より

$$\mathrm{Aut}(Y) \cong \mathrm{Aut}(X)/\{1,\sigma\}$$

を得る．また命題 9.28 よりエンリケス曲面は非特異有理曲線を含まず，したがって $D(Y) = P^+(Y)$ である．系 8.13 より $\mathrm{Aut}(X)$ の T_X への制限 $\mathrm{Aut}(X)|T_X$ は巡回群である．その位数を m とすると $\varphi(m)$ は $\mathrm{rank}(T_X) = \mathrm{rank}(L_X^-) = 12$ の約数である．そこで

$$M = \{m \in \mathbb{Z} \,:\, m > 2,\ \varphi(m) \text{ は } 12 \text{ の約数}\}$$

とおく．ζ_m を 1 の原始 m 乗根とし，エンリケス曲面の周期領域 $\Omega(L^-)$ の部分集合 $\mathcal{S}$ を

$$\mathcal{S} = \bigcup_{m \in M} \{\omega \in \Omega(L^-) : \omega \text{ は } \mathbb{Q}(\zeta_m) \text{ 上定義されている}\}$$

と定める．以下，Y の周期は $\Omega(L^-) \setminus \mathcal{S}$ に含まれていると仮定する．このとき $\mathrm{Aut}(X)|T_X = \{1, \sigma\}$ がなりたつ（系 8.13）．よって $\mathrm{Aut}(Y)$ を求めるためには $\mathrm{O}(S_X) = \mathrm{O}(L^+)$ の元で自己同型で実現されるものを決定すれば良い．q_{L^+} を格子 L^+ の判別二次形式とする．自然な写像 $\mathrm{O}(L^+) \to \mathrm{O}(q_{L^+})$ は全射である（命題 1.39）．この写像の核 $\mathrm{Ker}\{\mathrm{O}(L^+) \to \mathrm{O}(q_{L^+})\}$ を $\widetilde{\mathrm{O}}(L^+)$ と表すと $\mathrm{O}(L^+)/\widetilde{\mathrm{O}}(L^+) \cong \mathrm{O}(q_{L^+})$ である．

定理 9.42 Y をエンリケス曲面，X を被覆 K3 曲面，σ を被覆変換とし，$S_X = L_X^+$ かつ $\alpha_X(\omega_X) \in \Omega(L^-) \setminus \mathcal{S}$ と仮定する．このとき次がなりたつ：

$$\mathrm{Aut}(Y) \cong \widetilde{\mathrm{O}}(L^+)/\{\pm 1\}.$$

証明 $\mathrm{Aut}(X)|L_X^- = \{1, \sigma\}$ であった．$\sigma^*|L_X^- = -1$ より σ^* は $(L_X^-)^*/L_X^-$ に自明に作用する．したがって X の任意の自己同型は，$(L_X^+)^*/L_X^+ \cong (L_X^-)^*/L_X^-$ に注意すると，$(L_X^+)^*/L_X^+$ に自明に作用することが分かる．$-1_{L_X^+}$ は $P^+(X)$ を $-P^+(X)$ に写すから X の自己同型では実現されない．また $\mathrm{Aut}(X)/\{1, \sigma\}$ は $P^+(X)$ を保つから $\widetilde{\mathrm{O}}(L_X^+)/\{\pm 1\}$ の部分群である．よって写像

$$\mathrm{Aut}(X)/\{1, \sigma\} \to \widetilde{\mathrm{O}}(L^+)/\{\pm 1\}$$

は単射である．

逆に $\widetilde{\mathrm{O}}(L_X^+)$ の任意の元 ϕ をとる．必要ならば $-\phi$ を考えることで ϕ は $P^+(X)$ を保つとしてよい．$(\phi, 1_{L_X^-}) \in \mathrm{O}(L_X^+) \times \mathrm{O}(L_X^-)$ は系 1.33 より $H^2(X, \mathbb{Z})$ の同型 $\tilde{\phi}$ に拡張できる．$\tilde{\phi}|L_X^- = 1$ より $\tilde{\phi}$ は正則 2 形式を保つ．$P^+(X) = D(X)$ であるから，$\tilde{\phi}$ はケーラー錐も保つ．よって K3 曲面のトレリ型定理（定理 6.1）より $g \in \mathrm{Aut}(X)$ が一意的に存在して $g^* = \tilde{\phi}$ を満たす．□

注意 9.43 定理 9.42 は Barth-Peters [BP] による．この定理より一般のエンリケス曲面の自己同型は無限群であることが分かる．一方，自己同型群が有限群となる

のは系 9.41 より $W(Y)$ が $\mathrm{O}(H^2(Y,\mathbb{Z})_f)$ で指数有限となるときである．実際に自己同型群が有限となるエンリケス曲面は存在し，7 種類に分類できることが知られている（金銅 [Kon1], Nikulin [Ni5]）．$W(Y)$ が指数有限となるための必要十分条件 (Vinberg [V1]) を用いて，そのような Y 上の非特異有理曲線を決定することで分類される．エンリケス曲面全体は 10 次元の族をなすが，7 種類のうち 1 次元の族をなすものが 2 種類，残りの 5 つは単独のエンリケス曲面である．非特異有理曲線の個数は 1 次元の族をなす場合が 12 個，単独の場合が 20 個である．なぜ非特異有理曲線の個数が 12, 20 のいずれかであるのか理由は分からない．K3 曲面の場合とは異なり，エンリケス曲面の場合は自己同型群が有限となるものは非常に珍しい．後の注意 9.53, 9.54 でその例を取り上げる．

注意 9.44 エンリケス曲面で周期が $\mathcal{S}$ に含まれるものは分類されていない．

9.4 エンリケス曲面の例

9.4.1 直積型クンマー曲面に付随したエンリケス曲面

例 4.24 で与えたクンマー曲面 $\mathrm{Km}(E \times F)$ を考える．楕円曲線 E, F の原点がそれぞれ p_1, q_1 で与えられているとする．そのとき $E \times F$ の位数 2 の点 $a = (p_i, q_j)$ $(p_i \neq p_1,\ q_j \neq q_1)$ を一つ選んでおく．a による平行移動を

$$t_a : E \times F \to E \times F$$

とすると，$t_a \circ (-1_{E \times F}) = -1_{E \times F} \circ t_a$ より t_a は $\mathrm{Km}(E \times F)$ の位数 2 の自己同型 $\bar{t}_a$ を引き起こす．一方，$(1_E, -1_F)$ が引き起こす $\mathrm{Km}(E \times F)$ の位数 2 の自己同型を τ と表す．τ と $\bar{t}_a$ は可換であり $\sigma = \tau \circ \bar{t}_a$ も位数 2 である．ここで σ が固定点を持たないことを示す．そのために例 4.24 で与えた楕円曲面構造

$$\pi : \mathrm{Km}(E \times F) \to F/(-1_F) = \mathbb{P}^1$$

を考える．π は位数 2 の点 q_k に対応した底 $\mathbb{P}^1$ の点上に I_0^* 型の特異ファイバーを持ち，それ以外のファイバーは非特異である．τ は π の底 $\mathbb{P}^1$ に自明に作用するから全てのファイバーを保ち，固定点集合は 8 個の非特異有理曲線 E_i, F_j である．一方，$\bar{t}_a$ は π の底 $\mathbb{P}^1$ に位数 2 の自己同型として作用するから二つの不変なファイバー G_1, G_2 が存在するが，それらは共に非特異楕円曲

線であり，$\bar{t}_a$ は G_1, G_2 に平行移動として作用している．以上から σ は固定点を持たず，$Y = \mathrm{Km}(E \times F)/\langle \sigma \rangle$ はエンリケス曲面である．図 4.1 で与えた $\mathrm{Km}(E \times F)$ 上の 24 個の非特異有理曲線の Y 上への像は次の図 9.1 で与えられる．

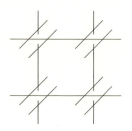

図 9.1　12 個の非特異有理曲線

問 9.45　図 9.1 の 12 個の非特異有理曲線は $H^2(Y, \mathbb{Q})$ を生成することを示せ．

問 9.46　t_a（あるいは τ）は Y の位数 2 の自己同型を引き起こすが，この自己同型は $H^2(Y, \mathbb{Q})$ に自明に作用することを示せ（注意 9.39 参照）．

二つの楕円曲線の積となるアーベル曲面は 2 次元の族をなすから，上の構成方法で 2 次元のエンリケス曲面の族が得られる．$\bar{\pi}$ は Y 上の楕円曲線の構造 $\bar{\pi} : Y \to \mathbb{P}^1$ を引き起こす．$\bar{\pi}$ は二つの I_0^* 型の特異ファイバーを持ち，それ以外のファイバーは非特異である．G_1, G_2 の像は $\bar{\pi}$ の重複度 2 のファイバーである．

このエンリケス曲面の別の構成方法を与えておく．τ の固定点集合は 8 個の非特異有理曲線 E_i, F_j であり，16 個の非特異有理曲線 N_{ij} は各々 τ で保たれている．$\mathrm{Km}(E \times F)$ の τ による商を S とし，

$$p : \mathrm{Km}(E \times F) \to S$$

を射影とすると，τ の固定点が非特異曲線であるから S は非特異である．E_i, F_j, N_{ij} の p による像をそれぞれ $\bar{E}_i, \bar{F}_j, \bar{N}_{ij}$ と表す．このとき

$$(2E_i)^2 = (p^*(\bar{E}_i))^2 = 2(\bar{E}_i)^2, \quad (N_{ij})^2 = (p^*(\bar{N}_{ij}))^2 = 2(\bar{N}_{ij})^2$$

9.4 エンリケス曲面の例

より, $(\bar{E}_i)^2 = (\bar{F}_j)^2 = -4$, $(\bar{N}_{ij})^2 = -1$ を得る. 16 個の例外曲線 $\bar{N}_{ij}$ をブローダウンすることで $\mathbb{P}^1 \times \mathbb{P}^1$ を得る. ここで $\mathbb{P}^1 \times \mathbb{P}^1$ の因子 D が (m, n) 型であるとは, D を与える定義式が第一成分の $\mathbb{P}^1$ および第二成分の $\mathbb{P}^1$ 上の斉次方程式としてそれぞれ m 次, n 次であるときであるとする. すると分岐曲線 $\bar{E}_i, \bar{F}_j$ はそれぞれ $(0, 1)$ 型, $(1, 0)$ 型の因子である. 座標変換を行うことで $\bar{t}_a$ は $\mathbb{P}^1 \times \mathbb{P}^1$ の位数 2 の自己同型

$$t : ((t_0 : t_1), (s_0 : s_1)) \to ((t_0 : -t_1), (s_0 : -s_1)) \tag{9.15}$$

を引き起こすと仮定してよい. 分岐曲線 $\bar{E}_i, \bar{F}_j$ の像は t の 4 つの固定点

$$((1:0), (1:0)), \; ((1:0), (0:1)), \; ((0:1), (1:0)), \; ((0:1), (0:1))$$

を含まないことを注意しておく. 逆に $\mathbb{P}^1 \times \mathbb{P}^1$ の 4 つの $(1, 0)$ 型因子と 4 つの $(0, 1)$ 型因子からなる $(4, 4)$ 型因子で t の固定点を通らないもので分岐する二重被覆の極小非特異モデル X は, 16 個の互いに交わらない非特異有理曲線 N_{ij} で

$$\frac{1}{2} \sum_{ij} N_{ij} \in S_X$$

を満たすものを含む. したがって系 6.20 より X はクンマー曲面である. t はクンマー曲面の位数 2 の固定点を持たない自己同型を引き起こし, その商によりエンリケス曲面が得られる (補題 9.48 参照). この構成方法は次節で述べる堀川モデルの特別なものである.

問 9.47 $\frac{1}{2} \sum_{ij} N_{ij} \in S_X$ を示せ.

最後にこのエンリケス曲面のルート不変量を計算する. E, F は一般の楕円曲線とし, アーベル曲面 $E \times F$ のネロン・セベリ群は E, F で生成されている場合を考える. $E^2 = F^2 = 0$, $E \cdot F = 1$ よりネロン・セベリ格子は U に同型である. $H^2(E \times F, \mathbb{Z})$ は符号が $(3, 3)$ のユニモジュラー偶格子であった (式 (4.11)). 定理 1.32 より $E \times F$ の超越格子 $T_{E \times F}$ は符号が $(2, 2)$ のユニモジュラー偶格子であり, したがって定理 1.27 より $T_{E \times F}$ は $U \oplus U$ に同型である. 系 6.26 より $X = \mathrm{Km}(E \times F)$ の超越格子 T_X は

$U(2) \oplus U(2)$ に同型である．ふたたび定理 1.32 より X のネロン・セベリ格子 S_X は符号が $(1, 17)$ で $d(S_X) = 2^4$ であることが従う．S_X は非特異有理曲線 E_i, F_j, N_{ij} $(i, j = 1, \ldots, 4)$ で生成されていることが，次のようにして分かる．線形系 $|2E_1 + N_{11} + N_{21} + N_{31} + N_{41}|$ は X 上の楕円曲面構造 $p: X \to \mathbb{P}^1$ を定め，4 つの I_0^* 型特異ファイバーと 4 つの切断 $F_1, \ldots, F_4$ を持つ．一つの切断とファイバーの既約成分で生成される S_X の部分格子は $U \oplus D_4^{\oplus 4}$ に同型であり，S_X の指数 4 の部分格子である (問 4.11 参照)．切断を全て付け加えることで E_i, F_j, N_{ij} $(i, j = 1, \ldots, 4)$ が S_X を生成していることが分かる．さて，必要ならば番号を付け替えることで

$$\sigma(E_1) = E_2, \quad \sigma(E_3) = E_4 \quad \sigma(F_1) = F_2, \quad \sigma(F_3) = F_4$$

としてよい．このとき

$$N_{11} - N_{22}, N_{12} - N_{21}, F_1 - F_2, N_{14} - N_{23}, E_4 - E_3, N_{44} - N_{33}, F_4 - F_3, N_{42} - N_{31}$$

は $D_8(2)$ を生成しており，$D_8 \subset R$ が分かる．さらに $D_8(2)$ を生成する δ^- たちに対応した $(\delta^+ + \delta^-)/2$ を付け加えることで $L_X^+ \oplus D_8(2)$ の指数 2^8 の拡大格子 S が得られる．$S \subset S_X$ であるが，

$$\det(S) \cdot [S : L_X^+ \oplus D_8(2)]^2 = \det(L_X^+ \oplus D_8(2))$$

より $\det(S) = 2^4 = \det(S_X)$ を得る．よって $S_X = S$ となり，$R = D_8$ が従う．一方，t_a は L_X^+ および T_X に自明に作用し，$D_8(2)$ には -1 倍写像で作用している．K3 曲面の位数 2 のシンプレクティック自己同型の -1 倍で作用する $H^2(X, \mathbb{Z})$ の部分格子は $E_8(2)$ であることが知られている (命題 8.28)．$E_8(2)/D_8(2) \subset D_8(2)^*/D_8(2)$ は (9.11) で与えた準同型写像 d の核に含まれるから $K = E_8(2)/D_8(2) \cong \mathbb{Z}/2\mathbb{Z}$ が従う．以上からこのエンリケス曲面のルート不変量は $(R, K) = (D_8, \mathbb{Z}/2\mathbb{Z})$ である．

9.4.2 堀川モデル

前節の例では $\mathbb{P}^1 \times \mathbb{P}^1$ の $(4, 4)$ 型因子として特別なものを考えたが，一般の t-不変な $(4, 4)$ 型被約因子 D で次の二条件を満たすものを考える．

(1) D は t の固定点を通らない．ここで t は (9.15) で与えた $\mathbb{P}^1 \times \mathbb{P}^1$ の位数 2 の自己同型とする．
(2) D で分岐する $\mathbb{P}^1 \times \mathbb{P}^1$ の二重被覆 $\bar{X}$ は有理二重点のみを特異点に持つ．

このとき $\bar{X}$ の非特異極小モデルを X とすると，条件 (2) より X は $K3$ 曲面である（注意 4.22 参照）．τ をこの二重被覆の被覆変換とする．

補題 9.48 t は X の二つの位数 2 の自己同型 $\tilde{t}, \tilde{t} \circ \tau$ を引き起こす．この自己同型の一方は ω_X に自明に作用し，他方は ω_X に -1 倍で作用する．さらに -1 倍で作用する自己同型は固定点を持たない．

証明 t が位数 4 の自己同型 $\tilde{t}$ を引き起こすとすると，$\tilde{t}^2 = \tau$ がなりたち，$\tilde{t}$ の固定点集合は τ のそれに含まれる．これは t の固定点が分岐因子 D に含まれないことに矛盾する．よって t は二つの位数 2 の自己同型 $\tilde{t}, \tilde{t} \circ \tau$ に持ち上がる．τ は ω_X に -1 で作用している．したがって $\tilde{t}, \tilde{t} \circ \tau$ のうち，一方が ω_X に自明に作用し，他方が -1 倍で作用している．$\tilde{t}^*(\omega_X) = -\omega_X$ と仮定する．もし $\tilde{t}$ が固定点を持てば，補題 8.25 より，$\tilde{t}$ の固定点集合は曲線となる．これは t の固定点集合が 4 点であることに矛盾する．□

$\mathbb{P}^1 \times \mathbb{P}^1$ の第一成分の斉次座標を (t_0, t_1)，第二成分のそれを (s_0, s_1) とする．t-不変な 4 変数多項式 $f(t_0, t_1, s_0, s_1)$ で座標 (t_0, t_1), (s_0, s_1) それぞれに関する斉次次数が 4 であるもの全体のなすベクトル空間は 13 個の単項式

$$(t_0^k t_1^{2-k})^2 \cdot (s_0^l s_1^{2-l})^2 \quad (k, l = 0, 1, 2),$$

$$t_0 t_1 s_0 s_1 \cdot (t_0^k t_1^{1-k})^2 \cdot (s_0^l s_1^{1-l})^2 \quad (k, l = 0, 1)$$

で生成される．t と可換な射影変換群 $\mathrm{PGL}(1) \times \mathrm{PGL}(1)$ の部分群は 2 次元であるから，補題 9.48 の方法で 10 次元のエンリケス曲面の族が構成できる．

射影 $p_i : \mathbb{P}^1 \times \mathbb{P}^1 \to \mathbb{P}^1$ $(i = 1, 2)$ の一般のファイバーと分岐因子 D とは相異なる 4 点で交わる．したがって一般のファイバーの X への引き戻し F は $\mathbb{P}^1$ の 4 点で分岐する二重被覆であり，楕円曲線である．よって射影 p_i は X 上の楕円曲面の構造

$$\tilde{p}_i : X \to \mathbb{P}^1$$

を，したがって Y 上の楕円曲面の構造

$$\bar{p}_i : Y \to \mathbb{P}^1$$

を定める．t の固定点を通る p_i のファイバーは二つあるが，その X への引き戻しを F_i, F_i' とすると，F_i と F_i' は共に τ および $\tilde{t}$ で不変であり，したがってそれらの Y 上の像 $\bar{F}_i, \bar{F}_i'$ は $\bar{p}_i$ の重複ファイバーである．

自己同型 t による $\mathbb{P}^1 \times \mathbb{P}^1$ の商曲面を Q とする．Q は t の固定点に対応した 4 つの A_1 型有理二重点を持つ．構成方法より Y は Q の二重被覆の極小非特異モデルである．この被覆の分岐は 4 つの A_1 型有理二重点と $(4,4)$-型因子 D の Q への像からなる．

$$\begin{array}{ccc} \mathbb{P}^1 \times \mathbb{P}^1 & \longleftarrow & X \\ \downarrow & & \downarrow \\ Q & \longleftarrow & Y \end{array}$$

Q は A_1 型有理二重点を持つ 4 次のデル・ペッツォ (del Pezzo) 曲面と呼ばれるもので，$\mathbb{P}^4$ 内の階数 3 の 2 次超曲面 Q_1, Q_2 の交叉であることが知られている．被覆写像 $Y \to Q$ は完備線形系 $|2(\bar{F}_1 + \bar{F}_2)|$ に付随した写像 $\varphi_{|2(\bar{F}_1 + \bar{F}_2)|}$ である．

注意 9.49 堀川 [Ho2] はここで述べたエンリケス曲面とその退化を詳しく調べ，エンリケス曲面の周期写像の全射性を示した．

9.4.3 エンリケス (F. Enriques) による例

これまでのエンリケス曲面の例は $K3$ 曲面の固定点を持たない位数 2 の自己同型による商曲面として実現されるものであった．この節ではエンリケス自身が発見したエンリケス曲面の射影モデルを紹介する．

エンリケス曲面 Y は三つの既約曲線 E_1, E_2, E_3 で

$$E_i^2 = 0, \quad \langle E_i, E_j \rangle = 1 \quad (i \neq j)$$

を満たすものを含んでいるとする（例えば系 9.35）．$E_i' = E_i + K_Y$ とする．完備線形系 $|D| = |E_1 + E_2 + E_3|$ に付随した写像

9.4 エンリケス曲面の例

$$\varphi = \varphi_{|D|} : Y \to \mathbb{P}(H^0(Y, \mathcal{O}_Y(D))^*) = \mathbb{P}^3$$

はその像の上への双有理正則写像であることが知られている（Shafarevich [Sh], 10 章）．このことは認めて，φ の像が四面体をなす 4 つの超平面の交わりである 6 直線を二重直線として含む 6 次曲面であることを示す．まず $D^2 = 6$ より，φ の像を S とすると S は $\mathbb{P}^3$ 内の 6 次曲面である．さて $2K_Y = 0$ より

$$E_1 + E_2 + E_3, \quad E_1 + E_2' + E_3', \quad E_1' + E_2 + E_3', \quad E_1' + E_2' + E_3$$

は $|D|$ の元であり，$\mathbb{P}^3$ の超平面の引き戻しである．$\langle E_i, D \rangle > 0$ より，E_i, E_i' の φ による像は曲線である．さらに，例えば E_1 は $E_1 + E_2 + E_3$ と $E_1 + E_2' + E_3'$ との交わりであり，したがって各 E_i, E_i' の φ による像は二つの超平面の交叉，すなわち直線であることが従う．$\langle D, E_i \rangle = 2$ より写像 $E_i \to \varphi(E_i)$ の次数は高々 2 である．各 E_i, E_i' は算術種数が 1 なので非特異楕円曲線か特異有理曲線であり，それらの像は非特異有理曲線であるから，写像の次数は 2 であることが従う．このようにして S は 6 個の直線を重複度 2 で含む．

また 6 個の曲線 E_i, E_i' が φ で同一視される点は次のようにして分かる．例えば $p \in E_1, q \in E_2$ が $\varphi(p) = \varphi(q)$ であるとする．これは p を通る $|D|$ の元は q も通ることを意味する．$E_1 + E_2' + E_3'$ は p を通るから q も通り，したがって $q = E_1 \cap E_2$ または $q = E_2 \cap E_3'$ である．

最後に 4 つの超平面は 1 点で交わらない．なぜならば $p \in E_1$ が $q \in E_2$ と同一視されるなら $q = E_1 \cap E_2$ または $q = E_2 \cap E_3'$ であった．したがって $E_1 \cap E_2$ と $E_2 \cap E_3$ は同一視されない．他の点も同様である．以上から，S は四面体をなす 4 つの超平面の交わりである 6 直線を二重直線として含む 6 次曲面である．

S の定義方程式を与えておく．$\mathbb{P}^3$ 内の 4 つの超平面からなる四面体を考える．その頂点を p_0, p_1, p_2, p_3 とし，ℓ_{ij} を p_i と p_j を通る直線，H_{ijk} を p_i, p_j, p_k を通る超平面とする．$\mathbb{P}^3$ の 6 次曲面で 6 直線の和 $\sum \ell_{ij}$ に沿って二重点を特異点に持つものが S であり，その正規化 Y がエンリケスが発見したエンリケス曲面である．簡単のため

$$p_0 = (1, 0, 0, 0), \quad p_1 = (0, 1, 0, 0), \quad p_2 = (0, 0, 1, 0), \quad p_3 = (0, 0, 0, 1) \quad (9.16)$$

とする. S を与える斉次 6 次式 $f(x_0, x_1, x_2, x_3)$ を決定する. 超平面 H_{ijk} と S の交わりは 6 次曲線 $2\ell_{ij} + 2\ell_{jk} + 2\ell_{ki}$ であるから,

$$f(0, x_1, x_2, x_3) = a_0 x_1^2 x_2^2 x_3^2$$

等がなりたつ. したがって

$$f = a_0 x_1^2 x_2^2 x_3^2 + a_1 x_0^2 x_2^2 x_3^2 + a_2 x_0^2 x_1^2 x_3^2 + a_3 x_0^2 x_1^2 x_2^2 + q(x) x_0 x_1 x_2 x_3$$

であることが分かる. ここで a_i は 0 でない定数, $q(x)$ は斉次 2 次式である. 四面体を保つ射影変換は座標の置換および

$$(x_0 : x_1 : x_2 : x_3) \to (\lambda_0 x_0 : \lambda_1 a_1 : \lambda_2 a_2 : \lambda_3 a_3) \quad (\lambda_i \in \mathbb{C}^*)$$

であるから, S を与える定義方程式は射影変換を施すことで

$$x_1^2 x_2^2 x_3^2 + x_0^2 x_2^2 x_3^2 + x_0^2 x_1^2 x_3^2 + x_0^2 x_1^2 x_2^2 + q(x) x_0 x_1 x_2 x_3 = 0$$

とできる. $q(x)$ の取り方は

$$\dim H^0(\mathbb{P}^3, \mathcal{O}(2H)) = 10$$

であり, S は 10 次元の族をなす.

注意 9.50 エンリケスによる 6 次曲面の例については Shafarevich [Sh], 10 章, および Griffiths, Harris [GH], 4 章, 6 節に詳しく書かれている. また次の次数 10 のモデルも知られている. 系 9.35 で与えたエンリケス曲面 Y 上の楕円曲線 $E_1, \ldots, E_{10}$ で $\langle E_i, E_j \rangle = 1$ $(i \neq j)$ を満たすものを考える. $w_1, \ldots, w_{10}$ は取り方より $H^2(Y, \mathbb{Z})_f$ の基底であり, したがって $E_1, \ldots, E_{10}$ もそうである. いま

$$F = \frac{1}{3}(E_1 + \cdots + E_{10})$$

と定めると $\langle F, E_i \rangle = 3$ より $F \in H^2(Y, \mathbb{Z})_f^* = H^2(Y, \mathbb{Z})_f$ が従う. 完備線形系 $|F|$ はその像の上への双有理写像

$$\varphi_{|F|} : Y \to \mathbb{P}^5$$

で, $F^2 = 10$ よりその像は次数 10 のファノモデルと呼ばれる曲面である. これに関しては Cossec-Dolgachev [CD] に詳しい.

9.4.4 3次曲面のヘシアン4次曲面とエンリケス曲面

射影空間 $\mathbb{P}^4$ の斉次座標を $(x_1, x_2, x_3, x_4, x_5)$ とする．次の 2 式で定まる曲面

$$\lambda_1 x_1^3 + \cdots + \lambda_5 x_5^3 = 0, \quad x_1 + \cdots + x_5 = 0 \tag{9.17}$$

を S と表す．ここで λ_i は零でない定数とする．S は 2 番目の 1 次式で定まる超平面 $\mathbb{P}^3$ 内の非特異な 3 次曲面である．一般に $\mathbb{P}^3$ 内の斉次 3 次式 $F(z_1, z_2, z_3, z_4) = 0$ で定義される非特異な 3 次曲面に対し，F のヘシアン (Hessian)

$$\det\left(\frac{\partial^2}{\partial z_i \partial z_j}(F)\right) = 0 \tag{9.18}$$

は成分が $z_1, \ldots, z_4$ の 1 次式からなる 4 次行列の行列式である．したがって恒等的に 0 でなければ，$\mathbb{P}^3$ 内の 4 次曲面 H を定義する．式 (9.17) で与えられる 3 次曲面の場合，直接の計算から H の定義方程式は

$$\frac{1}{\lambda_1 x_1} + \cdots + \frac{1}{\lambda_5 x_5} = 0, \quad x_1 + \cdots + x_5 = 0 \tag{9.19}$$

で与えられる．H は 10 個の A_1 型有理二重点

$$p_{ijk} : x_i = x_j = x_k = 0$$

を持ち，10 個の直線

$$\ell_{mn} : x_m = x_n = 0$$

を含んでいる．H の非特異極小モデル X は K3 曲面である（注意 4.22）．10 個の A_1 型有理二重点 p_{ijk} 上の例外曲線を E_{ijk}, 10 個の直線 ℓ_{mn} の狭義の引き戻しを L_{mn} と表すと，X は合計 20 個の非特異有理曲線 $\{E_{ijk}, L_{mn}\}$ を含んでいる．E_{ijk} はちょうど三つの L_{ij}, L_{ik}, L_{jk} と 1 点で横断的に交わり，残りの L_{mn} とは交わっていない．一方，L_{ij} はちょうど三つの E_{ijk} $(k \neq i, j)$ と 1 点で横断的に交わり，残りの E_{kmn} とは交わっていない．このようにして X 上には互いに交わらない 10 個の非特異有理曲線からなる二組の族 $\{E_{ijk}\}$, $\{L_{mn}\}$ が存在し，一方の族の各元は他方のちょうど三つの元と 1 点で交わる．

これは 4.4 節で述べた種数 2 の曲線 C に付随したクンマー曲面 $\mathrm{Km}(C)$ 上の (16_6)-configuration と呼ばれる 32 個の非特異有理曲線の配置を連想させる.

さて $\mathbb{P}^4$ の位数 2 の**クレモナ変換** (Cremona transformation)

$$\iota : (x_1, \ldots, x_5) \to \left(\frac{1}{\lambda_1 x_1}, \ldots, \frac{1}{\lambda_5 x_5} \right) \tag{9.20}$$

は式 (9.19) を保つから, X の極小性より, X の位数 2 の自己同型 σ を引き起こす.

問 9.51 σ は E_{mn} と L_{ijk} ($\{i,j,k,m,n\} = \{1,\ldots,5\}$) を入れ替えることを示せ.

補題 9.52 $\lambda_1, \ldots, \lambda_5$ が一般ならば σ は固定点を持たない.

証明 $x_i = 0$ と H の交わりは 4 つの直線 ℓ_{ij} ($j \neq i$) である. σ は E_{mn} と L_{ijk} を入れ替えることから, これら 20 本の曲線上には固定点がない. したがって全ての i に対して $x_i \neq 0$ の場合を考えれば良い. このとき ι の固定点は

$$\lambda_1 x_1^2 = \lambda_2 x_2^2 = \cdots = \lambda_5 x_5^2$$

すなわち

$$(x_1 : x_2 : \cdots : x_5) = \left(\sqrt{\frac{1}{\lambda_1}} : \pm\sqrt{\frac{1}{\lambda_2}} : \cdots : \pm\sqrt{\frac{1}{\lambda_5}} \right)$$

で与えられる. したがって, これらの点が式 (9.19) を満たさないように定数 $\lambda_1, \ldots, \lambda_5$ を選べば σ は固定点を持たない. □

補題 9.52 より $\lambda_1, \ldots, \lambda_5$ が一般と仮定すると, 商曲面 $Y = X/\langle \sigma \rangle$ はエンリケス曲面である. 式 (9.17) で与えられる 3 次曲面は 4 次元の族をなすから, この方法で 4 次元のエンリケス曲面の族が得られる. σ は E_{ijk} と L_{mn} ($\{i,j,k,m,n\} = \{1,2,3,4,5\}$) を入れ替える. E_{ijk} と L_{mn} の Y への像を $\bar{L}_{mn}$ と表すと, $\bar{L}_{ij}$ はちょうど三つの $\bar{L}_{km}, \bar{L}_{kn}$ および $\bar{L}_{mn}$ と交わる. Y 上の 10 個の非特異有理曲線 $\{\bar{L}_{ij}\}$ の双対図形は図 9.2 に与えた**ペーターセン**

グラフ (Petersen graph) に同型であり，この図形の対称群は 5 次の対称群 $\mathfrak{S}_5$ に同型である．これは S, H を定義した $\mathbb{P}^4$ に座標の置換として作用する 5 次対称群 $\mathfrak{S}_5$ の 10 個の直線 $\{\ell_{mn}\}$ 上への作用から引き起こされるものと一致する．

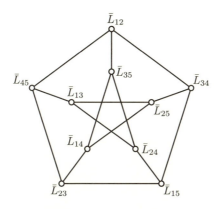

図 **9.2** ペーターセングラフ

このエンリケス曲面 Y は 4 次元の族をなすからその被覆 K3 曲面のネロン・セベリ格子の階数は少なくとも 16 $(= 20 - 4)$ であることが予想される．以下でこのことを確かめる．Y 上には 10 個の非特異有理曲線 $\bar{L}_{ij}$ が存在するが，この双対図形にはルート格子 E_6 のディンキン図形が含まれる．例えば

$$\bar{L}_{12}, \quad \bar{L}_{35}, \quad \bar{L}_{14}, \quad \bar{L}_{25}, \quad \bar{L}_{23}, \quad \bar{L}_{15}$$

がその一つである．この曲線の X への引き戻しの差を考えることで，L_X^- に $E_6(2)$ が含まれることが分かる．したがって X のピカール数は 16 以上である．

ここで X のピカール数が最小の 16 であると仮定し，ルート不変量 (R, K) を計算する．この場合，X の超越格子 T_X は $T_X \cong U(2) \oplus U \oplus A_2(2)$ であることが知られている (Dolgachev-Keum [DK])．一方，$\mathrm{rank}(E_6) + \mathrm{rank}(T_X) = 12$ であること，および E_6 を指数有限で含むルート格子は存在しないことから，$R = E_6$ が従う．また $\mathrm{Ker}(d) = 0$ は明らかであるから，$(R, K) \cong (E_6, \{0\})$ を得る．

X は $\mathbb{P}^3 \times \mathbb{P}^3$ 内の 4 つの次数 $(1, 1)$ の超曲面の交わりとして実現できる．

X は有理写像

$$H \to \mathbb{P}^3 \times \mathbb{P}^3, \quad x \to (x, \iota(x)) \tag{9.21}$$

の像であり，最初の $\mathbb{P}^3$ の斉次座標を $(x_1, \ldots, x_4)$ とし，2 番目の $\mathbb{P}^3$ の斉次座標を $(y_1, \ldots, y_4)$ とすると，4 つの超曲面は

$$\lambda_1 x_1 y_1 - \lambda_i x_i y_i = 0 \ (i = 2,3,4), \ \lambda_1 x_1 y_1 - \lambda_5 \left(\sum_{i=1}^{4} x_i\right)\left(\sum_{i=1}^{4} y_i\right) = 0 \tag{9.22}$$

で与えられる．これは後に述べるエンリケス曲面の例（式 (9.25)，補題 9.58）の特別な場合である．

注意 9.53 3 次曲面の超平面切断は 3 次曲線であるが，この 3 次曲線が 3 本の直線に分解するときの超平面切断を tritangent plane[1] と呼ぶ．一般の 3 次曲面は 45 個の tritangent plane を持つことが知られている．もし tritangent plane 上の 3 本の直線が 1 点で交わるとき，この点を**エッカート点** (Eckardt point) と呼ぶ（図 9.3 参照）．

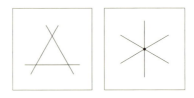

図 9.3 tritangent plane と Eckardt point

さて，式 (9.17) で与えられる 3 次曲面がエッカート点を持つのは

$$\lambda_i = \lambda_j \ (i \neq j)$$

がなりたつときであり，対応する tritangent plane は $x_i + x_j = 0$ で，エッカート点は p_{kmn} で与えられる．ただし $\{i,j,k,m,n\} = \{1,2,3,4,5\}$ とする．超平面 $x_i + x_j = 0$ と H との交わりは $2\ell_{ij}$ および p_{kmn} を通る 2 本の直線からなる．この 2 本の直線の引き戻しは X 上の新たな非特異有理曲線 N_{ij}^+, N_{ij}^- となり，σ は N_{ij}^+ と N_{ij}^- を入れ替える．$N_{ij}^\pm$ は L_{ij} と E_{kmn} と交点数 1 で交わり，残りの 18 個の曲線とは交わらない．

---

[1] 適当な訳が見当たらないので訳さずそのままにした．

式 (9.17) において全ての λ_i が一致する場合, S は**クレブシュ対角 3 次曲面**(Clebsch diagonal cubic surface) と呼ばれ, 10 個のエッカート点を持ち, さらに 5 次対称群 $\mathfrak{S}_5$ が曲面 S の自己同型として作用している. 対応するエンリケス曲面 Y は 20 個の非特異有理曲線を含んでおり, $\mathfrak{S}_5$ が Y の自己同型として作用している (Dardanelli, van Geemen [DvG]). このエンリケス曲面は注意 9.43 で述べた有限自己同型群を持つものの一つであり, $\mathrm{Aut}(Y) \cong \mathfrak{S}_5$ であることが知られている. また Y 上の非特異有理曲線はこの 20 個だけであり, ルート不変量は $(E_6 \oplus A_4, \{0\})$ である (金銅 [Kon1]).

注意 9.54 本節では $\mathbb{P}^4$ 内の式 (9.17) で定義される 4 次曲面とクレモナ変換 (9.20) の組からエンリケス曲面を構成し, 特別な場合として自己同型群が有限群 $\mathfrak{S}_5$ であるエンリケス曲面が得られることを紹介した (注意 9.53). 最近, 大橋久範がこの類似として自己同型群が $\mathfrak{S}_5$ である別のエンリケス曲面の構成に成功した (向井・大橋 [MuO] 参照). $\mathbb{P}^4$ の斉次座標を $(x_1, \ldots, x_5)$ とし,

$$\sum_{i<j} x_i x_j = 0, \quad \sum_{i<j} \frac{1}{x_i x_j} = 0 \tag{9.23}$$

で定義される曲面 F を考える. F にはクレモナ変換

$$c : (x_i) \to \left(\frac{1}{x_i}\right)$$

が作用していることに注意する. F の特異点は 5 個の A_1 型有理二重点であり, その非特異極小モデル X は $K3$ 曲面となる. クレモナ変換 c は X の固定点を持たない位数 2 の自己同型 σ を引き起こし, その商曲面としてエンリケス曲面 Y が得られる. F には座標の置換により 5 次対称群 $\mathfrak{S}_5$ が自己同型として作用しているが, それは Y の自己同型を引き起こす. また構成方法から Y 上に 20 個の非特異有理曲線の存在が分かる.

実はこのエンリケス曲面 Y は注意 9.43 で述べた有限自己同型群を持つエンリケス曲面の一つに同型である. Y 上の非特異有理曲線は 20 個だけであり, $\mathrm{Aut}(Y) \cong \mathfrak{S}_5$ であることも知られている. このエンリケス曲面は Reye congruence の観点からファノ (G. Fano [Fa]) が最初に与え, 金銅 ([Kon1]) により再考された. ファノは, $\mathbb{P}^2$ の斉次座標を (x_1, x_2, x_3) とするとき, 次の 3 次曲線を考えた:

$$C_\pm : (1 \pm \sqrt{-1})(x_2^3 - x_3^3 - x_1 x_2 x_3) + (x_1^2 x_2 + x_2^2 x_3 + x_3^2 x_1) = 0.$$

3 次曲線 C_+ と C_- は $(1 : 0 : 0)$ で重複度 9 で交わる. $\mathbb{P}^2$ の 6 次曲線 $C_+ + C_-$ で分岐する二重被覆の非特異極小モデルが $K3$ 曲面であり, 固定点を持たない位数 2 の自己同型を持つ. その商曲面が上で述べた大橋久範によるエンリケス曲面 Y と同

型である.大橋の構成方法に比べ,ファノ・金銅の構成方法では 20 個の非特異有理曲線や $\mathfrak{S}_5$ の作用の存在を示すのは簡単ではない.

9.4.5 Reye congruence

前節で与えた例（式 (9.22)）の一般化に当たる Reye congruence と呼ばれる 9 次元のエンリケス曲面の族を紹介する. $\mathbb{P}^3$ の斉次座標を (x_1, x_2, x_3, x_4) とする. $\mathbb{P}^3$ 内の 2 次曲面 Q は 4 次対称行列 (a_{ij}) を用いて

$$Q : q(x) = \sum_{i,j} a_{ij} x_i x_j = 0$$

で与えられる.簡単のため 2 次形式 $q(x)$ に付随した対称双線形形式 $\sum_{i,j} a_{ij} x_i y_j$ も同じ記号 $q(x,y)$ で表す.このとき $q(x+y) - q(x) - q(y) = 2q(x,y)$ がなりたつ. 2 次曲面 Q の階数は行列 (a_{ij}) の階数で定義される.階数 4 の 2 次曲面が非特異曲面であり,階数 3 の場合が 2 次曲線を底とする錐,階数 2 の場合が二つの射影平面の和である. $q(x) = 0$ で与えられる 2 次曲面 Q を q と表すこともある.

定義 9.55 $W \subset \mathbb{P}(H^0(\mathbb{P}^3, \mathcal{O}_{\mathbb{P}^3}(2)))$ を 3 次元部分空間 ($\cong \mathbb{P}^3$) とする.以下 W としては次の条件を満たすものを考える.

(i) $\mathbb{P}^3$ 内の 2 次曲面の線形系として W は基点を持たない.すなわち任意の $q \in W$ に対し $q(x) = 0$ を満たす $x \in \mathbb{P}^3$ は存在しない.
(ii) $q \in W$ を階数 2 の 2 次曲面とし, q の特異点集合として現れる二重直線を ℓ とする.このとき $q' \in W$ $(q' \neq q)$ で $\ell \subset q'$ となる q' は存在しない.

W に対し $R(W)$ を $\mathbb{P}^3$ 内の直線 ℓ で W に属する相異なる二つの 2 次曲面に含まれるもの全体とする:

$$R(W) = \{\ell \subset \mathbb{P}^3 : \ell \subset q \cap q', \quad q, q' \in W, \quad q \neq q'\}. \tag{9.24}$$

$\mathbb{P}^3$ 内の直線全体のなすグラスマン多様体 $G(1,3)$ のプリュッケ埋め込み

$$G(1,3) \subset \mathbb{P}^5$$

9.4 エンリケス曲面の例

により (関係式 (4.7) 参照), $R(W)$ は $\mathbb{P}^5$ の部分集合とみなせる. $R(W)$ を **Reye congruence**[2]) と呼ぶ.

$R(W)$ がエンリケス曲面であることを示すために, まず被覆 $K3$ 曲面を構成する.

定義 9.56 W に対し

$$\tilde{S}(W) = \{(x,y) \in \mathbb{P}^3 \times \mathbb{P}^3 \ : \ q(x,y) = 0, \ \forall q \in W\} \quad (9.25)$$

と定義する ($\tilde{S}(W)$ は後に定義 9.61 において述べるシュタイナー曲面 $S(W)$ の非特異極小モデルである). 定義 9.55 (i) より $(x,y) \in \tilde{S}(W)$ ならば $x \neq y$ であることを注意しておく. これから $\tilde{S}(W)$ には $\sigma(x,y) = (y,x)$ で定まる固定点を持たない位数 2 の自己同型 σ が作用している.

$\tilde{S}(W)$ が非特異であることを次の補題を用いて示す.

補題 9.57 $x = (x_i) \in \mathbb{P}^m$, $y = (y_j) \in \mathbb{P}^n$ を斉次座標, $f_k(x,y)$ は変数 x および y それぞれに関して斉次 1 次である多項式とし ($k = 1, \ldots, l; \ l \leq m+n$),

$$X = \{(x,y) \in \mathbb{P}^m \times \mathbb{P}^n \ : \ f_k(x,y) = 0, \ k = 1, \ldots, l\}$$

と定義する. このとき X が (x_0, y_0) において非特異であるための必要十分条件は

$$f(\lambda)(x, y_0) = f(\lambda)(x_0, y) = 0 \quad (\forall x \in \mathbb{P}^m, \ \forall y \in \mathbb{P}^n)$$

を満たす $\lambda = (\lambda_i) \in \mathbb{P}^l$ が存在しないことである. ただし

$$f(\lambda)(x,y) = \sum_{k=1}^{l} \lambda_k f_k(x,y)$$

とする.

---

[2]) 適当な訳が見当たらないので訳さずそのままにした.

証明 (x_0, y_0) が X の特異点とすると,ヤコビ行列

$$\frac{\partial(f_1, \ldots, f_l)}{\partial(x_1, \ldots, x_{m+1}, y_1, \ldots, y_{n+1})}(x_0, y_0)$$

の階数は l より小さいから,$(\lambda) = (\lambda_1, \ldots, \lambda_l) \in \mathbb{P}^l$ が存在して

$$\sum_{k=1}^{l} \lambda_k \cdot \frac{\partial f_k}{\partial x_i}(x_0, y_0) = \sum_{k=1}^{l} \lambda_k \cdot \frac{\partial f_k}{\partial y_j}(x_0, y_0) = 0 \ (1 \le i \le m+1, \ 1 \le j \le n+1)$$

を満たす.ここで $x_0 = (x_1^0, \ldots, x_{m+1}^0)$,$y_0 = (y_1^0, \ldots, y_{n+1}^0)$,$f_k(x,y) = \sum_{i,j} a_{i,j}^k x_i y_j$ とすると,

$$\sum_{k,j} a_{i,j}^k \lambda_k y_j^0 = \sum_{k,i} a_{i,j}^k \lambda_k x_i^0 = 0$$

を得る.したがって

$$f(\lambda)(x, y_0) = \sum_i (\sum_{j,k} \lambda_k a_{i,j}^k y_j^0) x_i = 0 \quad (\forall x \in \mathbb{P}^m)$$

を得る.$f(\lambda)(x_0, y) = 0 \ (\forall y \in \mathbb{P}^n)$ も同様である.□

補題 9.58 $\tilde{S}(W)$ は $K3$ 曲面であり,σ は固定点を持たない.特に $\tilde{S}(W)$ はエンリケス曲面の被覆 $K3$ 曲面である.

証明 σ が固定点を持たないことは既に述べた(定義 9.56).W の基底 $q_1, \ldots, q_4$ を取り,W の元 q を

$$q = q(\lambda) = \sum_{i=1}^{4} \lambda_i q_i$$

と表す.いま,$\tilde{S}(W)$ が (x_0, y_0) で特異点を持つとする.$x_0 \ne y_0$ である.このとき補題 9.57 より $\lambda^0 = (\lambda_1^0, \ldots, \lambda_4^0) \in \mathbb{P}^3$ が存在して

$$q(\lambda^0)(x_0, y) = 0, \ \forall y, \quad q(\lambda^0)(x, y_0) = 0, \ \forall x \tag{9.26}$$

9.4 エンリケス曲面の例

がなりたつ. x_0 と y_0 は $q(\lambda)(x,y)$ に関して直交しており, 等式 (9.26) より x_0, y_0 は 2 次曲面 $q(\lambda^0)$ に含まれる. したがって, x_0 と y_0 を通る直線を ℓ とすると, ℓ は $q(\lambda^0)$ に含まれる. さらに等式 (9.26) より (補題 9.57 の証明を見よ)

$$\frac{\partial q(\lambda^0)}{\partial x_i}(x_0) = \frac{\partial q(\lambda^0)}{\partial x_i}(y_0) = 0, \ \forall i$$

が従うが, これは $q(\lambda^0)$ が直線 ℓ に沿って特異点を持つことを意味する. ふたたび x_0 と y_0 は $q(\lambda)(x,y)$ に関して直交しているから, $q(\lambda)$ が直線 ℓ を含むのは $q(\lambda)(x_0) = q(\lambda)(y_0) = 0$ を満たすときである. これを $\lambda_1, \ldots, \lambda_4$ に関する連立方程式と考えると, $\lambda \neq \lambda_0$ で $q(\lambda)$ が ℓ を含むものが存在する. これは W の仮定 (定義 9.55 (ii)) に反する. 以上より $\tilde{S}(W)$ は非特異である. $\tilde{S}(W)$ は $\mathbb{P}^3 \times \mathbb{P}^3$ 内の 4 個の $(1,1)$ 型因子の交叉であるから, 添加公式 (定理 3.3) とレフシェッツの超平面切断定理 (定理 3.8) より $K3$ 曲面になる. □

定理 9.59 $R(W)$ はエンリケス曲面 $\tilde{S}(W)/\langle \sigma \rangle$ と同型である.

証明 $(x,y) \in \tilde{S}(W)$ に対し, 2 点 $x, y \in \mathbb{P}^3$ を通る直線を ℓ とする. W の元 q を W の基底 $\{q_1, \ldots, q_4\}$ を用いて $q = \sum_i \lambda_i q_i$ と表す. このとき補題 9.58 の証明でも述べたように,

$$q(x+y) - q(x) - q(y) = 2q(x,y) = 0$$

より, $q = 0$ で定まる 2 次曲面が ℓ を含むための必要十分条件は $q(x) = q(y) = 0$ である. これを変数 $\lambda_1, \ldots, \lambda_4$ に関する連立方程式と考えれば, ℓ を含む 2 次曲面が少なくとも二つ存在することが分かり, $\ell \in R(W)$ を得る.

逆に二つの 2 次曲面が直線 $\ell \subset \mathbb{P}^3$ を含んでいるとする. W の 1 次元部分空間 N を, この二つの 2 次曲面と N が W を生成するように選ぶ. このとき N の ℓ への制限 $N|\ell$ は $\ell \times \ell$ 内の二つの $(1,1)$ 型の超曲面を定める. その共通部分はちょうど 2 点 $(x,y), (y,x)$ で $q(x,y) = 0$ ($\forall q \in N$) を満たしている. このとき $(x,y) \in \tilde{S}(W)$ となり, 逆の対応を与える. □

$G(3,9)$ を $\mathbb{P}^9 = \mathbb{P}(H^0(\mathbb{P}^3, \mathcal{O}_{\mathbb{P}^3}(2)))$ 内の 3 次元部分空間からなるグラスマン多様体とする. すると

$$\dim G(3,9) - \dim \mathrm{PGL}(3) = 24 - 15 = 9$$

より, $R(W)$ は 9 次元のエンリケス曲面の族をなすことが分かる.

最後にエンリケス曲面 $R(W)$ とその被覆 K3 曲面 $\tilde{S}(W)$ に関係した別の曲面も述べておく.

定義 9.60 W に対し

$$H(W) = \{q \in W \ : \ \det(q) = 0\}$$

と定め, ヘシアン (Hessian) あるいはシンメトロイド (symmetroid) と呼ぶ. $H(W)$ は W 内の 4 次曲面である.

$H(W)$ は 10 個の A_1 型有理二重点を持つことが知られている. この 10 点は 2 次曲面の階数が 2, すなわち二つの平面の和集合になっているものに対応する. その一つを q_0 とする. $\mathbb{P}^3 (= W)$ の斉次座標 (x_1, x_2, x_3, x_4) を取る. $q_0 = (1, 0, 0, 0)$ とすると $\mathbb{P}^3$ 内の 4 次曲面 $H(W)$ の方程式は

$$x_1^2 A_2(x_2, x_3, x_4) + 2x_1 B_3(x_2, x_3, x_4) + C_4(x_2, x_3, x_4) = 0$$

で与えられる. ここで A_2, B_3, C_4 はそれぞれ x_2, x_3, x_4 に関する次数 2, 3, 4 の斉次式である. q_0 からの射影

$$\pi : H(W) \to \mathbb{P}^2$$

は二重被覆であり, 分岐は $B_3^2 - A_2 C_4 = 0$ で与えられる 6 次曲線である. この 6 次曲線は二つの 3 次曲線に分解していることも知られている. また $A_2 = 0$ で与えられる 2 次曲線がそれぞれの 3 次曲線に 3 点で接している. 注意 9.54 で述べたファノ・金銅による有限自己同型群を持つエンリケス曲面の構成はここで述べた $H(W)$ を構成する方法である.

9.4 エンリケス曲面の例

定義 9.61 $q \in W$ に対し $q = 0$ で与えられる 2 次曲面の特異点の集合を $\text{sing}(q)$ で表し,

$$\tilde{H}(W) = \{(x, q) \in \mathbb{P}^3 \times W \ : \ x \in \text{sing}(q)\} \tag{9.27}$$

とする. $p_1 : \tilde{H}(W) \to \mathbb{P}^3$, $p_2 : \tilde{H}(W) \to W$ を射影とすると, $p_2(\tilde{H}(W)) = H(W)$ である. $p_1(\tilde{H}(W))$ を $S(W)$ と表し, **シュタイナー曲面** (Steiner surface) と呼ぶ. 定義より

$$S(W) = \left\{ x \in \mathbb{P}^3 \ : \ \text{ある } \lambda \in W \text{ が存在して } \frac{\partial q(\lambda)}{\partial x_i}(x) = 0 \ (i = 1, \ldots, 4) \right\}$$
$$= \left\{ x \in \mathbb{P}^3 \ : \ \det \left(\frac{\partial(q_1, \ldots, q_4)}{\partial(x_1, \ldots, x_4)}(x) \right) = 0 \right\}$$

である. これから $S(W)$ も $\mathbb{P}^3$ 内の 4 次曲面である. また $\tilde{H}(W) \cong \tilde{S}(W)$ も知られている.

この節で出てきた曲面の関係を図示すると次のようになる.

$$\begin{array}{ccccc}
\tilde{H}(W) & \cong & \tilde{S}(W) & & \\
\downarrow p_2 & \searrow^{p_1} & \downarrow & \searrow^{2:1} & \\
H(W) & \xrightarrow{\sigma} & S(W) & & R(W).
\end{array}$$

ここで σ は双有理写像である.

$R(W)$ は 9 次元のエンリケス曲面の族をなすことは前に述べた. $R(W)$ は非特異有理曲線を含むことも知られている. したがって, その被覆 $K3$ 曲面のピカール数の最小値は 11 である. 被覆 $K3$ 曲面のピカール数が 11 である場合, $R(2) = A_1(2)$ でなければならず, そのルート不変量は $(R, K) = (A_1, \{0\})$ である.

注意 9.62 Reye congruence とエンリケス曲面の研究はファノ (Fano) によってなされた. 現代的な研究はコセック (Cossec [Co]) によるが, 本書も後者に習った. Reye congruence に付随したエンリケス曲面は $\mathbb{P}^5$ の次数 10 の 9 次元の族をなしているが, これは注意 9.50 でふれたファノモデルの特別な場合である.

注意 9.63 ヘシアン 4 次曲面 $H(W)$ はアルティンとマンフォード (Artin-Mumford [AM]) による単有理であるが有理多様体でない 3 次元代数多様体 V の構成に用いられた．彼らは $H^3(V, \mathbb{Z})$ が捻れ元を持つことを示すことで V が有理的でないことを示したが，この捻れ元とエンリケス曲面 $R(W)$ のネロン・セベリ群の捻れ元との自然な対応も知られている (Beauville [Be2])．

第10章 ◇ 平面4次曲線の
　　　　　モジュライ空間への応用

　　前節ではエンリケス曲面に $K3$ 曲面とその固定点を持たない位数 2 の自己同型の組を対応させ，$K3$ 曲面のトレリ型定理を用いることで，エンリケス曲面の周期理論を展開した．この方法は $K3$ 曲面とある有限位数の自己同型の組を考えることで一般化できる．本節では，その一例として，平面 4 次曲線を取り上げる．$K3$ 曲面とある位数 4 の自己同型の組を対応させることで，平面 4 次曲線のモジュライ空間が 6 次元複素球の離散群による商空間として記述できること紹介する．平面 4 次曲線と深い関係にあるデル・ペッツォ曲面についても述べる．

10.1 平面 4 次曲線と次数 2 のデル・ペッツォ曲面

10.1.1 平面 4 次曲線

　　射影平面 $\mathbb{P}^2$ の斉次座標を (x, y, z) とし，斉次 4 次式 $f(x, y, z)$ に対し
$$C = \{(x, y, z) \in \mathbb{P}^2 : f(x, y, z) = 0\}$$
と定める．曲線 C は非特異であると仮定する．このとき $\mathbb{P}^2$ の標準束 $K_{\mathbb{P}^2}$ は -3ℓ（ℓ は直線）と線形同値であるから，
$$g(C) = \frac{1}{2}(K_{\mathbb{P}^2} \cdot C + C^2) + 1 = 3$$
を得る．種数 3 の曲線のモジュライ空間は $3g(C) - 3 = 6$ 次元であることが知られている．一方，3 変数斉次 4 次式のなすベクトル空間 V_4 の次元は $\binom{6}{2} = 15$ 次元である．したがって 4 次曲線のモジュライ空間の次元は
$$\dim \mathbb{P}(V_4) - \dim \mathrm{PGL}_2(\mathbb{C}) = 14 - 8 = 6$$

で与えられる．いま，種数 3 の曲線 C が超楕円曲線でないとする．このとき標準束 K_C に付随した写像

$$\Phi_{|K_C|}: C \to \mathbb{P}^2$$

の像は平面 4 次曲線である．種数 3 の曲線のモジュライ空間を $\mathcal{M}_3$，種数 3 の超楕円曲線のモジュライ空間を $\mathcal{H}_3$ とすると，$\mathcal{M}_3 \setminus \mathcal{H}_3$ が平面 4 次曲線のモジュライ空間である．上半平面の一般化である次数 3 のジーゲル上半空間

$$\mathfrak{H}_3 = \{Z : Z \text{ は 3 次複素対称行列で Im}(Z) \text{ が正定値}\}$$

を考える．I_3 を 3 次単位行列，$J = \begin{pmatrix} 0 & I_3 \\ -I_3 & 0 \end{pmatrix}$ とし，

$$\mathrm{Sp}_6(\mathbb{Z}) = \{X : X \text{ は整数を成分とする 6 次正方行列で } {}^tXJX = J\}$$

とおく．$\mathfrak{H}_3$ は注意 5.4 で述べた III 型有界対称領域に他ならない．$\mathrm{Sp}_6(\mathbb{Z})$ は $\mathfrak{H}_3$ に

$$Z \to (AZ+B)(CZ+D)^{-1}, \quad Z \in \mathfrak{H}_3, \quad X = \begin{pmatrix} A & B \\ C & D \end{pmatrix} \in \mathrm{Sp}_6(\mathbb{Z})$$

により真性不連続に作用している．種数 3 の曲線に対し，そのヤコビアン $J(C)$ を対応させることで，単射

$$j: \mathcal{M}_3 \to \mathfrak{H}_3/\mathrm{Sp}_6(\mathbb{Z})$$

を得る．$\dim \mathcal{M}_3 = \dim \mathfrak{H}_3/\mathrm{Sp}_6(\mathbb{Z}) = 6$ であるが，さらに重さ 18 および 140 の保型形式 χ_{18}, χ_{140} で，$\chi_{18} = \chi_{140} = 0$ が j の像の補集合であり，$\chi_{18} = 0, \chi_{140} \neq 0$ が $j(\mathcal{H}_3)$ に一致するものの存在が知られており (Igusa [I], Lemma 11)，したがって $j(\mathcal{M}_3 \setminus \mathcal{H}_3)$ および $j(\mathcal{M}_3)$ は $\mathfrak{H}_3/\mathrm{Sp}_6(\mathbb{Z})$ のザリスキー開集合である．

さて C を非特異 4 次曲線とする．$\mathbb{P}^2$ の直線 ℓ と C の交点数は 4 である．ℓ が C の**複接線** (bitangent line) とは ℓ が C に 2 点で接しているときをいう．古典的な結果として，C は 28 本の複接線を持つことが知られている．これをデル・ペッツォ曲面の観点から紹介する．

10.1.2 デル・ペッツォ曲面

定義10.1 Y を非特異代数曲面とする．Y が**デル・ペッツォ曲面** (del Pezzo surface) であるとは，反標準束 $-K_Y$ が豊富であるときをいう．$(-K_Y)^2$ を Y の**次数** (degree) と呼ぶ．

定義よりデル・ペッツォ曲面は有理曲面である．実はデル・ペッツォ曲面は $\mathbb{P}^2$, $\mathbb{P}^1 \times \mathbb{P}^1$ および $\mathbb{P}^2$ の一般の位置にある点 $p_1, \ldots, p_n$ $(n \leq 8)$ のブローアップで得られる曲面のいずれかに同型となることが知られている．ここで相異なる n 個の点 $p_1, \ldots, p_n$ が**一般の位置** (general position) にあるとは次の三条件を満たすときをいう．

(i) 3点 p_i, p_j, p_k $(i \neq j \neq k \neq i)$ を通る直線は存在しない；
(ii) $n \geq 6$ の場合，6点を通る2次曲線は存在しない；
(iii) $n = 8$ の場合，8点を通る3次曲線で8点の中の1点を特異点とするものは存在しない．

これらの条件は，n 個の点をブローアップして得られる曲面の反標準束との交点数が正とならない曲線の存在を禁止する．$\mathbb{P}^2$ は次数 9 の，$\mathbb{P}^1 \times \mathbb{P}^1$ は次数 8 のデル・ペッツォ曲面であり，Y が n 個の一般の位置にある点のブローアップで得られているとすると，その次数は $9-n$ である．Y 上の非特異有理曲線 C で $(-K_Y) \cdot C = 1$ を満たすものを Y の**直線** (line) と呼ぶ．$\mathbb{P}^2$ および $\mathbb{P}^1 \times \mathbb{P}^1$ の場合はそれぞれ $\frac{1}{3}(-K_{\mathbb{P}^2})$ および $\frac{1}{2}(-K_{\mathbb{P}^1 \times \mathbb{P}^1})$ との交点数が 1 のものを直線と呼び，それらは無限個存在する．

$\pi: Y_n \to \mathbb{P}^2$ を $\mathbb{P}^2$ の n 点 $p_1, \ldots, p_n$ のブローアップで得られる曲面とする．C を Y_n 上の既約曲線とすると

$$g(C) = \frac{1}{2}(K_{Y_n} \cdot C + C^2) + 1$$

より，$C \cong \mathbb{P}^1$ が直線であることは $C^2 = -1$ であることと同値である．さらに $\mathrm{Pic}(Y_n) \cong H^2(Y_n, \mathbb{Z})$ は符号が $(1, n)$ のユニモジュラー格子である．例外曲線の存在より，この格子は奇格子であり，定理 1.22 より

$$H^2(Y_n, \mathbb{Z}) \cong I_+ \oplus I_-^{\oplus n} \tag{10.1}$$

を得る. e_0 を $\mathbb{P}^2$ の直線の引き戻しの類, e_i ($1 \leq i \leq n$) を p_i 上の例外曲線の類とすると,

$$e_0^2 = 1, \quad e_i^2 = -1 \ (1 \leq i \leq n), \quad \langle e_i, e_j \rangle = 0 \ (i \neq j)$$

であり, $e_0, e_1, \ldots, e_n$ は格子 $H^2(Y_n, \mathbb{Z})$ の基底となる. Y_n の反標準束は

$$-K_{Y_n} = 3e_0 - e_1 - \cdots - e_n$$

で与えられる. さらに Y_n 上の直線は次で与えられることが知られている. 簡単のため $n \geq 5$ のときを述べる (次節で $n = 7$ の場合の証明を与える).

(1) $n = 5$ の場合:
e_i ($1 \leq i \leq n$), $e_0 - e_i - e_j$ ($1 \leq i < j \leq 5$),
$2e_0 - e_1 - e_2 - e_3 - e_4 - e_5$.

(2) $n = 6$ の場合:
e_i ($1 \leq i \leq n$), $e_0 - e_i - e_j$ ($1 \leq i < j \leq 6$),
$2e_0 - e_1 - \cdots - e_6 + e_i$ ($1 \leq i \leq 6$).

(3) $n = 7$ の場合:
e_i ($1 \leq i \leq 7$), $e_0 - e_i - e_j$ ($1 \leq i < j \leq 7$),
$2e_0 - e_1 - \cdots - e_7 + e_i + e_j$ ($1 \leq i < j \leq 7$),
$3e_0 - e_1 - \cdots - e_7 - e_i$ ($1 \leq i \leq 7$).

(4) $n = 8$ の場合:
e_i ($1 \leq i \leq 8$), $e_0 - e_i - e_j$ ($1 \leq i < j \leq 8$),
$2e_0 - e_1 - \cdots - e_8 + e_i + e_j + e_k$ ($1 \leq i < j < k \leq 8$),
$3e_0 - e_1 - \cdots - e_8 - e_i + e_j$ ($1 \leq i \neq j \leq 8$),
$4e_0 - e_1 - \cdots - e_8 - e_i - e_j - e_k$ ($1 \leq i < j < k \leq 8$),
$5e_0 - 2e_1 - \cdots - 2e_8 + e_i + e_j$ ($1 \leq i < j \leq 8$),
$6e_0 - 2e_1 - \cdots - 2e_8 - e_i$ ($1 \leq i \leq 8$).

直線の個数を ℓ_n とすると以上より次の表を得る.

10.1 平面 4 次曲線と次数 2 のデル・ペッツォ曲面

表 10.1 直線の個数

n	1	2	3	4	5	6	7	8
ℓ_n	1	3	6	10	16	27	56	240

問 10.2 (1) $n = 1, \ldots, 4$ の場合に，直線を列挙せよ．
(2) 5 次デル・ペッツォ曲面 Y_4 上の 10 本の直線の双対図形はペーターセングラフ（図 9.2）になることを確かめよ．

デル・ペッツォ曲面の研究では反標準写像を調べることが重要になる．その結果は以下の通りである（次節で 2 次デル・ペッツォ曲面の場合の証明を与える）．

命題 10.3 Y_n を $(9-n)$ 次デル・ペッツォ曲面とする．

(1) $n \leq 6$ のとき，$-K_{Y_n}$ は十分豊富であり，反標準写像

$$\Phi_{|-K_{Y_n}|} : Y_n \to \mathbb{P}^{9-n}$$

は埋め込みでその像は以下の通りである：

- Y_4 は $\mathbb{P}^5$ の中の 5 次曲面である．
- Y_5 は $\mathbb{P}^4$ の中の二つの 2 次超曲面の完全交叉である．
- Y_6 は $\mathbb{P}^3$ の中の 3 次曲面である．

(2) $n = 7, 8$ の場合には以下がなりたつ：

- $\Phi_{|-K_{Y_7}|} : Y_7 \to \mathbb{P}^2$ は非特異 4 次曲線で分岐する二重被覆である．
- $\Phi_{|-K_{Y_8}|}$ は基点を一つ持つ．基点でのブローアップにより有理楕円曲面を得る．また

$$\Phi_{|-2K_{Y_8}|} : Y_8 \to \mathbb{P}^3$$

の像は階数 3 の対称行列で定義される 2 次曲面 Q であり $\Phi_{|-2K_{Y_8}|}$ は $|\mathcal{O}_Q(3)|$ に属する曲線で分岐する二重被覆である（2 次曲面については 9.4.5 項参照）．

ここでデル・ペッツォ曲面 Y_n のモジュライ空間の次元を計算しておく．そのためには一般の位置にある n 点のモジュライ空間の次元が分かれば良い．

$\mathbb{P}^2$ の相異なる 4 点は

$$(1:0:0), \quad (0:1:0), \quad (0:0:1), \quad (1:1:1)$$

に射影変換で写せる．したがって Y_n $(1 \leq n \leq 4)$ は同型を除いて一意的に決まる．$p_5, \ldots, p_n$ $(5 \leq n \leq 8)$ に対しては $\mathbb{P}^2$ の開集合から順番に選べるのでモジュライ空間の次元は $2(n-4)$ である．

$(-K_{Y_n})^2 = 9-n$ であったが，K_{Y_n} の $H^2(Y_n, \mathbb{Z})$ の中での直交補空間を Q_n とすると

$$Q_4 \cong A_4, \quad Q_5 \cong D_5, \quad Q_6 \cong E_6, \quad Q_7 \cong E_7, \quad Q_8 \cong E_8$$

がなりたつ．このようなところに突然ルート格子が現れるのは不思議である．それぞれのルート（長さ -2 の元）の個数 r_n は以下の表の通りである．

表 10.2　ルートの個数

n	1	2	3	4	5	6	7	8
r_n	0	2	8	20	40	72	126	240

ルートは $\pm$ を除いて以下で与えられる．

(1) $n = 4, 5$ の場合：

$$e_i - e_j \ (1 \leq i < j \leq n), \quad e_0 - e_i - e_j - e_k \ (1 \leq i < j < k \leq n).$$

(2) $n = 6$ の場合：

$$e_i - e_j \ (1 \leq i < j \leq 6), \quad e_0 - e_i - e_j - e_k \ (1 \leq i < j < k \leq 6),$$
$$2e_0 - e_1 - e_2 - e_3 - e_4 - e_5 - e_6.$$

(3) $n = 7$ の場合：

$$e_i - e_j \ (1 \leq i < j \leq 7), \quad e_0 - e_i - e_j - e_k \ (1 \leq i < j \leq 7),$$
$$2e_0 - e_1 - e_2 - e_3 - e_4 - e_5 - e_6 - e_7 + e_i \ (1 \leq i \leq 7).$$

(4) $n = 8$ の場合：

$$e_i - e_j \ (1 \leq i < j \leq 8), \quad e_0 - e_i - e_j - e_k \ (1 \leq i < j < k \leq 8),$$
$$2e_0 - e_1 - e_2 - e_3 - e_4 - e_5 - e_6 - e_7 - e_8 + e_i + e_j \ (1 \leq i < j \leq 8),$$
$$3e_0 - e_1 - e_2 - e_3 - e_4 - e_5 - e_6 - e_7 - e_8 - e_i \ (1 \leq i \leq 8).$$

n 個の点 $p_1, \ldots, p_n$ が一般の位置にあることは，これらルートが有効因子によって代表できないことと同値である．

問 10.4 3 次デル・ペッツォ曲面 Y_3 上の 27 本の直線の中に次の性質を満たす 12 本の直線
$$\ell_1, \ldots, \ell_6, m_1, \ldots, m_6$$
が存在する：$\ell_1, \ldots, \ell_6$ のどの 2 本も交わらず，$m_1, \ldots, m_6$ のどの 2 本も交わらない．また ℓ_i と m_j が交わるのは $i \neq j$ のときに限る．このような直線の集まりを Schläfli's double-six[1]) と呼ぶ．例えば
$$\{e_i \ (1 \leq i \leq 6), \ 2e_0 - e_1 - \cdots - e_6 + e_i \ (1 \leq i \leq 6)\}$$
は Schläfli's double-six である．このとき次を示せ.
(1) どの 2 本も交わらない 6 本の直線の組 $\{\ell_1, \ldots, \ell_6\}$ に対し，ルート α で $\langle \alpha, \ell_i \rangle = 1, \forall i$ を満たすものが一意的に存在する．さらに s_α を α に付随した鏡映とすると，$\{\ell_1, \ldots, \ell_6\}$ と $\{s_\alpha(\ell_1), \ldots, s_\alpha(\ell_6)\}$ は Schläfli's double-six である．
(2) Schläfli's double-six は 36 組存在することを示せ.

3 次曲面と 27 本の直線等，話は尽きないが，以下では次数 2 のデル・ペッツォ曲面に話を限定する．

10.1.3 平面 4 次曲線と次数 2 のデル・ペッツォ曲面

以下，次数 2 のデル・ペッツォ曲面を Y で表す．まず Y 上の直線は前の節で与えた 56 本に限ることを示す.

命題 10.5 Y 上の直線は
$$e_i \ (1 \leq i \leq 7), \quad e_0 - e_i - e_j \ (1 \leq i < j \leq 7),$$
$$2e_0 - e_1 - \cdots - e_7 + e_i + e_j \ (1 \leq i < j \leq 7),$$
$$3e_0 - e_1 - \cdots - e_7 - e_i \ (1 \leq i \leq 7),$$
で与えられる.

証明 Y 上の直線は非特異有理曲線 E で $-K_Y \cdot E = 1$ を満たすものであっ

---
[1]) 適当な訳が見当たらないので訳さずそのままにした.

た．このとき $E^2 = -1$ である．上に与えた 56 本は，$\mathbb{P}^2$ の一般の位置にある 7 点 $p_1, \ldots, p_7$ のブローアップの例外曲線，p_i と p_j を通る直線の引き戻し，$p_1, \ldots, p_7$ の内の 5 点を通る 2 次曲線，7 点 $p_1, \ldots, p_7$ を通る 3 次曲線でそのうちの 1 点で結節点を特異点に持つものである．これらが直線であることは明らかであろう．

逆に E を直線とする．

$$E = ae_0 - \sum_{i=1}^{7} b_i e_i \quad (a, b_i \in \mathbb{Z})$$

と表せる．$a = 0$ ならばある i に対し $E = e_i$ となるので $a \neq 0$ と仮定してよい．このときブローダウン $\pi: Y \to \mathbb{P}^2$ による E の像 E_0 の次数が a であるから $a > 0$ となる．また b_i は E_0 の p_i での重複度であるから $b_i \geq 0$ である．さらに

$$-K_Y \cdot E = 3a - \sum_i b_i = 1, \quad E^2 = a^2 - \sum_i b_i^2 = -1$$

を満たす．コーシー・シュワルツの不等式より

$$(\sum_i b_i)^2 \leq 7 \sum_i b_i^2$$

を得る．よって

$$(3a-1)^2 \leq 7(a^2+1) \quad \text{すなわち} \quad a^2 - 3a - 3 \leq 0$$

がなりたち，これから $a = 1, 2, 3$ を得る．$a = 1$ ならば，$\sum b_i = 2$ かつ $\sum b_i^2 = 2$ より $E = e_0 - e_i - e_j$ を得る．$a = 2$ ならば，$\sum b_i = 5$ かつ $\sum b_i^2 = 5$ より $E = 2e_0 - e_1 - \cdots - e_7 + e_i + e_j$ を得る．最後に $a = 3$ ならば，$\sum b_i = 8$ かつ $\sum b_i^2 = 10$ より $E = 3e_0 - e_1 - \cdots - e_7 - e_i$ を得る．□

次に命題 10.3 の証明を与える．

命題 10.6 反標準束 $-K_Y$ によって与えられる有理写像 $\Phi_{|-K_Y|}$ は正則で $\mathbb{P}^2$ の非特異 4 次曲線 C で分岐する二重被覆を与える：$\Phi_{|-K_Y|}: Y \to \mathbb{P}^2$.

10.1 平面 4 次曲線と次数 2 のデル・ペッツォ曲面

逆に非特異な平面 4 次曲線で分岐する $\mathbb{P}^2$ の二重被覆は次数 2 のデル・ペッツォ曲面である.

証明 $|-K_Y|$ は $\mathbb{P}^2$ の $p_1, \ldots, p_7$ を通る 3 次曲線のなす線形系の引き戻しであり, その次元は 2 である. さらに次がなりたつ.

- $|-K_Y|$ は基点を持たない.
- $p \in \mathbb{P}^2$ に対し, 線形系 $|3\ell - p_1 - \cdots - p_7 - p|$ は 1 次元である.
- 独立な元 $E_1, E_2 \in |3\ell - p_1 - \cdots - p_7 - p|$ を取ると $E_1 \cap E_2$ は重複度を込めて 9 点なので点 $p' \in \mathbb{P}^2$ が存在して $E_1 \cap E_2 = \{p, p', p_1, \ldots, p_7\}$ となる.

$\Phi_{|-K_Y|}$ は $p \in \mathbb{P}^2$ に対し 1 次元部分空間 $|-K_Y - p| \subset |-K_Y|$ を対応させる写像である. したがって $\Phi_{|-K_Y|} : Y \to \mathbb{P}^2$ は正則な次数 2 の写像であることが従う. $\Phi_{|-K_Y|}$ の分岐曲線を C とする. 一般の $\ell \subset \mathbb{P}^2$ の $\Phi_{|-K_Y|}$ による引き戻しは楕円曲線である. フルヴィッツ (Hurwitz) の公式 (例えば Griffiths, Harris [GH], 2 章) より, ℓ と C の交点数は 4 となり, したがって C は 4 次曲線である. もし C が特異点を持てば, その逆像で Y は特異点を持つこととなり矛盾を得る. したがって C は非特異である.

逆に $\pi : Y \to \mathbb{P}^2$ を非特異 4 次曲線 C で分岐する二重被覆とする. このとき
$$K_Y = \pi^*(K_{\mathbb{P}^2} + 2\ell) = \pi^*(-\ell)$$
である. これより $-K_Y$ と任意の既約曲線との交点数が正になることが従い, $-K_Y$ は豊富な因子であることが示せる. $(-K_Y)^2 = (\pi^*(\ell))^2 = 2\ell^2 = 2$ より Y の次数は 2 である. □

Y を次数 2 のデル・ペッツォ曲面とする. $H^2(Y, \mathbb{Z}) \cong I_+ \oplus I_-^{\oplus 7}$ であった (式 (10.1) 参照). 二重被覆 $\Phi = \Phi_{|-K_Y|}$ の被覆変換を ι とする. ℓ を $\mathbb{P}^2$ の直線とすると $\Phi^*(\ell) = -K_Y$ である. $H^2(\mathbb{P}^2, \mathbb{Z}) \cong \mathbb{Z}\ell$ であるから, ι^* で不変な $H^2(Y, \mathbb{Z})$ の部分格子は $-K_Y$ で生成され, その直交補空間 $(-K_Y)^\perp$ に ι^* は -1 倍写像として作用する.

補題 10.7 ι^* の $H^2(Y,\mathbb{Z})$ の不変部分格子は $\langle -K_Y \rangle = \langle 2 \rangle$, その直交補空間は E_7 に同型である.

証明 $(-K_Y)^2 = 2$ より, $-K_Y$ は $H^2(Y,\mathbb{Z})$ において原始的である. 前項 10.1.2 で $-K_Y$ の $H^2(Y,\mathbb{Z})$ での直交補空間 Q_7 に含まれる 126 個の長さ -2 の元を与えたが, その中の 7 個で E_7 を生成するものが存在する. 例えば

$$e_0 - e_1 - e_2 - e_3, \quad e_i - e_{i+1} \ (1 \leq i \leq 6)$$

を取れば良い. したがって $E_7 \subset Q_7$ である. 一方, Q_7 はユニモジュラー格子 $H^2(Y,\mathbb{Z})$ の中の原始的な部分格子 $\langle -K_Y \rangle$ の直交補空間であるから

$$d(Q_7) = d(\langle -K_Y \rangle) = 2$$

がなりたつ (偶格子の場合の補題 1.31 が今の場合にもなりたつ). $d(Q_7) = d(E_7) = 2$ より $Q_7 = E_7$ を得る. □

Y の自己同型 ι は $-K_Y$ を固定し, したがって直線を直線に写す.

$$-K_Y = e_i + (3e_0 - \sum_{k=1}^{7} e_k - e_i) = e_0 - e_i - e_j + (2e_0 - \sum_{k=1}^{7} e_k + e_i + e_j)$$

より,

$$\begin{cases} \iota^*(e_i) = 3e_0 - \sum_{k=1}^{7} e_k - e_i, & 1 \leq i \leq 7, \\ \iota^*(e_0 - e_i - e_j) = 2e_0 - \sum_{k=1}^{7} e_k + e_i + e_j, & 1 \leq i < j \leq 7 \end{cases} \quad (10.2)$$

が従う. すなわち 56 本の Y 上の直線は 2 本ずつの組をなし, 各組の直線は互いに交点数が 2, かつ ι で入れ代わり, Φ によるそれらの像は $\mathbb{P}^2$ の直線となる. 以上より 28 組の像として現れる直線は分岐曲線に 2 点でそれぞれ接する複接線である.

命題 10.8 C を非特異な平面 4 次曲線とする. このとき C は 28 本の複接線を持つ.

問 10.9 次数 3 のデル・ペッツォ曲面は $\mathbb{P}^3$ 内の非特異 3 次曲面 S である事実は認める. S は $\mathbb{P}^2$ の一般の位置にある 6 点 $p_1, \ldots, p_6$ のブローアップで得られているとする. $p_0 \in S$ を $p_0, p_1, \ldots, p_6$ が一般の位置にある点とし, p_0 での S のブローアップを $\tilde{S}$ とする. このとき p_0 からの射影 $\mathbb{P}^3 \setminus \{p_0\} \to \mathbb{P}^2$ は次数 2 の二重被覆 $\pi : \tilde{S} \to \mathbb{P}^2$ を引き起こすことを示せ. さらにその分岐曲線 $C \subset \mathbb{P}^2$ は非特異 4 次曲線であることを示せ.

注意 10.10 デル・ペッツォ曲面については Demazure [De], Dolgachev, Ortland [DO] を参考にした.

10.2 平面 4 次曲線に付随した $K3$ 曲面

平面 4 次曲線 C が

$$C = \{(x, y, z) \in \mathbb{P}^2 \ : \ f(x, y, z) = 0\}$$

で与えられているとする. 新しい変数 t を用意し, (x, y, z, t) を $\mathbb{P}^3$ の斉次座標とする. いま,

$$X = \{(x, y, z, t) \in \mathbb{P}^3 \ : \ t^4 = f(x, y, z)\}$$

と定める. C が非特異より, X は非特異 4 次曲面であり, 特に $K3$ 曲面になる. X を**平面 4 次曲線に付随した $K3$ 曲面**と呼ぶ. 点 $(0, 0, 0, 1)$ からの射影

$$\mathbb{P}^3 \to \mathbb{P}^2, \quad (x, y, z, t) \to (x, y, z)$$

は正則写像

$$\pi : X \to \mathbb{P}^2$$

を引き起こし, π は C で分岐する 4 重被覆である. その被覆変換 σ は

$$\sigma : (x, y, z, t) \to (x, y, z, \zeta t)$$

で与えられる. ここで ζ は 1 の原始 4 乗根である. X の位数 2 の自己同型 $\tau = \sigma^2$ による商曲面 $X/\langle \tau \rangle$ は $\mathbb{P}^2$ の C で分岐する二重被覆であり, 次数 2 の

デル・ペッツォ曲面 Y に他ならない．以上から次の図式を得る：

$$\begin{array}{ccc} & X & \\ \pi_2 \downarrow & \searrow \pi & \\ Y & \xrightarrow{\pi_1} & \mathbb{P}^2 \end{array}$$

もし $\sigma^*(\omega_X) = -\omega_X$ とすると，τ はシンプレクティックな自己同型であり，かつ，固定曲線を持つ．これは補題 8.25 に矛盾する．以上より次を得る．

補題 10.11 σ の固定点集合は C の逆像である種数 3 の非特異曲線である．また $\sigma^*(\omega_X) = \pm\sqrt{-1}\cdot\omega_X$ がなりたつ．

$H^2(X,\mathbb{Z})$ への σ^* の作用を調べる．そのためにまず τ^* による作用を考える．$H^2(X,\mathbb{Z})^{\tau^*} = \pi_2^*(H^2(Y,\mathbb{Z}))$ であり（$H^2(X,\mathbb{Z})^{\tau^*}$ については式 (8.7) を参照せよ），π_2 が二重被覆より $a, b \in H^2(Y,\mathbb{Z})$ に対して $\langle \pi_2^*(a), \pi_2^*(b) \rangle = 2\langle a,b \rangle$ がなりたち，したがって (10.1) より，

$$H^2(X,\mathbb{Z})^{\tau^*} \cong H^2(Y,\mathbb{Z})(2) = \langle 2 \rangle \oplus \langle -2 \rangle^{\oplus 7}$$

を得る．ここで

$$L(X)_+ = H^2(X,\mathbb{Z})^{\tau^*}, \quad L(X)_- = \{x \in H^2(X,\mathbb{Z}) : \tau^*(x) = -x\} \quad (10.3)$$

と定めると，$L(X)_+$ と $L(X)_-$ は $H^2(X,\mathbb{Z})$ の中で互いに直交補空間になっている．定理 1.32 より $A_{L(X)_+} \cong A_{L(X)_-}$ である．$L(X)_-$ は符号 $(2,12)$, $l = 2^8$, $\delta = 1$ の 2-初等格子である．命題 1.39 より

$$L(X)_- \cong U \oplus U(2) \oplus D_4 \oplus D_4 \oplus A_1 \oplus A_1$$

を得る．補題 10.7 に注意すれば，次を得る．

補題 10.12

(1) $L(X)_+ \cong \langle 2 \rangle \oplus \langle -2 \rangle^{\oplus 7}, \quad L(X)_- \cong U \oplus U(2) \oplus D_4^{\oplus 2} \oplus A_1^{\oplus 2}$.

(2) 格子の同型 $H^2(X,\mathbb{Z})^{\langle \sigma^* \rangle} \cong \langle 4 \rangle$ が存在し，$H^2(X,\mathbb{Z})^{\langle \sigma^* \rangle}$ の $L(X)_+$ の中での直交補空間は $E_7(2)$ に同型である．

注意 10.13　$L(X)_+$ は命題 8.29 (3) の $(r,l,\delta) = (8,8,1)$ に対応している.

定義 10.14　$L_+ = \langle 2 \rangle \oplus \langle -2 \rangle^{\oplus 7}, \quad L_- = U \oplus U(2) \oplus D_4 \oplus D_4 \oplus A_1 \oplus A_1$
と定義する.

次に σ^* の $H^2(X,\mathbb{Z})$ への作用を調べる. $H^2(Y,\mathbb{Z})$ の基底 $e_0, e_1, \ldots, e_7$ の引き戻しを $\tilde{e}_0, \tilde{e}_1, \ldots, \tilde{e}_7$ とすると, これらは $L(X)_+$ の基底である. σ^* の $L(X)_+$ への作用は ι^* の $H^2(Y,\mathbb{Z})$ への作用で決まり,

$$\tilde{\kappa} = 3\tilde{e}_0 - \tilde{e}_1 - \tilde{e}_2 - \tilde{e}_3 - \tilde{e}_4 - \tilde{e}_5 - \tilde{e}_6 - \tilde{e}_7$$

と定めると, 式 (10.2) より

$$\sigma^*(\tilde{\kappa}) = \tilde{\kappa}, \quad \sigma^*(\tilde{e}_i) = \tilde{\kappa} - \tilde{e}_i, \quad \sigma^*(\tilde{e}_0 - \tilde{e}_i - \tilde{e}_j) = \tilde{\kappa} - \tilde{e}_0 + \tilde{e}_i + \tilde{e}_j$$

を得る. $A_{L(X)_+} \cong (\mathbb{Z}/2\mathbb{Z})^{\oplus 8}$ は $\{\frac{1}{2}\tilde{e}_i \bmod L(X)_+ \ (0 \leq i \leq 7)\}$ で生成されている. さらに σ^* の $A_{L(X)_+}$ への作用は, $\bmod L(X)_+$ を省略すると,

$$\sigma^*\left(\frac{1}{2}\tilde{e}_i\right) = \frac{1}{2}\tilde{e}_i + \frac{1}{2}\tilde{\kappa}, \quad 0 \leq i \leq 7 \tag{10.4}$$

で与えられる.

定義 10.15　L_+ と $L(X)_+$ との同型を一つ固定する. そして L_+ の自己同型 ρ_+ を $\sigma^*|L(X)_+$ として定義する.

一方, σ^* の $L(X)_-$ 上への作用は位数 4 であり, 固定する元は 0 だけである (補題 8.12). この作用を以下で具体的に与える (補題 10.16). L_- の直和分解

$$L_- = U \oplus U(2) \oplus D_4 \oplus D_4 \oplus A_1 \oplus A_1$$

を一つ固定し, そこに位数 4 の自己同型を定義する. まず e, f を U の基底で $e^2 = f^2 = 0, \langle e, f \rangle = 1$ を満たすものとし, e', f' を $U(2)$ の基底で

$(e')^2 = (f')^2 = 0, \langle e', f' \rangle = 2$ を満たすものとする. $U \oplus U(2)$ の自己同型 ρ_0 を

$$\rho_0(e) = -e - e', \quad \rho_0(f) = f - f', \quad \rho_0(e') = e' + 2e, \quad \rho_0(f') = 2f - f'$$

と定義すると, $\rho_0^2 = -1$ で, 0 以外のベクトルは固定しない. また ρ_0 の $A_{U \oplus U(2)}$ への作用は自明である. 次に

$$D_4 \cong \{(x_1, x_2, x_3, x_4) \in \mathbb{Z}^4 \, : \, x_1 + x_2 + x_3 + x_4 \equiv 0 \pmod{2}\}$$

であったことを用いる (問 1.7). D_4 の自己同型 ρ_1 を

$$\rho_1(x_1, x_2, x_3, x_4) = (x_2, -x_1, x_4, -x_3)$$

と定めると, $\rho_1^2 = -1$ であり, D_4 の 0 でないベクトルは固定しない. ρ_1 の A_{D_4} への作用が自明であることは簡単な計算で確かめられる. 最後に $A_1 \oplus A_1$ の第一, 第二成分の基底をそれぞれ u_1, u_2 とするとき, 同型写像 ρ_2 を

$$\rho_2(u_1) = u_2, \quad \rho_2(u_2) = -u_1$$

と定めると, $\rho_2^2 = -1$ である. $L_- = U \oplus U(2) \oplus D_4 \oplus D_4 \oplus A_1 \oplus A_1$ の自己同型 ρ_- を

$$\rho_- = \rho_0 \oplus \rho_1 \oplus \rho_1 \oplus \rho_2$$

と定めると, $(\rho_-)^2 = -1$ であり, L_- の 0 でない元は固定しない.

ここで

$$A_{L_-} \cong A_{U(2)} \oplus A_{D_4} \oplus A_{D_4} \oplus A_{A_1 \oplus A_1}$$

の各直和成分の生成元を次のように選ぶ. $A_{U(2)}$ の生成元 α_1, α_2 を

$$\alpha_1 = e'/2 \bmod U(2), \quad \alpha_2 = f'/2 \bmod U(2),$$

$A_{D_4} \oplus A_{D_4}$ の生成元 $\beta_1, \beta_2, \beta_3, \beta_4$ として

$$\beta_1 = \frac{1}{2}(1,1,1,1) \bmod D_4, \quad \beta_2 = (-1,0,0,0) \bmod D_4,$$

10.2 平面 4 次曲線に付随した $K3$ 曲面

および $\{\beta_1, \beta_2\}$ のコピーを $\{\beta_3, \beta_4\}$ とし，$A_{A_1 \oplus A_1}$ の生成元 δ_1, δ_2 として

$$\delta_1 = u_1/2 \bmod A_1 \oplus A_1, \quad \delta_2 = u_2/2 \bmod A_1 \oplus A_1$$

とする．上で述べたように $\bar{\rho}_-$ は各 α_i, β_j を固定し $\bar{\rho}_-(\delta_1) = \delta_2$ である．さらに A_{L_-} の b_{L_-} に関する直交基底 $v_0, v_1 \ldots, v_7$ を

$$v_0 = \alpha_1 + \alpha_2 + \beta_1 + \beta_2 + \delta_1, \quad v_1 = \beta_1 + \delta_1, \quad v_2 = \beta_2 + \delta_1,$$

$$v_3 = \alpha_1 + \beta_1 + \beta_2 + \delta_1, \quad v_4 = \alpha_2 + \beta_1 + \beta_2 + \delta_1,$$

$$v_5 = \beta_3 + \delta_2, \quad v_6 = \beta_4 + \delta_2, \quad v_7 = \beta_3 + \beta_4 + \delta_2$$

とすると，$q_{L_-}(v_0) = -\frac{1}{2}$, $q_{L_-}(v_i) = \frac{1}{2}$ $(i = 1, \ldots, 7)$, かつ

$$\bar{\rho}_-(v_i) = v_i + \delta_1 + \delta_2 \tag{10.5}$$

がなりたつ．(10.4), (10.5) から同型 $\gamma : A_{L_+} \cong A_{L_-}$ で

$$q_{L_+} = -q_{L_-} \circ \gamma, \quad \gamma \circ \bar{\rho}_+ = \bar{\rho}_- \circ \gamma \tag{10.6}$$

を満たすものの存在が従う．以上から次を得る．

補題 10.16 $\rho_+ \oplus \rho_- \in \mathrm{O}(L_+ \oplus L_-)$ は L の自己同型 ρ に拡張できる．

証明 等式 (10.6) と系 1.33 より従う．□

ρ_- および $\rho_-^2 = -1$ は L_- の 0 でない元を固定しない．これより ρ_- の固有空間分解は

$$L_- \otimes \mathbb{C} = V_{\sqrt{-1}} \oplus V_{-\sqrt{-1}} \tag{10.7}$$

となる．ここで $V_{\pm\sqrt{-1}}$ は固有値 $\pm\sqrt{-1}$ に対する ρ の固有空間である．ρ は $\mathbb{Z}$ 上定義されているから $V_{\sqrt{-1}}$ と $V_{-\sqrt{-1}}$ は複素共役で入れ代わり

$$\dim V_{\sqrt{-1}} = \dim V_{-\sqrt{-1}} = 6$$

がなりたつ．

補題 10.17 σ^* の $H^2(X, \mathbb{Z})$ 上への作用は ρ の L への作用と共役である.

証明 $\omega \in V_{\sqrt{-1}}$ を

(1) $\langle \omega, \bar{\omega} \rangle > 0$,
(2) 任意の $\delta \in L_-$, $\delta \neq 0$ に対して $\langle \omega, \delta \rangle \neq 0$

を満たすように選ぶ. このとき

$$\langle \omega, \omega \rangle = \langle \rho(\omega), \rho(\omega) \rangle = \langle \sqrt{-1}\omega, \sqrt{-1}\omega \rangle = -\langle \omega, \omega \rangle$$

より, $\langle \omega, \omega \rangle = 0$ が従う. K3 曲面の周期写像の全射性より, 印付き K3 曲面 $(X', \alpha_{X'})$ が存在して, $\alpha_{X'}(\omega_{X'}) = \omega$ を満たす. ここで $\omega_{X'}$ は X' 上の正則 2 形式である.

$$\phi = \alpha_{X'}^{-1} \circ \rho \circ \alpha_{X'}$$

は定義より $\mathbb{C} \cdot \omega_{X'}$ を保つ. また ω の選び方より $S_{X'} \cong L_+$ である. ϕ で不変な $S_{X'}$ の部分格子は $\langle 4 \rangle$ であり, その $S_{X'}$ での直交補空間は $E_7(2)$ であるから (補題 10.12), 長さ -2 の元を含まない. このようにして $\langle \phi \rangle$ は補題 8.24 の条件を満たす. したがって $w \in W(X')$ が存在して $w^{-1} \circ \phi \circ w$ は X' の自己同型 g で実現される. $(g^*)^2$ で固定される部分格子は L_+ に同型であり, その階数は 8 で, $l = 8, \delta = 1$ である (l, δ に関しては命題 1.39 およびその前の定義を参照). 命題 8.29 より g^2 の固定点集合は種数 3 の非特異曲線 C であり, したがって商曲面 $R = X'/\langle g^2 \rangle$ は非特異有理曲面である. g が引き起こす R の自己同型を f とし, C の像を $\bar{C}$ とする. g の固定点集合は C に含まれるから, f の固定点は $\bar{C}$ の部分集合である. f にレフシェッツの固定点定理 (上野 [U]) を適用すると

$$\operatorname{trace}(f^* | H^*(R, \mathbb{Z})) = 2 + (1 - 7) = -4$$

であるから, f の固定点集合は孤立点からなる有限集合ではありえない. したがって f の固定点集合は種数 3 の非特異曲線 $\bar{C}$ に一致する. $\operatorname{Pic}(R/\langle f \rangle) = \mathbb{Z}$ より $R/\langle f \rangle \cong \mathbb{P}^2$ で C の像は平面 4 次曲線となる. 以上より X' は $\mathbb{P}^2$ の平面 4 次曲線で分岐する 4 次被覆であることが示された. 平面 4 次曲線は複素

構造の変形で移り合うから，被覆 $X \to \mathbb{P}^2$ は $X' \to \mathbb{P}^2$ に変形でき，補題の証明が終わる．□

10.3　平面 4 次曲線のモジュライ空間と複素球

平面 4 次曲線に付随した K3 曲面 X と被覆変換 σ の組の周期領域を

$$\mathcal{B} = \{\omega \in \mathbb{P}(V_{\sqrt{-1}}) : \langle \omega, \bar{\omega} \rangle > 0\} \tag{10.8}$$

によって定義する．ここで $V_{\sqrt{-1}}$ は式 (10.7) で与えた固有空間である．L_- の符号が $(2, 12)$ であることよりエルミート形式 $\langle \omega, \bar{\omega} \rangle$ の符号は $(1, 6)$ である．したがって適当な座標 $(z_0, z_1, \ldots, z_6) \in V_{\sqrt{-1}}$ を選ぶことで

$$\langle \omega, \bar{\omega} \rangle = |z_0|^2 - |z_1|^2 - \cdots - |z_6|^2$$

とできる．$z_0 \neq 0$ より

$$\mathcal{B} \cong \{(z_1, \cdots, z_6) \in \mathbb{C}^6 : |z_1|^2 + \cdots + |z_6|^2 < 1\}$$

となり，$\mathcal{B}$ は 6 次元複素球に同型である．$\mathcal{B}$ は $\mathrm{I}_{1,6}$ 型有界対称領域に他ならない（注意 5.4 参照）．$\mathcal{B}$ が非特異平面 4 次曲線に付随した K3 曲面の周期領域であるが，エンリケス曲面の場合（補題 9.18）と同様に，非特異平面 4 次曲線に対応するのは $\mathcal{B}$ の開集合である．ここで

$$\mathcal{H} = \bigcup_{\delta \in L_-, \delta^2 = -2} \mathcal{H}_\delta, \quad \mathcal{H}_\delta = \{\omega \in \mathcal{B} : \langle \omega, \delta \rangle = 0\} \tag{10.9}$$

とすると，補題 9.18 と同じ理由で $\mathcal{B} \setminus \mathcal{H}$ が非特異 4 次曲線に付随した K3 曲面の周期領域となる．さらに次がなりたつ．

補題 10.18　$r \in L, r^2 = -2$ に対し，$\mathcal{H}_r = \{\omega \in \mathcal{B} : \langle \omega, r \rangle = 0\}$ と定める．もし $r \in (L^{\langle \rho \rangle})^\perp$ かつ $\mathcal{H}_r \neq \emptyset$ ならば $\mathcal{H}_r = \mathcal{H}_\delta$ を満たす $\delta \in L_-, \delta^2 = -2$ が存在する．

証明 $(L^{\langle\rho\rangle})^\perp$ の L_+ の中での直交補空間は $E_7(2)$ に同型であり,特に長さ -2 のベクトルを含まない.よって $r \notin L_+$ である.いま,

$$r = r_+ + r_-, \quad r_+ \in L_+^*, \quad r_- \in L_-^*$$

と表すと $r_- \neq 0$ である.$(L^{\langle\rho\rangle})^\perp \cong \langle 4 \rangle$ は正定値で L_+ の符号は $(1,7)$ より $r_+^2 \leq 0$ がなりたつ.もし $r_-^2 \geq 0$ ならば $\mathcal{H}_r = \emptyset$ となるから,$r_-^2 < 0$ を得る.$L_\pm$ は 2-初等的,すなわち $L_+^*/L_+ \cong L_-^*/L_-$ は 2-初等アーベル群であり,$2r_+, 2r_- \in L$ より

$$(r_+^2, r_-^2) = (0, -2), \quad (-1, -1), \quad \left(-\frac{3}{2}, -\frac{1}{2}\right), \quad \left(-\frac{1}{2}, -\frac{3}{2}\right)$$

のいずれかがなりたつ.$r_-^2 = -2$ のときは $r = r_- \in L_-$ より $\delta = r$ とすれば良い.$r_-^2 = -\frac{1}{2}$ のときは $\delta = 2r_- \in L_-$ が求めるものである.$r_-^2 = -\frac{3}{2}$ ならば $r_+^2 = -\frac{1}{2}$ となり,$2r_+ \in E_7(2)$ を得るが,これは $E_7(2)$ が長さ -2 の元を含まないことに矛盾する.最後に $r_-^2 = -1$ の場合を考える.

$$\langle r_-, \rho(r_-) \rangle = \langle \rho(r_-), \rho^2(r_-) \rangle = -\langle r_-, \rho(r_-) \rangle$$

より $\langle r_-, \rho(r_-) \rangle = 0$ を得る.$\rho(r_+) = -r_+$ より $r + \rho(r) = r_- + \rho(r_-)$ は L_- の長さ -2 の元である.$\omega \in \mathcal{B}$ に対し,

$$\langle \omega, r_- \rangle = \langle \rho(\omega), \rho(r_-) \rangle = \sqrt{-1}\, \langle \omega, \rho(r_-) \rangle,$$

$$\langle \omega, r_- + \rho(r_-) \rangle = \langle \rho(\omega), \rho(r_-) + \rho^2(r_-) \rangle = \sqrt{-1}\, \langle \omega, \rho(r_-) - r_- \rangle$$

より $\mathcal{H}_r = \mathcal{H}_{\rho(r)} = \mathcal{H}_{r+\rho(r)}$ がなりたつ.よって $\delta = r + \rho(r)$ と定めれば良い.□

ここで

$$\Gamma = \{\gamma \in \mathrm{O}(L_-) \,:\, \gamma \circ \rho_- = \rho_- \circ \gamma\} \tag{10.10}$$

と定める.このとき Γ は $\mathcal{B}$ に真性不連続に作用する.

定理 10.19 $\mathcal{M}_3 \setminus \mathcal{H}_3 \cong (\mathcal{B} \setminus \mathcal{H})/\Gamma$.

10.3 平面 4 次曲線のモジュライ空間と複素球

証明 非特異な平面 4 次曲線 C に対し $K3$ 曲面と位数 4 の自己同型 σ が対応した．必要ならば σ の代わりに σ^3 を考えることで $\sigma^*(\omega_X) = \sqrt{-1} \cdot \omega_X$ としてよい．補題 10.17 より格子の同型 $\alpha_X : H^2(X, \mathbb{Z}) \to L$ で $\alpha_X \circ \sigma^* = \rho \circ \alpha_X$ を満たすものの存在が従う．これから写像

$$p : \mathcal{M}_3 \setminus \mathcal{H}_3 \to (\mathcal{B} \setminus \mathcal{H})/\Gamma$$

を得る．平面 4 次曲線 C, C' に対し X, X' を対応する $K3$ 曲面, σ, σ' をそれぞれの位数 4 の自己同型とする．このとき

$$\alpha_X(\omega_X) \mod \Gamma = \alpha_{X'}(\omega_{X'}) \mod \Gamma$$

ならば格子の同型 $\phi : H^2(X, \mathbb{Z}) \to H^2(X', \mathbb{Z})$ で正則 2 形式を保ち $\phi \circ \sigma^* = (\sigma')^* \circ \phi$ を満たすものが存在する．補題 10.18 より C および C' はアンプルであり ϕ で保たれる．したがってトレリ型定理 6.1 より同型 $\varphi : X' \to X$ で $\varphi \circ \sigma^* = (\sigma')^* \circ \varphi$ を満たすものが存在する．φ は同型 $\mathbb{P}^2 \to \mathbb{P}^2$ を引き起こし，C' を C に写すから p の単射が従う．

p の全射性を示す．$\omega \in \mathcal{B} \setminus \mathcal{H}$ を取る．まず $K3$ 曲面の周期写像の全射性（定理 7.5）より印付き $K3$ 曲面 (X, α_X) が存在して $\alpha_X(\omega_X) = \omega$ が存在する．

$$\phi = \alpha_X^{-1} \circ \rho \circ \alpha_X$$

は定義より $\mathbb{C} \cdot \omega_X$ を保つ．補題 10.18 より $\delta \in S_X$, $\delta^2 = -2$ ならば

$$\langle \delta, H^2(X, \mathbb{Z})^{\langle \phi \rangle} \rangle \neq 0$$

が従う．あとは補題 10.17 と同じ議論で p の全射性を示すことができる．□

注意 10.20 平面 4 次曲線のモジュライ空間の複素球による記述は金銅 [Kon3] による．$\mathcal{H}/\Gamma$ は二つの既約成分からなる．一つの既約成分の一般の点は平面 4 次曲線が結節点を持つ場合に対応する．もう一つは種数 3 の超楕円曲線が対応している．

注意 10.21 この節では超楕円的でない種数 3 の曲線を扱ったが，超楕円的でない種数 4 の曲線のモジュライ空間に対しても同様の記述ができる（金銅 [Kon4]）．超楕円的でない種数 4 の曲線 C の標準モデルは $\mathbb{P}^3$ 内の 2 次曲面 Q と 3 次曲面 D の交叉

$$C = Q \cap D$$

である．Q の C で分岐する 3 重被覆は位数 3 の自己同型を持つ $K3$ 曲面になり，この場合には 9 次元複素球が現れる．種数 3 の場合はガウスの整数環 $\mathbb{Z}[\sqrt{-1}]$ 上のエルミート形式に付随した複素球が現れたが，この場合にはアイゼンシュタイン整数環 $\mathbb{Z}[\zeta_3]$ 上のエルミート形式が現れる．ここで ζ_3 は 1 の原始 3 乗根である．2 次曲面 Q を定義する対称行列の階数が 3 である場合には，Q の C で分岐する二重被覆に次数 1 のデル・ペッツォ曲面が現れる（命題 10.3 参照）．この対応で次数 1 のデル・ペッツォ曲面のモジュライ空間も 8 次元複素球の算術商として記述できる．

注意 10.22 平面 4 次曲線は次数 2 のデル・ペッツォ曲面に対応していたが，次数 3 のデル・ペッツォ曲面は $\mathbb{P}^3$ 内の 3 次曲面 S である．3 次曲面 S が斉次多項式 $f_3(x,y,z,t)$ で定義されているとする．ここで

$$X : s^3 = f_3(x,y,z,t) \subset \mathbb{P}^4$$

と定めると，X は $\mathbb{P}^4$ の 3 次超曲面であり $\mathbb{P}^3$ の S で分岐する 3 重被覆にもなっている．3 次元代数多様体 X の中間次元ヤコビアン $J(X) = H^{2,1}(X)/H_3(X,\mathbb{Z})$ を考え，このアーベル多様体 $J(X)$ と被覆変換が引き起こす位数 3 の自己同型の組を対応させることで，3 次曲面のモジュライ空間が 4 次元複素球の商空間として記述できる (Allcock, Carlson, Toledo [ACT])．平面 4 次曲線の場合には，複素球は IV 型有界対称領域に部分領域として埋め込まれていたが，今の場合にはアーベル多様体の周期を経由するので，複素球はジーゲル上半空間（III 型有界対称領域）に埋め込まれている．3 次曲面に $K3$ 曲面を対応させることで IV 型有界対称領域を経由した Allcock 達の記述の解釈も知られている (Dolgachev, van Geemen, 金銅 [DGK])．

複素球によるモジュライの記述の利点はそれが IV 型有界対称領域に自然に埋め込まれていることである．Borcherds [Bor3] の IV 型有界対称領域上の保型形式論を用いた 3 次曲面や平面 4 次曲線，エンリケス曲面のモジュライ空間の研究もある (Allcock, Freitag [AF], 金銅 [Kon5], [Kon6])．

注意 10.23 結節点を持つ平面 4 次曲線は $\mathcal{B}/\Gamma$ の内点に対応しているが，曲線のヤコビアンを用いた記述では $\mathfrak{H}_3/\mathrm{Sp}_6(\mathbb{Z})$ の境界に対応しており，平面 4 次曲線のモジュライ空間の二つの記述は異なるものである．このような相異なる二つの有界対称領域の商空間をモジュライ空間に持つ有名な例として $\mathbb{P}^1$ の順序付き 6 点のモジュライが挙げられる．6 点で分岐する $\mathbb{P}^1$ の二重被覆は種数 2 の超楕円曲線であり，6 点の順序は曲線のヤコビアンのレベル 2 構造に対応している．これから 2 次ジーゲル上半空間 $\mathfrak{H}_2$ の主 2-合同部分群 $\Gamma(2)$ による商空間 $\mathfrak{H}_2/\Gamma(2)$ が相異なる順序付き 6 点のモジュライ空間となり，その佐武のコンパクト化は $\mathbb{P}^4$ 内の **井草の 4 次超曲面** (Igusa quartic) と呼ばれる射影多様体 $\mathcal{I}_4$ に同型である．$(x_1,\ldots,x_6)$ を $\mathbb{P}^5$ の斉次座標とすると $\mathcal{I}_4$ は

10.3 平面 4 次曲線のモジュライ空間と複素球

$$\sum_i x_i = \left(\sum_i x_i^2\right)^2 - 4\left(\sum_i x_i^4\right) = 0 \subset \mathbb{P}^5$$

で与えられる．$\mathbb{P}^1$ の順序付き 6 点のモジュライ空間には 6 次対称群 $\mathfrak{S}_6$ が作用しているが，その作用は $Sp_4(\mathbb{Z})/\Gamma(2) \cong \mathfrak{S}_6$ の $\mathfrak{H}_2/\Gamma(2)$ への作用に対応している．$\mathcal{I}_4$ は 15 個の直線を含んでいるが，これらは $\mathbb{P}^1$ の 6 点のうちの 2 点が一致する場合に対応しており，$\mathfrak{H}_2/Sp_4(\mathbb{Z})$ の佐武のコンパクト化の境界になっている．$\mathcal{I}_4$ の 15 個の直線上にない点 p での接空間を $T_p(\mathcal{I}_4)$ とする．このとき $\mathcal{I}_4 \cap T_p(\mathcal{I}_4)$ は p および 15 個の直線との交点（全部で 16 個）で A_1 型有理二重点を持ち，クンマー 4 次曲面になる（4.4 節参照）．このクンマー 4 次曲面は p に対応する種数 2 の曲線に付随したクンマー 4 次曲面に他ならず，$\mathcal{I}_4$ は種数 2 の曲線のモジュライ空間と呼ぶにふさわしい．

一方，6 点で分岐する $\mathbb{P}^1$ の 3 重被覆は種数 4 の曲線であり，そのモジュライ空間は 3 次元複素球の商空間として記述できる．そのベイリー・ボレルのコンパクト化は $\mathbb{P}^4$ の**セグレの 3 次超曲面** (Segre cubic) と呼ばれる射影多様体 $\mathcal{S}_3$ に同型となる．$\mathcal{S}_3$ は

$$\sum_i x_i = \sum_i x_i^3 = 0 \subset \mathbb{P}^5$$

で与えられる．$\mathcal{I}_4$ と $\mathcal{S}_3$ が互いに射影双対であることは 20 世紀初頭には既に知られていた (Baker [Ba])．以上の話には 6 次対称群の対称性が見え隠れしている．いま，$\mathfrak{S}_6$ を文字 $\{1,\ldots,6\}$ 上の置換群とする．$\mathfrak{S}_6$ は 15 個の互換 $(12),\ldots,(56)$ を含んでおり，また 15 個の位数 2 の元 $(12)(34)(56), (12)(35)(46),\ldots$ を含んでいる．前者は Sylvester duad[2]，後者は Sylvester syntheme と呼ばれていた (Baker [Ba])．各 duad はちょうど 3 個の syntheme に現れ，各 syntheme は 3 個の duad を含む．例えば (12) は $(12)(34)(56), (12)(35)(46), (12)(36)(45)$ に現れ，$(12)(34)(56)$ は duad $(12), (34), (56)$ を含んでいる．上で述べた $\mathcal{I}_4$ の 15 個の直線は 15 個の duad と，15 個の直線の交わりは 15 点からなるが，それらは syntheme と同一視でき，直線と交点の関係が duad と syntheme の関係に他ならない．例えば syntheme $(12)(34)(56)$ に対応した点で duad $(12),(34),(56)$ に対応した 3 直線が交わっている．井草の 4 次超曲面とセグレの 3 次超曲面に関連した話題の参考文献として Dolgachev [Do2]，Dolgachev, Ortland [DO]，van der Geer [vG]，Hunt [Hun]，吉田 [Yo] を挙げておく．

---

[2] Syntheme の訳を筆者は知らないので，duad と共に訳さずそのままにした．

参考文献

[ACT]　D. Allcock, J. A. Carlson, D. Toledo, The Complex Hyperbolic Geometry of the Moduli Space of Cubic Surfaces, *J. Algebraic Geometry*, **11** (2002), 659–724.

[AF]　D. Allcock, E. Freitag, Cubic surfaces and Borcherds products, *Comm. Math. Helv.*, **77** (2002), 270–296.

[AM]　M. Artin, D. Mumford, Some elementary examples of unirational varieties which are not rational, *Proc. London Math. Soc.*, **25** (1972), 75–95.

[At]　M. F. Atiyah, On analytic surfaces with double points, *Proc. Royal Soc.*, Ser. A, **247** (1958), 237–244.

[BB]　W. L. Baily, A. Borel, Compactification of arithmetic quotients of bounded symmetric domains, *Ann. Math.*, **84** (1966), 442–528.

[Ba]　H. F. Baker, *Principles of Geometry*, Vol. IV, Cambridge University Press, 1925.

[BHPV]　W. Barth, K. Hulek, C. Peters, A. Van de Ven, *Compact Complex Surfaces*, 2nd ed., Springer-Verlag, 2003.

[BP]　W. Barth, C. Peters, Automorphisms of Enriques surfaces, *Invent. math.*, **73** (1983), 383–411.

[Be1]　A. Beauville, *Complex Algebraic Surfaces*, Cambridge Univ. Press, 1983.

[Be2]　A. Beauville, Variétés rationnelles et unirationnelles, Algebraic geometry–open problems, *Lect. Notes in Math.*, vol. **997**, 16–33, Springer-Verlag, 1983.

[Be3]　A. Beauville, Géometrie des surfaces $K3$: modules et périodes, *Astérisque*, **126**, Soc. Math. France, 1985.

[Bi]　E. Bishop, Conditions for the analyticity of certain sets, *Michigan Math. J.*, **11** (1964), 289–304.

[Bor1]　R. Borcherds, The moduli space of Enriques surfaces and the fake monster Lie superalgebra, *Topology*, **35** (1996), 699–710.

[Bor2]　R. Borcherds, Automorphic forms on $O_{s+2,2}(\mathbf{R})$ and infinite products, *Invent. Math.*, **120** (1995), 161–213.

[Bor3]　R. Borcherds, Automorphic forms with singularities on Grassmannians, *Invent. Math.*, **132** (1998), 491–562.

[Bou] N. Bourbaki, *Groupes et Algèbres de Lie*, Chap. 4, 5 et 6, Hermann, 1968.

[BR] D. Burns, M. Rapoport, On the Torelli problem for Kählerian $K3$-surfaces, *Ann. Sci. ENS.*, **8** (1975), 235–274.

[Ca] H. Cartan, Quotient d'un espace analytique par un groupe d'automorphismes, *Algenraic Geometry and Topology*, A symposium in honor of S. Lefschetz, 90–102 (1957).

[Co] F. R. Cossec, Reye congruences, *Trans. Amer. Math. Soc.*, **280** (1983), 737–751.

[CD] F. R. Cossec, I. Dolgachev, *Enriques surfaces* I, Progress in Math., Birkhäuser, 1989.

[DvG] E. Dardanelli, B. van Geemen, Hessians and the moduli space of cubic surfaces, *Contemp. Math.*, **422** (2007), 17–36, Amer. Math. Soc.

[De] M. Demazure, Surfaces de del Pezzo, II–V, *Lecture Notes in Math.*, **777**, 23–69, Springer-Verlag, 1980.

[Do1] I. Dolgachev, On automorphisms of Enriques surfaces, *Invent. Math.*, **76** (1984), 163–177.

[Do2] I. Dolgachev, *Classical Algebraic Geometry : a modern view*, Cambridge University Press, 2012.

[DGK] I. Dolgachev, B. van Geemen, S. Kondō, A complex ball uniformization of the moduli space of cubic surfaces via periods of $K3$ surfaces, *J. reine angew. Math.*, **588** (2005), 99–148.

[DK] I. Dolgachev, J. Keum, Birational automorphisms of quartic Hessian surfaces, *Trans. Amer. Math. Soc.*, **354** (2002), 3031–3057.

[DO] I. Dolgachev, D. Ortland, Points sets in projective spaces and theta functions, *Astérisque*, **165**, Soc. Math. France, 1988.

[E] W. Ebeling, *Lattices and Codes*, Vieweg, 1994.

[Fa] G. Fano, Superficie algebriche di genere zero e bigenere uno e loro casi particolari, *Rend. Circ. Mat. Palermo*, **29** (1910), 98–118.

[vG] G. van der Geer, On the geometry of a Siegel modular threefold, *Math. Ann.*, **260** (1982), 317–350.

[G] P. A. Griffiths, Periods of integrals on algebraic manifolds : summary of main results and discussion of open problems, *Bull. Amer. Math. Soc.*, **76** (1970), 228–296.

[GH] P. A. Griffiths, J. Harris, *Principles of Algebraic Geometry*, John Wiley & Sons, 1978.

[GHS] V. Gritsenko, K. Hulek, G. K. Sankaran, The Kodaira dimension of the moduli of $K3$ surfaces, *Invent. math.*, **169** (2007), 519–567.

[Ha] R. Hartshorne, *Algebraic Geometry*, Springer-Verlag, 1977.

[Hi] F. Hirzebruch, *Topological Methods in Algebraic Geometry*, Springer-Verlag, 1966.
[Ho1] E. Horikawa, Surjectivity of the priod map of $K3$-surfaces of degree 2, *Math. Ann.*, **228** (1977), 113–146.
[Ho2] E. Horikawa, On the periods of Enriques surfaces I, II, *Math. Ann.*, **234** (1978), 73–88, ibid **235** (1978), 217–246.
[Hun] B. Hunt, The geometry of some special arithmetic quotients, *Lect. Notes in Math.*, **1637**, Springer-Verlag, 1996.
[I] J. Igusa, Modular forms and projective invariants, *Amer. J. Math.*, **89** (1967), 817–855.
[Ka] 河田敬義, アフィン幾何・射影幾何, 基礎数学, 岩波書店, 1976.
[KKMS] G. Kempf, F. Knudsen, D. Mumford, B. Saint-Donat, Toroidal embeddings, I, *Lecture Notes in Math.*, **339**, Springer-Verlag, 1973.
[Kod1] K. Kodaira, On compact analytic surfaces, II, *Ann. of Math.*, **77** (1963), 563–626.
[Kod2] K. Kodaira, On the structure of compact complex analytic surfaces, I, *Amer. J. Math.*, **86** (1964), 751–798.
[Kod3] 小平邦彦, 複素多様体論 (新装版), 岩波書店, 2015.
[KNS] K. Kodaira, L. Nirenberg, D. C. Spencer, On the existence of deformations of complex analytic structures, *Ann. of Math.*, **68** (1958), 450–459.
[KS1] K. Kodaira, D. C. Spencer, A theorem of completeness for complex analytic fibre spaces, *Acta Mathematica*, **100** (1958), 281–294.
[KS2] K. Kodaira, D. C. Spencer, On deformations of complex analytic structures, I, II, III, *Ann. Math.*, **67** (1958), 328–466, **71** (1960), 43–76.
[Kon1] S. Kondō, Enriques surfaces with finite automorphism group, *Japanese J. Math.*, (N.S.), **12** (1986), 191–282.
[Kon2] S. Kondō, The rationality of the moduli space of Enriques surfaces, *Compositio Math.*, **91** (1994), 159–173.
[Kon3] S. Kondō, A complex hyperbolic structure for the moduli space of curves of genus three, *J. reine angew. Math.*, **525** (2000), 219–232.
[Kon4] S. Kondō, The moduli space of curves of genus 4 and Deligne-Mostow's reflection groups, *Advanced Studies in Pure Math.*, **36** (2002), Algebraic Geometry 2000, Azumino, 383–400.
[Kon5] S. Kondō, The moduli space of Enriques surfaces and Borcherds products, *J. Algebraic Geom.*, **11** (2002), 601–627.
[Kon6] S. Kondō, Moduli of plane quartics, Göpel invariants and Borcherds products, *Int. Math. Res. Not.*, **2011** (2011), 2825–2860.
[Ku1] V. Kulikov, Degenerations of $K3$-surfaces and Enriques surfaces, *Math.*

USSR Izv., **11** (1977), 957–989.

[Ku2] V. Kulikov, Epimorphicity of the period mapping for $K3$-surfaces, *Uspehi Mat. Nauk*, **32** (1977), 257–258 (ロシア語).

[LP] E. Looijenga, C. Peters, Torelli theorems for Kähler $K3$-surfaces, *Comp. Math.*, **42** (1981), 145–186.

[Lo] E. Looijenga, A Torelli theorem for Kähler-Einstein $K3$ surfaces, in Geometry Sympos., Utrecht 1980, *Lecture Notes in Math.*, **894**, 107–112, Springer-Verlag, 1981.

[MM] T. Mabuchi, S. Mukai, Stability and Eisenstein-Kähler metric of a quartic del Pezzo surface, Einstein metric and Yang-Mills connections, 133–160, *Lecture Notes in Pure and Applied Math.*, **145**, Marcel Dekker, Inc., 1993.

[MS] J. Milnor, J. Stasheff, Characteristic classes, *Ann. Math. Studies*, **76**, Princeton Univ. Press., 1974.

[MK] J. Morrow, K. Kodaira, *Complex Manifolds*, Holt, Rinehart and Winston, 1971.

[Mum] D. Mumford, *Abelian Varieties*, Tata Institute, Oxford Univ. Press., 1970.

[Muk1] S. Mukai, Finite groups of automorphisms of $K3$ surfaces and the Mathieu group, *Invent. Math.*, **94** (1988), 183–221.

[Muk2] S. Mukai, Curves, $K3$ surfaces and Fano 3-folds of genus ≤ 10, *Algebraic Geometry and Commutative Algebra*, vol. I, 357–377, Kinokuniya, 1988.

[Muk3] S. Mukai, Numerically trivial involutions of Kummer type of an Enriques surface, *Kyoto J. Math.*, **50** (2010), 889–902.

[MuN] S. Mukai, Y. Namikawa, Automorphisms of Enriques surfaces which act trivially on the cohomology groups, *Invent. Math.*, **77** (1984), 383–397.

[MuO] S. Mukai, H. Ohashi, Finite groups of automorphisms of Enriques surfaces and the Mathieu group M_{12}, arXiv:1410.7535, 2014.

[Na1] Y. Namikawa, Surjectivity of period map for $K3$ surfaces, in Classification of Algebraic and Analytic Manifolds (Katata, 1982), 379–397. *Progr. Math.*, **39**, Birkhäuser, 1983.

[Na2] Y. Namikawa, Periods of Enriques surfaces, *Math. Ann.*, **270** (1985), 201–222.

[Ni1] V. V. Nikulin, On Kummer surfaces, *Math. USSR Izv.*, **9** (1975), 261–275.

[Ni2] V. V. Nikulin, Integral symmetric bilinear forms and some of their applications, *Math. USSR Izv.*, **14** (1980), 103–167.

[Ni3] V. V. Nikulin, Finite automorphism groups of Kähler $K3$ surfaces, *Trans. Moscow Math. Soc.*, **2** (1980), 71–137.

[Ni4] V. V. Nikulin, Factor groups of groups of automorphisms of hyperbolic forms with respect to subgroups generated by 2-reflections, *J. Soviet Math.*,

22 (1983), 1401–1475.

[Ni5] V. V. Nikulin, On a description of the automorphism groups of Enriques surfaces, *Soviet. Math. Dokl.*, **30** (1984), 282–285.

[Ni6] V. V. Nikulin, Surfaces of type $K3$ with a finite automorphism group and a Picard group of rank three, *Proc. Steklov Inst. Math.*, **165** (1985), 131–155.

[PP] U. Persson, H. Pinkham, Degenerations of surfaces with trivial canonical bundle, *Ann. Math.*, **113** (1981), 45–66.

[PS] I. Piatetski-Shapiro, I. R. Shafarevich, A Torelli theorem for algebraic surfaces of type $K3$, *Math. USSR Izv.*, **5** (1972), 547–587.

[Sa] I. Satake, On the compactification of the Siegel space, *J. Indian Math. Soc.*, **20** (1956), 259–281.

[Sai] B. Saint-Donat, Projective models of K-3 surfaces, *Amer. J. Math.*, **96** (1974), 602–639.

[Se] J. P. Serre, *A Course in Arithmetic*, Springer-Verlag, 1973.

[Sh] I. R. Shafarevich, *Algebraic surfaces*, Proc. Steklov Inst. Math., American Math. Soc., 1967.

[Sha] J. Shah, A complete moduli space for $K3$-surfaces of degree 2, *Ann. Math.*, **112** (1980), 485–510.

[Shi] T. Shioda, The period map of abelian surfaces, *J. Fac. Sci. Univ. Tokyo*, Sect. IA, **25** (1978), 47–59.

[SI] T. Shioda, H. Inose, On singular $K3$ surfaces, *Complex Analysis and Algebraic Geometry*, 119–136, 岩波書店, Princeton Univ. Press., 1977.

[Si] Y. T. Siu, Every $K3$ surface is Kähler, *Invent. math.*, **73** (1983), 139–150.

[To] A. N. Todorov, Applications of the Kähler-Einstein-Calabi-Yau metric to moduli of $K3$ surfaces, *Invent. math.*, **61** (1980), 251–265.

[U] K. Ueno, A remark on automorphisms of Enriques surfaces, *J. Fac. Sci. Univ. Tokyo*, Sec. IA, **23** (1976), 149–165.

[V1] E. B. Vinberg, Some arithmetical discrete groups in Lobachevskii spaces, *Discrete subgroups of Lie groups and applications to Moduli*, 323-348, Oxford Univ. Press, 1975.

[V2] E. B. Vinberg, Classification of 2-reflective hyperbolic lattices of rank 4, *Trans. Moscow Math. Soc.*, **68** (2007), 39–66.

[We] A. Weil, *Collected Papers*, Vol. II, [1958c] Final report on contact AF 18(603)-57, 390–395; ibid Commentaire [1958c], 545–547.

[Yo] 吉田正章, 超幾何関数, 共立出版, 1997.

索　引

―――――― 英数字 ――――――

2次元複素トーラス　50, 80
2-初等
　　格子が―　26
　　―格子　156

$K3$ 曲面　51, 65
　　平面 4 次曲線に付随した―　209
　　―の弱トレリ型定理　103
　　―のトレリ型定理　103

Reye congruence　193

Schläfli's double-six　205

Sylvester duad　219

Sylvester syntheme　219

tritangent plane　190

VII_0 型曲面　51

―――――― あ行 ――――――

アフィン空間　113
アーベル曲面　50
アンプル錐　72

井草の 4 次超曲面　218
一般型曲面　51
一般の位置　201
井上曲面　52

因子　42

エッカート点　190
エンリケス曲面　51, 158

オイラー数　41

―――――― か行 ――――――

拡大格子　18
拡大ディンキン図形　56
仮想種数　43
完備
　　複素解析族が―　97
完備線形系　44

幾何種数　41
奇格子　11
基点　44
基本領域　36, 72, 166
既約
　　ルート格子が―　14
鏡映　32, 71
鏡映群　33
　　―の基本領域　36
極小
　　曲面が―　49
局所有限　35
曲面の指数　44
曲面のリーマン・ロッホの定理　42

偶格子　11
クレブシュ対角 3 次曲面　191
クレモナ変換　188
クンマー 4 次曲面　78, 219
クンマー曲面　73, 78, 111, 122, 160, 179

結節点　54
ケーラー計量　47

索引

ケーラー錐　72
ケーラー多様体　47
ケーラー類　47
原始的　19
　　格子の埋め込みが—　23
格子　10
　　拡大—　18
　　—が正定値　11
　　—が定値　11
　　—が不定値　11
　　—が負定値　11
　　奇—　11
　　偶—　11
　　超越—　69
　　ネロン・セベリ—　69
　　—の埋め込み　23
　　—の自己同型　11
　　—の直交群　11
　　—の判別二次形式　16
　　—の符号　11
　　ピカール—　69
　　部分—　12
　　ユニモジュラー—　11
　　ルート—　12
小平次元　46
小平・スペンサー写像　96
固定成分　44
固有
　　作用が—　34

──────── さ 行 ────────

佐武・ベイリー・ボレルのコンパクト化　93
算術種数　43
ジーゲル上半空間　94, 200, 218
次元
　　線形系の—　44
自己同型
　　格子の—　11
自己同型群　135, 147, 176
次数
　　デル・ペッツォ曲面の—　201

次数 2 のデル・ペッツォ曲面　205
周期
　　エンリケス曲面の—　164
　　印付き $K3$ 曲面の—　105
周期写像
　　エンリケス曲面の—　164
　　印付き $K3$ 曲面の—　105
　　印付きケーラー $K3$ 曲面の—　140
　　複素解析族の—　108
周期写像の全射性　140
　　エンリケス曲面の—　167
周期領域
　　$K3$ 曲面の—　105
　　エンリケス曲面の—　164
　　印付き偏極 $K3$ 曲面の—　106
シュタイナー曲面　197
上半平面　88
初等変換　27
印付き
　　—$K3$ 曲面　105
　　—$K3$ 曲面の周期　105
　　—$K3$ 曲面の周期写像　105
　　—エンリケス曲面　163
　　—ケーラー $K3$ 曲面　139
　　—ケーラー $K3$ 曲面の周期写像　140
　　—偏極 $K3$ 曲面　106
真性不連続
　　作用が—　34
シンプレクティック
　　自己同型が—　149
シンメトロイド　196
正錐　33, 71
正定値　11
セグレの 3 次超曲面　219
セールの双対性　43
線形系　44
線織曲面　50
尖点　54
相対極小　52
双楕円曲面　50

索 引

双対図形　75, 144
　　特異ファイバーの—　56

──────── た 行 ────────

第一種小平曲面　52
対称双線形形式　10
代数曲面　49
代数次元　49
第二種小平曲面　52
楕円曲面　51, 52, 172, 173
単純ルート　35
超越格子　69
重複ファイバー　54
超平面切断　45
直線
　　デル・ペッツォ曲面の—　201
直交群　11
直交補空間　12
定値　11
ディンキン図形　13
　　拡大—　56
デル・ペッツォ曲面　201
　　4次の—　184
　　次数2の—　205
添加公式　43
等方的　19, 82
等方的部分群　17
特異$K3$曲面　122, 127
特異ファイバー　54
トレリ型定理
　　2次元複素トーラスの—　85
　　$K3$曲面の—　103
　　エンリケス曲面の—　166
　　クンマー曲面の—　120
　　偏極$K3$曲面の—　104

──────── な 行 ────────

中井の判定法　45
長さ　11

ネーターの公式　43
ネロン・セベリ群　42
ネロン・セベリ格子　69

──────── は 行 ────────

半安定退化　143
判別二次形式　16
ピカール群　41
ピカール格子　69
ピカール数　69
非常に豊富　45
非退化　10
非特異曲線　41
非特異曲面　41
標準束　41
ヒルチェブルフの指数定理　44
複接線　200
複素解析族　94
複素球　92, 215, 219
複素トーラス　50, 80
符号　11
不正則数　41
不定値　11
負定値　11
部分格子　12
プリュッケ座標　79
平面4次曲線　199
ベイリー・ボレルのコンパクト化　93
ヘシアン　187, 196
ペーターセングラフ　189, 203
部屋　35
偏極$K3$曲面　104
偏極$K3$曲面のトレリ型定理　104
偏極次数　104
偏極ホッジ構造　47
変形　94
変形族　94
豊富　45
ホッジ構造　47
　　複素トーラスの—　84

ホッジ数　47
ホッジの指数定理　45
ホッジ分解　47
ホップ曲面　51
堀川モデル　182

──────── ま行 ────────

無限小変形　96

──────── や行 ────────

ヤコビアン　48

有界対称領域　91
　$I_{1,6}$ 型──　215
　III 型──　200, 218
　IV 型──　91, 106, 164
有効因子　42
有理曲面　50
有理二重点　74
ユニモジュラー　11

──────── ら行 ────────

リーマン条件　68
リーマン・ロッホの定理　42

ルート　32
　単純──　35
ルート格子　12, 204
ルート不変量　171

例外曲線　49
レフシェッツの超平面切断定理　45

著者略歴

金 銅 誠 之 (こんどう しげゆき)

1958年 広島県生まれ
1986年 名古屋大学大学院理学研究科博士課程（後期課程）修了
現　在 名古屋大学大学院多元数理科学研究科教授，理学博士

共立講座 数学の輝き5
K3曲面
K3 surfaces

2015年8月15日 初版1刷発行

著　者　金銅誠之　© 2015
発行者　南條光章
発行所　共立出版株式会社
　　　　〒112-0006
　　　　東京都文京区小日向4-6-19
　　　　電話番号 03-3947-2511（代表）
　　　　振替口座 00110-2-57035
　　　　URL http://www.kyoritsu-pub.co.jp/

印　刷　啓文堂
製　本　ブロケード

検印廃止
NDC 411.8
ISBN 978-4-320-11199-8

一般社団法人
自然科学書協会
会員

Printed in Japan

[JCOPY] <出版者著作権管理機構委託出版物>

本書の無断複製は著作権法上での例外を除き禁じられています．複製される場合は，そのつど事前に，出版者著作権管理機構（ＴＥＬ：03-3513-6969，ＦＡＸ：03-3513-6979，e-mail：info@jcopy.or.jp）の許諾を得てください．

「数学探検」「数学の魅力」「数学の輝き」の三部からなる数学講座

共立講座 数学の輝き 全40巻予定

新井仁之・小林俊行・斎藤 毅・吉田朋広 編

❶ 数理医学入門
鈴木 貴著　画像処理（CTの原理 他）／生体磁気（脳磁図分析 他）／逆源探索（双極子仮説 他）／細胞分子（腫瘍形成 他）／細胞変形（浸潤突起 他）／粒子運動（決定論的導出 他）／熱動力学／他…272頁・本体4000円

❷ リーマン面と代数曲線
今野一宏著　リーマン面と正則写像／リーマン面上の積分／有理型関数の存在／代数関数のリーマン面／アーベル積分の周期／リーマン・ロッホの定理／線形系と射影埋め込み／他…266頁・本体4000円

❸ スペクトル幾何
浦川 肇著　リーマン計量の空間と固有値の連続性／最小正固有値のチーガーとヤウの評価／第k固有値の評価とリヒネロヴィッツ・小畠の定理／熱方程式と閉測地線の長さの集合／他　352頁・本体4300円

❹ 結び目の不変量
大槻知忠著　絡み目のジョーンズ多項式／組みひも群とその表現／タングルとそのオペレータ不変量／KZ方程式／絡み目のコンセビッチ不変量／結び目のバシリエフ不変量／他‥288頁・本体4000円

❺ K3曲面
金銅誠之著　格子理論／鏡映群とその基本領域／複素解析曲面／K3曲面とその例／IV型有界対称領域と複素構造の変形／K3曲面のトレリ型定理／K3曲面の周期写像の全射性／他…240頁・本体4000円

【各巻：A5判・上製本・税別本体価格】

◆ 主な続刊テーマ ◆

- 岩澤理論……………………尾崎 学著
- 楕円曲線の数論……………小林真一著
- ディオファントス問題………平田典子著
- 素数とゼータ関数…………小山信也著
- 保型関数……………………志賀弘典著
- 保型形式と保型表現……池田 保・今野拓也著
- 可換環とスキーム…………小林正典著
- 有限単純群…………………北詰正顕著
- 代数群………………………庄司俊明著
- D 加群………………………竹内 潔著
- カッツ・ムーディ代数とその表現　山田裕史著
- リー環の表現論とヘッケ環　加藤 周・榎本直也著
- リー群のユニタリ表現論…………平井 武著
- 対称空間の幾何学……田中真紀子・田丸博士著
- 非可換微分幾何学の基礎　前田吉昭・佐古彰史著
- シンプレクティック幾何入門……高倉 樹著
- グロモフ-ウィッテン不変量と量子コホモロジー
　　　　　　　　　　　　　　　　　前野俊昭著
- 3次元リッチフローと幾何学的トポロジー
　　　　　　　　　　　　　　　　　戸田正人著
- 力学系………………………林 修平著
- 多変数複素解析……………辻 元著
- 反応拡散系の数理………長山雅晴・栄伸一郎著
- 粘性解………………………小池茂昭著
- 確率微分方程式……………谷口説男著
- 確率論と物理学……………香取眞理著
- ノンパラメトリック統計……前薗宜彦著
- 機械学習の数理……………金森敬文著
- 超離散系……………………時弘哲治著

（続刊の書名、執筆者は変更される場合がございます）

共立出版

http://www.kyoritsu-pub.co.jp/
https://www.facebook.com/kyoritsu.pub